高等职业教育"十四五"规划教材

动物遗传育种

第 4 版

李婉涛　赵淑娟　主编

U0218805

中国农业大学出版社
·北京·

内 容 简 介

　　本书系统介绍了动物遗传育种的基本理论和基本方法,共 2 篇 11 章,包括遗传的物质基础、遗传基本定律及应用、性状的变异、群体遗传结构分析、数量性状的遗传方式、品种资源及保护、性状选择的原理、种畜选择、种畜选配、品种与品系的培育方法、杂种优势的利用等。本书力求符合高等职业教育高技能型人才的培养目标,理论以必需、够用为度,强化能力、突出重点,并尽可能吸收本领域的新成果和新技术。编写形式上注意图文并茂,每章附有知识链接,起到扩展知识面的作用,重点章节后面附有实训指导,以利于培养学生的操作技能和解决实际问题的能力。本书可作为全国农业高等职业院校畜牧、兽医和养殖等专业的教材,也可供中等职业学校师生、广大畜牧兽医工作者参考。

图书在版编目(CIP)数据

动物遗传育种 / 李婉涛,赵淑娟主编. —4 版. —北京:中国农业大学出版社,2021.11
(2022.6 重印)
　　ISBN 978-7-5655-2627-5

　　Ⅰ.①动… Ⅱ.①李… ②赵… Ⅲ.①动物－遗传育种－高等职业教育－教材 Ⅳ.①Q953

　　中国版本图书馆 CIP 数据核字(2021)第 208343 号

书　　名 动物遗传育种　第 4 版	
作　　者 李婉涛　赵淑娟　主编	
策划编辑 康昊婷	**责任编辑** 林孝栋
封面设计 李尘工作室　郑　川	
出版发行 中国农业大学出版社	
社　　址 北京市海淀区圆明园西路 2 号	**邮政编码** 100193
电　　话 发行部 010-62733489,1190	读者服务部 010-62732336
编辑部 010-62732617,2618	出 版 部 010-62733440
网　　址 http://www.caupress.cn	**E-mail** cbsszs@cau.edu.cn
经　　销 新华书店	
印　　刷 北京溢漾印刷有限公司	
版　　次 2021 年 11 月第 4 版　2022 年 6 月第 2 次印刷	
规　　格 185 mm×260 mm　16 开本　17 印张　425 千字	
定　　价 49.00 元	

图书如有质量问题本社发行部负责调换

编写人员

主　编　李婉涛（河南牧业经济学院）

　　　　赵淑娟（河南科技大学）

副主编　王　健（江苏农牧科技职业学院）

　　　　刘延鑫（河南中医药大学）

　　　　张书汁（河南农业职业学院）

　　　　李聪聪（河南牧业经济学院）

编　委　（按姓氏笔画排序）

　　　　王　健（江苏农牧科技职业学院）

　　　　刘延鑫（河南中医药大学）

　　　　李来平（甘肃畜牧工程职业技术学院）

　　　　李婉涛（河南牧业经济学院）

　　　　李聪聪（河南牧业经济学院）

　　　　吴井生（江苏农林职业技术学院）

　　　　张书汁（河南农业职业学院）

　　　　张景锋（河南牧业经济学院）

　　　　陈红艳（云南农业职业技术学院）

　　　　赵淑娟（河南科技大学）

前　言

　　"动物遗传育种"是畜牧兽医类专业的一门专业基础课。为了全面贯彻"以素质教育为基础、以能力培养为中心"的方针，结合国家提出的高等职业教育"面向生产、建设、服务和管理第一线工作需要的高素质、技能型专门人才"的培养目标，该课程作为传统的专业基础课程也在不断改革和创新，而教材建设是课程建设的重要一环。本教材自 2007 年第 1 版出版以来，得到高职院校广大师生和相关技术工作人员的普遍好评，因此又于 2011 年和 2015 年出版了第 2 版和第 3 版。随着遗传育种理论和技术的快速发展，第 4 版在编写过程中着重体现农业高等职业教育高技能型人才的培养目标，体现学科发展的前沿，贴近行业发展的现状；理论以必需、够用为度，重视知识的应用性思考和训练；部分章节做了调整，使得教材编排布局更加合理，强调教学活动以学生为中心。在编写形式上注意图文并茂，力求起到激发兴趣、拓展思维、培养能力的作用。

　　本教材第 4 版内容共 2 篇 11 章，第一章从细胞和分子角度阐述遗传的物质基础；第二章讲述动物性状遗传的基本规律；第三章讲述性状在遗传过程中发生的异常改变及其细胞和分子机制；第四章和第五章讲述动物群体的遗传结构及其定向改变、动物数量性状的遗传特点及遗传参数，为动物育种奠定理论基础；第六章讲述遗传资源的现状及其保护与利用；第七章、第八章、第九章讲述动物性状选择的原理、种畜选择、种畜选配，为品种培育提供理论和方法支撑；第十章、第十一章讲述品种与品系培育的方法、杂种优势利用的理论与方法，为育种实践提供依据。为了便于学生学习和掌握教材的内容，培养学生分析、解决问题的能力以及自主学习的能力，每章附有知识链接和复习思考题。

　　本教材由李婉涛、赵淑娟主编，王健、刘延鑫、张书汗、李聪聪任副主编。编写分工如下：绪论由赵淑娟、刘延鑫编写，第一章由赵淑娟、李聪聪编写，第二章由李婉涛、李聪聪编写，第三章由李婉涛编写，第四章由张书汁编写，第五章由张书汁、王健编写，第六章由王健编写，第七章由刘延鑫编写，第八章由张景锋编写，第九章由吴井生编写，第十章由陈红艳编写，第十一章由李来平编写。全书由李婉涛、赵淑娟、王健、刘延鑫、张书汁、李聪聪统稿。

由于编者水平所限，本书中错误和不当之处在所难免，恳请同行予以批评指正。

编　者

2021 年 6 月

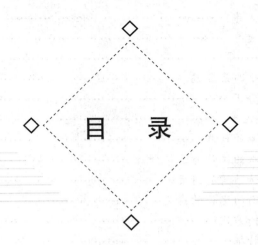

目　录

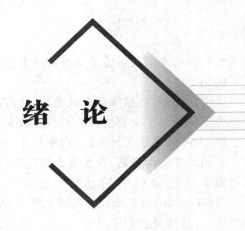

绪　论

知识目标

- 了解动物遗传育种学的发展简史及现代动物遗传育种技术的发展趋势。
- 掌握遗传、变异的概念,动物遗传育种学研究的内容和任务。

一、动物遗传育种学的发展历程

动物遗传育种学包括遗传学和育种学两部分内容。

(一)遗传学的诞生与发展

1. 遗传学的概念

世界上的各种生物都具有繁殖的特性,能够传宗接代。在生物世代繁殖的过程中,同一种动物,亲代与子代之间,在主要性状上总是保持一定的相似性,猪生的后代是猪,鸡蛋孵出来的是鸡,这种具有血统关系的生物个体之间的相似性称为遗传现象。但是,亲代与子代之间,子代个体之间并非完全相像,"一母生九子,连母十个样"。母猪与所生仔猪之间、同一窝仔猪之间在外部特征、经济性状方面总会表现出或多或少的差异。再如荷斯坦奶牛与所生犊牛之间、同一母牛所生犊牛之间在毛色特征、产乳量等方面也会表现出一定的差异,甚至同卵双胞胎之间表型也不会完全一样。这种具有血统关系的生物个体之间的差异性称为变异现象。

遗传和变异是生物界最普遍最基本的特征,二者相互对立、相互制约,在一定的条件下,又相互转化。遗传是相对的,而变异是绝对的。生物在产生遗传现象的同时,总是伴随着变异现象;在保证主要性状不发生大的改变的条件下,各种性状在表现程度上又会出现不同的差异。由此产生了生物性状的多样性,经过自然选择,形成形形色色的物种,同时经过人工选择,培育出适合人类不同需要的众多品种。

综上所述,遗传学是研究生物遗传与变异及其规律的学科。

2. 遗传学的诞生

遗传学来源于育种实践,同其他学科一样,是在生产实践中产生和发展起来的。

孟德尔(G. J. Mendel,1822—1884 年)在前人植物杂交试验的基础上,于 1856—1864 年成功地进行了著名的豌豆杂交试验。他运用统计方法,十分精确地记载和分析了每一子代类型的观察数目,还设计了证明其假说的杂交试验,并总结出遗传学的分离和自由组合两个基本定律。1865 年他在布尔诺自然历史协会上宣读了试验结果,1866 年发表的论文《植物杂交试验》,具有为现代遗传学奠基的历史意义,被公认为遗传学发展的真正开端,迄今已有150多年的历史。

孟德尔的《植物杂交试验》一文,否定了混合遗传、拉马克的获得性状遗传和达尔文的泛生论。他证明了生物遗传的不是性状本身,而是决定性状的遗传因子。但是,由于当时的生物界被1859年达尔文发表的《物种起源》所提出的进化论学说的气氛所笼罩,同时又由于孟德尔所采用的方法很新颖,首次将数理统计原理运用到生物学科,所以孟德尔的论文没有得到当时生物学家们的接受和认可。直到1900年,德国的柯林斯(C. Corers)、荷兰的德福利(H. De. Vries)和奥地利的薛尔马克(Von. Tshermark)通过各自的试验得出与孟德尔同样的结论,这才又想起了早在30多年前孟德尔所发表的论文。孟德尔论文的重新发现引发了一场持久、大规模的学术大讨论。直至1904年,孟德尔的论文《植物杂交试验》才在生物界得到承认。因此,1900年被认为是遗传学诞生的元年。

3. 遗传学的发展

遗传学的发展过程可以从微观和宏观两个方面进行概括。

(1)遗传学的微观发展。随着遗传学的发展,遗传学的定义也在不断地完善。

① 整体遗传学阶段(1903—1909年)。

1903年,萨顿(S. Sutton)首先注意到染色体行为与孟德尔遗传因子行为之间的一致性,并提出基因位于染色体上的假说。

1906年,英国遗传学家贝特森(W. Bateson)在香豌豆杂交试验中,发现了连锁遗传现象,并提出了"遗传学"这一学科名称。

1909年,丹麦植物生理与遗传学家约翰逊(W. Johannsen,1859—1927年)发表了"纯系学说",并最早提出"基因"一词以代替孟德尔的遗传因子概念。

在这一时期,对遗传学的定义是"研究遗传与变异的科学"。

② 细胞遗传学阶段(1910—1940年)。

1910年以后,美国动物遗传与发育生物学家摩尔根(T. H. Morgan,1866—1945年)等以果蝇为材料进行了大量的研究,发现了性状连锁现象,提出了连锁与互换定律。

1926年,摩尔根发表了《基因论》,认为基因是在染色体上呈直线排列的念珠状结构,从而把基因从抽象的概念落实为实体。

1927年,美国遗传学家穆勒(H. J. Muller)采用X射线对果蝇进行人工诱发突变的研究,为探索生物变异开创了新的途径。

在这一时期,对遗传学的定义是"研究基因的科学"。它研究基因在染色体上的排列,基因在细胞代谢中的作用和基因在繁殖过程中的传递。

③ 微生物遗传学(生化遗传学)阶段(1941—1952年)。

这一时期试验材料从玉米、豌豆等植物转向了微生物单细胞生物群体,它们的代谢基础和遗传背景简单,给研究带来许多方便,使遗传学理论的研究有了飞跃性的发展。

1937年,比德尔(G. W. Beadle)与微生物学家泰特姆(E. L. Tatum)合作,改用链孢霉属的红色面包霉作为实验材料,研究了基因的生理生化功能、分子结构及诱发突变等问题,证明了基因是通过酶而起作用的,于1941年提出了"一个基因一个酶"的假说,极大地发展了微生物遗传学和生化遗传学。

1944年,阿委瑞(O. T. Avery)以肺炎链球菌为材料,提出了DNA是主要的遗传物质。

1952 年,赫尔歇(A. D. Hershey)和简斯(M. Chase)在大肠杆菌的 T_2 噬菌体内,用放射性同位素进行标记试验,进一步证明了 DNA 是遗传物质。

④ 分子遗传学阶段(1953 年至今)。

1953 年,美国分子生物学家沃森(J. D. Watson)和英国分子生物学家克里克(F. H. C. Crick)通过 X 射线衍射分析研究,提出了 DNA 双螺旋结构模型,拉开了分子遗传学研究的序幕,也奠定了分子遗传学研究的基础。

1957 年,美国分子生物学家本泽(S. Benzer)用基因重组分析方法研究大肠杆菌的 T_4 噬菌体中基因的精细结构,其精细程度达到 DNA 多核苷酸链上相隔仅 3 个核苷酸的水平。

在这一阶段,遗传学有了更新的定义,即遗传学是"研究核酸的科学",它研究核酸的性质、功能、代谢和复制。

到 20 世纪 70 年代,由于生物技术的发展及核酸限制性内切酶、DNA 连接酶的发现和应用,使 DNA 分子的体外切割和连接成为可能,为 DNA 重组技术的创立奠定了重要基础。加上 DNA 聚合酶、DNA 和 RNA 修饰酶等的发现和应用,使 DNA 的体外复制、修饰成为可能。现代基因工程技术,已经可使外源基因在不同的物种中表达。

1978 年,桑格(F. Sanger)等弄清了噬菌体 phi×174DNA 的全部碱基序列(5 386 个碱基),确定了 DNA 序列分析的新战略和新方法,从而使分子遗传学进入了一个崭新的时代。

在这一阶段,遗传学的定义也发展为"研究遗传物质的结构、功能、复制、重组和表达的科学"。它把遗传学的研究从分子水平推向亚分子水平。人们已经不是从整体或细胞,而是从核酸分子乃至一个核苷酸的碱基来探索生命科学的奥秘了。

(2)遗传学的宏观发展。

1908 年,英国数学家哈迪(G. H. Hardy)和德国医生温伯格(W. Weinberg)各自发现了在随机交配群体中的遗传平衡定律,奠定了群体遗传学的基础。

二维码 0-1
遗传学科的
建立与发展

20 世纪 20—30 年代,费希尔(R. A. Fisher)、霍尔丹(J. B. S. Haldane)、赖特(S. Wright)等将群体遗传学和统计学相结合,于 20 世纪 50—60 年代产生了数量遗传学。

20 世纪 60—70 年代,诞生了研究群体对生存环境的适应和反应的生态遗传学。

20 世纪 70—80 年代,诞生了研究群体在自然选择长期作用下变化的进化遗传学。

20 世纪遗传学的飞速发展渗透到生物学的许多分支。我们除了按水平划分外,还可按不同生物范畴来划分,因而形成动物遗传学、植物遗传学、微生物遗传学、人类遗传学等。

综合对遗传学的微观和宏观的研究,遗传学的定义可扩展为"是在细胞、分子和群体水平上研究遗传物质的传递和变化规律的科学"。

(二)育种学的发展

1. 育种学的概念

动物育种学是应用遗传学的原理和方法改良畜种并使其达到最大经济效益的一门应用基础科学。

动物育种学主要研究动物品种的形成,动物遗传资源的保存、开发和利用,主要经济性状的遗传规律以及生产性能的测定,选种选配方法,培育新品种和新品系的方法,杂种优势的利用等,其中心任务是培育优良的动物品种。

育种所需的相关学科除遗传学外,还包括统计学、生物化学、生理学、经济学和计算机科学等。

2. 育种学的发展

育种学是一门古老的学科,我国早在周代对马的外形鉴定技术已有丰富经验,春秋战国时期伯乐的《相马经》,宁戚的《相牛经》可称为育种学的专著,为培育家畜品种做出了杰出的贡献。

现代动物育种历史始于 18 世纪。成绩显著且具有深远影响者,首推英国的罗伯特·贝克维尔(R. Bakewell),他于 1760 年在英格兰开始马、绵羊及牛的育种,利用大群选择和近亲繁殖的方法,育成了多个牛、羊、马的品种。

第一本正式的良种登记册出现于 18 世纪末。编制英国纯血马的良种登记册始于 1791 年,并于 1808 年出版了第一卷。第一本短角牛的良种登记册于 1822 年出版。此后,法国、德国、荷兰等国陆续出版马、牛等登记册。到了 19 世纪末,瑞典、美国、德国、丹麦等国在鸡、猪、奶牛育种方面已对性能测定有较大革新。

在此之前,育成一个品种需要 60～70 年。到 19 世纪末,培育一个品种只需 20～30 年。在前后 100 年间,全世界培育出许多家畜品种。仅英国就培育成 6 个马品种、10 个牛品种、20 个猪品种和 30 个羊品种。

1859 年,达尔文的《物种起源》一书出版,提出了进化论。进化论有两个基本观点:一是生命同源;二是自然选择。自然选择就是适者生存,不适者被淘汰的过程。

在自然选择的条件下,生物进化的过程是:变异→自然选择→生殖隔离→产生新种→遗传→变异,由简单到复杂,由低级到高级不断循环。

现代育种是以孟德尔遗传学为基础的。1900 年,孟德尔论文的重新发现引起了动物育种者的极大兴趣。遗传学作为动物育种理论开始被采用。随着遗传学的发展,动物育种方法也在不断发生变化。如今的动物育种采用细胞遗传学、群体遗传学、数量遗传学、分子遗传学等多种遗传学作为理论基础,根据生物性状的遗传规律,用人工选择的方法代替自然选择,通过变异→人工选择→控制交配制度→产生良种→遗传→变异的过程,不断选育,不断提高,在几十年到几百年的过程中完成了自然选择需要几十万年甚至几百万年所完成或不能完成的工作,极大地加速了生物的衍变过程。

现代动物育种的杰出成就主要是应用数量遗传理论定量化地制定选育方案,准确地估计群体遗传参数和个体育种值,配合有关新措施控制动物朝人类需求的方向发展。现代动物育种不再像过去那样只是一种技术,而是一门严谨的应用科学。

美国的洛希(J. L. Lush)将数量遗传学理论与育种实践相结合,提出了重复力和遗传力的概念,建立了现代育种理论体系。汉德森(C. R. Henderson)的线性模型理论和方法将更精确的统计方法应用于育种中,提高了种畜选育的效率,促进了全球动物生产的发展。

近年来,动物育种吸纳了生物技术、信息技术、系统工程等领域的成果,转基因克隆的成功、标记辅助选择、分子育种等新领域的开辟,标志着动物育种进入了一个崭新的时代。

二、动物遗传育种技术的展望

当今世界正在兴起一场广泛而深刻的新技术革命浪潮。全球动物育种正朝着高产、优质与高效相结合的方向发展。21 世纪将是遗传育种技术应用与发展的时代,动物育种面临着飞速发展的大好机遇,同时也面临着新技术革命的严峻挑战。

1. 加快畜禽品种良种化

动物遗传育种学是动物科学的一个重要分支。动物遗传学是用遗传学理论和相关学科的知识从遗传上改良动物,使其向人类所需的方向发展的科学,是研究合理开发、利用和保护动物资源的理论和方法的学科。

畜牧生产现代化首先必须是畜禽品种优良化。在畜牧生产中,畜产品的数量、质量和经济效益 3 个指标与畜禽品种有着密切的关系。动物遗传育种所提供的优良种畜、种禽,对畜牧生产的影响是长期而深远的。例如:一头优秀种公牛,通过人工授精方法,可以产生成千上万头高产后代。一头本地黄牛年产乳量 400 kg 左右,经过选育的荷斯坦奶牛群体平均年产奶量可以达到 10 000 kg 以上,最高产的母牛在 365 d 中,每天两次挤奶,可产奶 25 248 kg。没有人工选择和培育,自然界中是不会产生这种高产奶牛的。1940 年,肉鸡饲养到出栏需 12 周,体重 1.6 kg,如今只需 4~6 周,出栏体重达 2 kg 以上,料肉比由 3.5∶1 下降到 1.7∶1。一只粗毛羊年产毛量一般为 1~1.5 kg,而经过人工培育的细毛羊每只年产毛 4~5 kg,高的可达 20 kg。这种产量与效率的提高除营养和管理因素外,良种的贡献是不可忽视的。据世界范围的考证,遗传育种对畜牧生产的总贡献率超过了 40%。

通过开展动物遗传育种工作,可以扩大优秀种畜使用面,提高良种覆盖率,进而使群体不断得到遗传上的改良。通过育种工作,培育杂交配套系,"优化"杂交组合,可以充分利用杂种优势,提高畜产品产量和质量,增加经济效益,减少污染,保护生态环境。从长远的观点来看,通过合理开发利用品种资源,可以达到对现有品种资源保护的目的。

2. 基因组学将大显身手

基因组学是研究基因组的组成结构与功能的学科。其核心是把基因组当作一个完整的整体和灵巧的系统,而不是由核苷酸、蛋白质简单堆积起来的产物。基因组是生物遗传、生长和发育的基础,与动物育种关系十分密切。目前,国际上研究猪、牛、羊、鸡的基因组学发展迅速,例如由猪基因组数据库收集的猪基因及 DNA 标记已达 2 000 多个。基因组学在动物育种学中的运用将体现在分子标记辅助选择、动物品种资源保护和转基因工程等方面。

3. 克隆动物大量问世

克隆动物一旦和动物育种结合,将会真正地造福于人类。高产优质的克隆动物不仅可以为人们提供乳、肉、蛋等生活资料,还可以为人类提供保健蛋白,并对人类器官移植做出重大贡献。

二维码 0-2
学科前沿动态

4. 动物育种信息化、智能化

计算机的应用和不断发展促进了动物育种的信息化程度。21 世纪将是电脑大规模地应用于动物育种的时代,神经元电脑、生物电脑、超导电脑等新型电脑,将开拓动物育种信息的辉煌未来。育种舍将采用电脑管理温度、湿度、气味、光照、消毒、饲料,封闭育种舍将通过计算机视觉识别动物个体的体型外貌,再将图像进行信息处理,既可大大提高育种效率,又可避免动物的应激。特别是智能机器人也将应用于现代动物育种,使动物育种朝着信息化、智能化的方向快速发展。

三、动物遗传育种学研究的内容与任务

动物遗传育种学是研究动物遗传规律、育种理论和方法的科学,是既有广泛生物科学基础

理论又密切联系畜牧生产实践的一门综合性学科。内容包括遗传的基本原理、育种原理和方法两大部分。

遗传的基本原理主要研究遗传的细胞学基础、分子遗传学基础、遗传的基本定律、群体遗传学基础和数量遗传学基础等。

育种原理和方法主要研究动物的起源、驯化以及家畜家禽品种的形成，动物遗传资源的调查、开发利用和保存，主要经济性状的遗传规律、生长发育规律以及生产性能的测定，选种选配方法，培育新品种、新品系的理论和方法，杂种优势机理和利用等。

遗传学原理用于育种学主要有三大任务。

(1)对遗传性状进行预测，选择理想的种畜。选种的理论依据就是群体遗传学和数量遗传学中的选择理论。选种的方法很多，对于质量性状，需要根据基因型而不仅是根据表型选种；对于数量性状，则要根据育种值而不仅是根据表型值选种。对阈性状可用独立淘汰法，对多个性状同时选择则要用综合选择指数法。

(2)通过育种计划培育具有优良基因型的畜禽品种或产生杂种优势。用两个或两个以上的品种或品系作为亲本产生杂种后代，按照育种目标的要求从后代中选育出符合育种目标的个体，扩大繁殖到所要求的数量，通过鉴定从而培育成一个新的品种或品系。在商品家畜生产中，一般用两个或两个以上的品种或品系作为亲本进行杂交，通过利用杂种优势来提高产量。

(3)建立良种繁育体系。为了使种畜的优良特性尽快地推广到商品生产中去，需要建立一个合理的繁育体系。繁育体系由三部分组成：一是育种场的核心群畜禽，应用现代育种技术对其不断地进行选育提高，除作为育种场种畜禽的更新外，主要是为繁殖场提供优质原种畜禽；二是繁殖场的繁殖群畜禽，从育种场引入，主要任务是进行繁殖扩群；三是生产场或专业户饲养的商品畜禽，由繁殖场提供种畜禽或配套的杂交组合，生产场或专业户用来生产提供最终畜产品的商品畜禽。

可以这样说，遗传育种学极大地推动了人类社会的发展，人类医疗保健水平的提高、动植物新品种的培育、生态环境的改善等，无不与动物遗传育种理论的应用有关。但是否可以认为生命科学上的重大问题都基本解决了呢？如生命是如何起源的，个体是如何发育而成的，数量性状是如何形成的，基因组动态的机理是什么，物种还将如何进化等。没有任何迹象表明，人类能够在短时期内解决这些问题。同时这也是遗传育种学永葆青春的魅力所在。

二维码 0-3
课程主要内容
及学时分配

▶▶ 复习思考题 ◀◀

1. 什么是遗传？什么是变异？二者之间有何关系？
2. 简要说明动物遗传育种技术的未来趋势。
3. 简要说明动物遗传育种学研究的内容和任务。

上篇　动物遗传基础

第一章
遗传的物质基础

知识目标

- 掌握染色质与染色体的区别、染色体的形态结构以及染色体在细胞分裂尤其是在减数分裂过程中的规律性变化,理解染色体的动态变化与生物性状遗传多样性的关系。
- 掌握 DNA 的结构和复制过程,掌握复制与转录的区别,了解蛋白质的合成过程。
- 掌握中心法则及其发展。
- 理解基因概念的演变、基因的结构、基因的作用以及基因与性状表达的关系。
- 掌握基因工程的实施步骤,了解基因工程的研究进展。

技能目标

- 学会细胞分裂标本片的制作方法。
- 学会在显微镜下识别细胞分裂的不同时期。
- 能够图示染色体在有丝分裂和减数分裂中的动态变化。

到目前为止,人类已鉴定出的生物物种有 170 多万个。其中哺乳动物有 4 200 种,鸟类有 8 700 种,爬行动物有 5 100 种,两栖动物 3 100 种,鱼类有 21 000 种,无脊动物有 130 多万种,植物约有 40 万种。但近年来,一些科学家对热带森林中昆虫分类研究后,估计地球上的生物可能要达到 3 000 万种以上。虽然这些生物在形态、结构和特性上千差万别,但构成它们机体的基本单位都是细胞,除了最低等生物,如病毒和立克次氏体。

组成一个生物体的细胞数量差别大,少的只有一个细胞,如细菌、草履虫,多的则以千万亿计。

细胞一般很小,只有在显微镜下才能看到,通常以微米计算其大小。组成高等动物组织的大多数细胞,直径为 20~30 μm。动物身体中产生的最大的单个细胞是鸟类的卵细胞,如鸵鸟的卵细胞直径可达 5 cm 左右。

细胞的形状多种多样(图 1-1),有圆形、椭圆形、方形、多角形、扁平形、圆柱形和杯形等,随它们所处的解剖部位和生理机能的不同而异。游离的细胞多为圆形或椭圆形,如血细胞和卵细胞;紧密连接的细胞有扁平、方形、柱形等,如构成皮肤的细胞;具有收缩机能的多为纺锤形或纤维形,如肌肉细胞;具有传导机能的则为星形,多具有长的突起,如神经细胞。

这些数量、大小、形态各不相同的细胞,共同构成了一个有机整体。因此,细胞是构成生物

图 1-1 各种不同形状的细胞

1. 红细胞　2. 脂肪细胞　3. 肌肉细胞　4. 骨细胞　5. 神经细胞

机体的形态结构和生命活动的基本单位,即结构单位和功能单位。

生物机体的任何一种细胞,无论它们在数量、大小、形状上是怎样的不同,在形态结构上都具有共同的特征。少数单细胞有机体的细胞核不具有核膜(核物质存在于细胞质中的一定区域),称为原核细胞,如细菌、蓝藻等。高等动物的细胞一般由细胞膜、细胞质和细胞核三部分组成,具有明显的细胞核和核膜,因此,称为真核细胞。

细胞膜又称质膜,是指包在细胞最外层,由脂类和蛋白质组成的薄膜。

细胞膜以内、细胞核以外的物质统称为细胞质,包括基质、细胞器和内含物等。细胞器有许多种,其中与遗传密切相关的有线粒体、核糖体和中心体等(图 1-2)。

真核细胞的细胞核由核膜、核质与核仁组成。

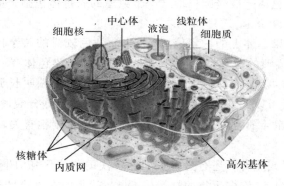

图 1-2 真核细胞的结构图

核膜由两层单位膜组成。核膜上有许多圆孔,孔的周围内外膜互相融合,称为核膜孔,是细胞核与细胞质进行物质交换的通道之一。

核膜以内、核仁以外的物质叫作核质,包括染色质和核液等成分。

核仁是细胞核内一个或几个圆球形的结构,在光学显微镜下观察,它的结构均匀一致,外面没有膜包围。其化学成分主要是蛋白质和 RNA。核仁最主要的功能是合成核糖体 RNA(rRNA),核糖体 RNA 通过核膜孔进入细胞质内,参与蛋白质的合成。

细胞核的功能是把遗传物质完整地保存起来,把它从这一代传到下一代,并指导 RNA 的合成。

▶▶ 第一节　染色体 ◀◀

一、染色体的形成

在光学显微镜下,处于分裂间期的细胞核,其核质一般是均匀一致的,但一经杀死固定,用洋红、苏木精等碱性染料染色处理后,核质则显示出不同的反应,其中极易吸收碱性染料,着色深的物质,叫作染色质;其他不着色或着色极浅的物质,就是核液。当细胞分裂时,核内细长的染色质逐渐变短变粗,高度螺旋化,形成一定数目和圆柱状的染色体。当细胞分裂结束时,染色体又逐渐恢复为染色质。因此,染色质和染色体实际上是同一物质在细胞分裂周期的不同阶段所表现的不同形态。

二维码 1-1
染色体的形态、
结构与数量

二、染色体的形态、结构与数量

研究染色体的形态与数量,一般是在细胞有丝分裂的中后期,用碱性染料染色,在光学显微镜下进行观察。

(一)染色体的一般形态结构

染色体一般呈圆柱形。一个典型的染色体包括下面几个部分:

1. 着丝粒

在染色体上的一定位置,有一个染色较浅的狭窄区域,叫主缢痕,也是着丝粒所在的位置,在主缢痕的位置染色体可以弯曲。每一条染色体有一个着丝粒,且在每条染色体上的位置是恒定的,着丝粒将染色体分为两条臂,长的一端叫长臂(q),短的一端叫短臂(p),根据着丝粒的位置可以把不同的染色体区分开来。当细胞分裂时,纺锤丝就附着在这个地方,因而着丝粒的功能与细胞分裂时染色体均匀分配到子细胞有关。

2. 次缢痕

在有的染色体长臂或短臂上还有另一个染色较浅的狭窄区域,叫作次缢痕。它与核仁的形成有关,也称核仁组织区,许多生物的核糖体 DNA 就集中在这个特定的位点上。次缢痕在染色体上的位置也是恒定的,染色体在次缢痕处不能弯曲,这是它与主缢痕的区别,常用于鉴别特定的染色体。

3. 随体

在有的染色体末端还有一个球状或棒状的结构称为随体。随体的大小变化较大,大的可与染色体直径相等,小的甚至难以分辨。但是,特定染色体所具有的随体,其形态和大小是恒定的,也是鉴别染色体特征之一。

4. 端粒

端粒是染色体端部的特殊结构,是一条完整染色体不可缺少的组成部分。端粒通常由富含嘌呤的短的 DNA 重复序列和端粒酶构成,端粒酶由 RNA 和蛋白组成,具有逆转录酶的性质。端粒的功能主要有:防止染色体末端被 DNA 酶酶切;防止染色体末端与其他 DNA 分子的结合;使染色体末端在 DNA 复制过程中保持完整。

根据资料报道:端粒越长,细胞老化所需的时间越长,寿命自然越长,但是一些研究认为,卸掉压力、戒烟、吃富含欧米伽3脂肪酸的食物如深海鱼油等，可以增加端粒长度，但百岁老人的端粒多是基因所致。

染色体的形态结构如图1-3所示。

根据染色体上着丝粒的位置不同，可以把染色体分成4种类型：中着丝粒染色体（着丝粒在染色体中央，长短臂的比值为1.00～1.70）、近中着丝粒染色体（着丝粒靠近中央，长短臂的比值为1.71～3.00）、近端着丝粒染色体（着丝粒靠近一端，长短臂的比值为3.01～7.00）、端着丝粒染色体（着丝粒位于染色体末端，长短臂的比值大于7.00）（图1-4）。

着丝粒位置的不同决定了细胞有丝分裂后期染色体形态的差异，中着丝粒染色体，两臂长度大致相等呈"V"形；近中着丝粒染色体，两臂一长一短呈"L"形；近端着丝粒染色体和端着丝粒染色体则呈棒形。它们在有丝分裂后期的形态见图1-5。

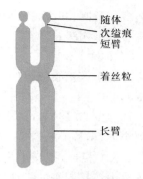

图1-3　染色体的形态结构
（吴常信，2015）

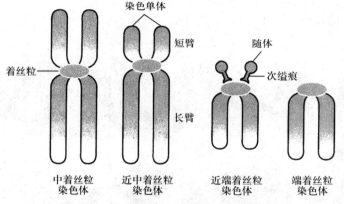

图1-4　根据着丝粒位置进行的染色体分类（李宁，2011）

图1-5　有丝分裂后期染色体的各种形态
1. 棒形　2. L形　3. V形

通过对染色体形态的研究，可依据着丝粒的位置、次缢痕和随体的有无及位置来鉴别染色体的形态特征。

(二)染色体的超微结构

染色体由组蛋白质、DNA、非组蛋白质、RNA组成。组蛋白包括H_1、$2H_{2A}$、$2H_{2B}$、$2H_3$、$2H_4$，高度保守、可进行乙酰化、磷酸化及甲基化等修饰而改变基因的转录活性。非组蛋白种类多、有种属和组织特异性、参与染色体高级结构的形成和基因表达的调控。染色体的超微结构有以下四级：

1. 核小体

核小体是染色体的基本结构单位。核小体是由四种组蛋白（H_{2A}、H_{2B}、H_3、H_4）各 2 个分子组成的八聚体上缠绕 1.75 圈大约 146 bp 的一段 DNA 组成直径大约 10 nm 的球形小体，即核心颗粒，两个核心颗粒之间由大约 60 bp 的连接 DNA 相连，连接 DNA 的外侧结合由组蛋白 H_1。核小体成串连接起来的串珠结构叫核丝。这是染色体的一级结构，在这个过程中，染色体 DNA 缩短了 7 倍，见图 1-6。

2. 螺线体

核小体的串珠结构经螺旋化后形成的中空线状结构，称为螺线体。它的外径为 30 nm，内径 10 nm，螺距 11 nm，每一周包括 6 个核小体，这是染色体的二级结构，在这个过程中，染色体 DNA 的长度缩短了 6 倍，见图 1-7。

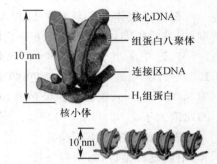

核心DNA
组蛋白八聚体
连接区DNA
H_1组蛋白

核小体

核小体串珠结构

图 1-6　核小体结构模式图

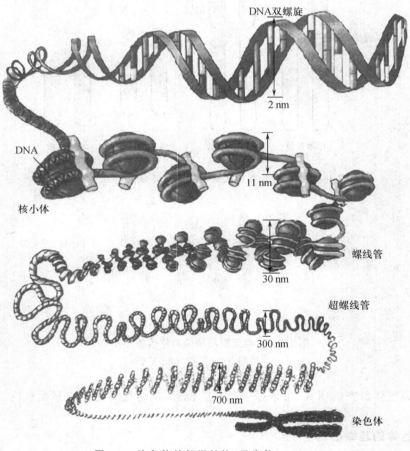

DNA双螺旋

2 nm

DNA

11 nm

核小体

螺线管

30 nm

超螺线管

300 nm

700 nm

染色体

图 1-7　染色体的超微结构（吴常信，2015）

3．超螺线体

螺线体进一步螺旋化后形成直径为 400 nm 的筒状结构,称为超螺线体,这是染色体的三级结构,在这个过程中,染色体 DNA 的长度缩短了 40 倍。

4．染色体

超螺线体进一步折叠、盘绕就形成了染色体(染色单体),这是染色体的四级结构,在这个过程中,染色体 DNA 的长度又缩短了 5 倍。

(三)染色体的数量

不同的生物其染色体数目往往是不相同的,同一物种的染色体数目则是恒定的,而且每一种生物个体中的每一个细胞其染色体数目也是相同的。一定形态和数目的染色体,常成为各种生物的细胞学特征。在其世代的延续中,染色体的数目一般保持不变,这对维持物种的遗传稳定性有着重要的意义。

一个成年动物体含有几百亿至几千亿个细胞。其中,构成动物体各种组织器官的细胞称为体细胞,动物睾丸和卵巢中产生的精细胞与卵细胞称为性细胞。

在大多数生物的体细胞中,染色体是成对存在的,数目用 $2n$ 表示,称为二倍体;而在性细胞中染色体是成单存在的,数目用 n 表示,称为单倍体。

各种常见动物体细胞中染色体数目见表1-1。在这里希望同学们能够记住马与驴、绵羊与山羊、鸡与鹌鹑、蜜蜂、果蝇的染色体数目,结合后面核型分析、细胞减数分裂等内容进行相关案例分析。

表 1-1　常见动物体细胞中染色体数目

动物	染色体数目($2n$)	动物	染色体数目($2n$)
人	46	鸽	80
马	64	蜜蜂	♂16,♀32
驴	62	果蝇	8
黄牛、牦牛	60	家蚕	56
河流水牛	50	小鼠	40
沼泽水牛	48	大鼠	42
山羊	60	豚鼠	64
绵羊	54	中国地鼠	22
猪	38	金黄地鼠	44
鸡	78	长爪沙鼠	44
火鸡	82	兔	44
鸭	80	犬	78
鹅	82	猫	38
鹌鹑	78	猴	42

各种生物体细胞中的染色体大都成对存在,即在一个体细胞中相同的染色体各有两条,这两条染色体的形状、大小、着丝粒的位置相同,一条来自父方,一条来自母方,通常把这些成对的染色体称为同源染色体。

同源染色体中有一对特殊的染色体,其大小、形状不同,一条来自父方,一条来自母方,且与性别发育有关,这对染色体叫作性染色体。在哺乳动物中,雌性的两条性染色体的形态、大小、着丝粒位置均相同,性染色体的组成为 XX;雄性的两条性染色体只有一条与雌性 X 染色体相同,而另一条与 X 染色体存在着很大的差异,称为 Y 染色体,即雄性的性染色体组成为 XY。在鸟类中,性染色体的组成情况与哺乳动物刚好相反,即雄性的体细胞中两条性染色体相同,性染色体组成为 ZZ;雌性中有一条 Z 性染色体和一条 W 性染色体,即雌性的性染色体组成为 ZW。在体细胞中,除一对性染色体以外的其他所有同源染色体雌雄个体都一样,统称为常染色体。

上述概念之间的相互关系如图 1-8 所示。

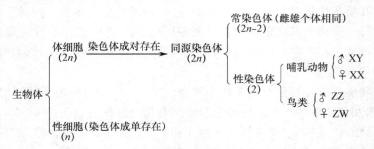

图 1-8　同源染色体、常染色体、性染色体之间的关系

由于各种生物都具有特定的染色体形态和数目,而且染色体形态和数目的变化常常影响各种生物的遗传性状,所以,对染色体及其变化规律的研究就成为遗传学的首要任务。

三、染色体核型分析与显带技术

每一物种所含染色体的形态、结构和数目都是一定的,而不同物种之间在染色体形态和数目上都有差异。因此,染色体的形态和数目可以反映物种的特征。

(一)染色体核型分析

按照染色体的数目、大小、着丝粒位置、臂比值、次缢痕和随体等形态特征,对生物核内的染色体进行配对、分组、归类、编号等分析的过程称为染色体核型分析。在有丝分裂中期,首先对细胞进行特殊的处理、染色并制片;然后进行镜检、显微照相和测微长度;最后把照片上的染色体逐个剪下来,按照一定的顺序贴在纸上,分别予以编号。如图 1-9 所示是绵羊的染色体核型,绵羊的染色体有 27 对($2n = 54$),其中 26 对为常染色体,另一对为性染色体(X 和 Y 染色体的形态、大小和染色均表现不同)。

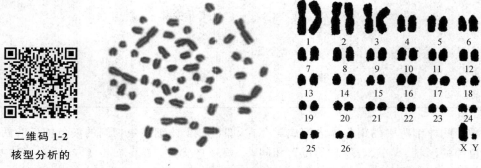

二维码 1-2
核型分析的
概念及意义

图 1-9　河南大尾寒羊公羊染色体核型(赵淑娟,庞有志,邓雯,等,2008)

染色体核型分析的意义：①用于染色体数目和结构变异引起的遗传性疾病的诊断；②用于动物育种、远缘杂种的鉴定；③研究物种间的亲缘关系及物种的进化机制；④追踪鉴别外源染色体或染色体片段。如人的 21 三体、牛的 1/29 易位都具有典型的畸形核型。

此外，人的染色体核型分析已被应用于肿瘤的临床诊断、预后及药物疗效的观察。通过对羊水中的胎儿脱屑细胞或胎盘绒毛膜细胞的染色体核型分析，有助于对胎儿性别和染色体异常的产前诊断。

（二）染色体显带技术

染色体核型分析虽然被广泛应用，但对那些数目多、染色体小、形态相似、彼此不易区分的物种染色体不能进行比较准确的识别，则可以通过染色体显带技术来完成识别或区分。常用的显带技术有 G 带、Q 带、R 带、C 带、T 带等。G 带就是基于吉姆萨（Giemsa）染色法的最常用的染色体显带技术，是将处于细胞分裂中期的染色体经过胰酶的处理再经吉姆萨染色后，染色体上出现的明暗相间、宽窄不同的条带，同源染色体的条带相同，非同源染色体的条带各异，据此能准确区分形态相似、难以区分的染色体，如图 1-10 是人的染色体吉姆萨显带分析图。

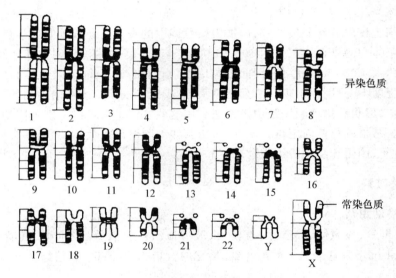

图 1-10　人的染色体吉姆萨显带分析图（卢良峰，2001）

Q 带就是喹吖因荧光染色技术，在富含 AT 碱基的 DNA 区域显示出荧光带型，产生与 G 带类似的带型。R 带也是基于吖啶橙的染色技术，在富含 GC 碱基的 DNA 区域显示出荧光带型，产生与 G 带或 R 带相反的带型，故也称反带。C 带也是基于吉姆萨染色的另一种技术，可显示异染色质区域，主要用来显示着丝粒的位置，如图 1-11 所示。T 带是 R 显带技术的改进，主要用来显示端粒的位置。

染色体带型的表示方法通常是以染色体的着丝粒为界标，区和带则沿着染色体的长臂和短臂，由着丝粒向外编号。在表示某一特征的带型时，需包括以

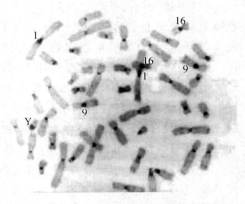

图 1-11　染色体 C 带显示着丝粒位置

下四个方面:①染色体号;②臂号;③区号;④在该区的带号。以上四项依次列出,无须间隔或标点符号,但再将带划分为亚带、次亚带时,要在带后加一小数点。如 5p21,表示 5 号染色体短臂的 2 号区 1 号带;7q14.21,表示 7 号染色体长臂的 1 号区 4 号带 2 号亚带 1 号次亚带。

实训一　果蝇唾腺染色体标本片的制备与观察

一、实训目的

掌握果蝇唾腺染色体标本片的制备方法,了解其结构形成机理以及在细胞遗传学研究中的重要意义。

二、实训原理

果蝇的唾腺位于幼虫前端的食道两侧和神经球附近。剖取果蝇唾腺细胞进行制片观察,可见到一个由 4 对染色体的着丝粒结合形成的染色中心,以及向四周伸展的 5 条染色体臂,其中第 4 对染色体为粒状,与染色中心密切相连。果蝇唾腺染色体是一种典型的多线染色体。它是果蝇唾腺细胞核内有丝分裂所致,即核内染色体中的染色线连续复制而染色体并不分裂,结果使每条染色体中的染色线可多达 500～1 000 条,其长度和体积分别比其他细胞的染色体长 100～200 倍,大 1 000～2 000 倍,因此也称巨型染色体。由于每条染色体的染色线在不同的区段螺旋化程度不一,因而出现一系列宽窄不同、染色深浅不一或明暗相间的横纹。不同染色体的横纹数量、形状和排列顺序是恒定的。利用这些特征不仅可以鉴别不同的染色体,还可以结合遗传试验结果进行基因定位。此外,由于其体细胞同源染色体的"假联会",易于进行染色体的缺失、重复、倒位和易位的细胞学观察和研究。

三、仪器及材料

果蝇的 3 龄幼虫活体。

放大镜、解剖针、显微镜、载玻片、盖玻片、玻璃皿、镊子、滴管、吸水纸、蒸馏水、生理盐水(0.7% NaCl)、1 mol/L 盐酸、1%醋酸洋红、熔化的石蜡、无水酒精、酒精灯。

四、方法与步骤

(1)果蝇幼虫的获得　气候温暖季节,用一个玻璃皿,放一些腐烂水果,吸引果蝇飞进来,在腐烂的水果上生活、交配、产卵、卵孵化,当幼虫准备化蛹前,即为 3 龄幼虫,此时虫体肥大,便于解剖,是制备唾腺染色体的最理想时期。

(2)唾腺剖取　选取发育良好、虫体肥大的 3 龄幼虫,用 0.7%的生理盐水洗净后放在载玻片上,再滴上几滴生理盐水,在放大镜下,左手持镊子压住虫体中后部,右手持解剖针按住头部(即口器稍后处)轻轻向前拉动,使头部扯离虫体,此时可看到一对透明微白的长形小囊,这就是果蝇幼虫的唾液腺(图 1-12)。唾液腺的侧面常附有泡沫状脂肪体,可用解剖针剔除,以保证制片质量。整个剖取过程需在生理盐水中进行。

(3)解离　把载玻片上的幼虫其他部分除去,用吸水纸小心吸去生理盐水(注意吸水纸应离开唾液腺,以免吸附唾液腺),加 1 滴 1 mol/L 盐酸,解离 2～3 min,使组织疏松,以便压片时细胞分散,染色体展开。

（4）染色　用吸水纸吸去盐酸，加 1 滴蒸馏水轻轻冲洗后吸干，加 2 滴 1‰醋酸洋红染色 15～20 min。

（5）压片　盖上盖玻片（如染液不够，可在盖玻片的四周再加 1 滴渗入），在酒精灯上稍加热，然后用吸水纸包被玻片，吸干多余染色液，并用手指压盖玻片（注意勿使盖玻片移动），使核中的染色体分散开。若要做永久性标本片，则用熔化的石蜡把盖玻片的四周封好。

（6）观察　先在低倍镜下找到分散好的唾腺染色体，然后调高倍镜观察，绘制出果蝇的唾腺染色体图（图 1-13）。

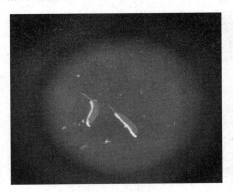

图 1-12　果蝇唾腺形态特征

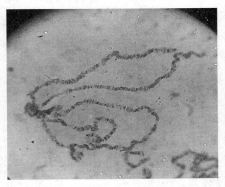

图 1-13　果蝇唾腺染色体形态特征

二维码 1-3
形态特征彩图

五、实训作业

绘制你所观察到的果蝇唾腺染色体，分析该试验操作的关键点。

实训二　家猪染色体核型分析

一、实训目的

了解动物外周血淋巴细胞培养技术，掌握染色体标本片制备技术和染色体核型分析的基本方法。

二、实训原理

细胞分裂中期是染色体形态结构最典型的时期。选取该时期分裂象较理想的细胞进行染色、显微摄影，然后根据照片分析染色体的长度、着丝粒位置、臂比和随体有无等形态特征，并依次剪贴配对、排列编号，即可得出核型分析图。一般根据细胞中染色体的形态类型将核型分为四类：由 m（中着丝粒染色体）组成的，称为对称性组型；大多数由 m 染色体组成的，称为基本对称组型；大多数由 sm（近中着丝粒染色体）和 st（近端着丝粒染色体）组成的称为基本不对称组型；由 t（端着丝粒染色体）组成的，称为不对称组型。

国际上常用染色体的臂比、着丝粒指数和相对长度，对一条染色体予以识别。

臂比：染色体长臂与短臂长度之比，即 $a = \dfrac{q}{p}$。

着丝粒指数：短臂占整个染色体长度的百分比，即 $\dfrac{p}{p+q} \times 100\%$。

相对长度:某条染色体长度占一套单倍体染色体长度总和的百分比。

三、仪器及材料

1. 仪器

超净工作台、离心机、普通生物显微镜、数码摄影显微镜、计算机图像处理系统、喷墨彩色打印机、培养箱、灭菌锅、干燥箱、恒温水浴锅、载玻片、盖玻片、眼科镊子、手术剪、单面刀片、解剖刀、试管架、吸管、磨口三角瓶、移液管、链霉素瓶、血浆瓶、培养瓶、离心管、注射器、量筒、玻璃板、烧杯、酒精灯、天平、电炉、染色缸、放大镜、游标卡尺、滤纸片、精密 pH 试纸、玻片标签纸等。

2. 材料

家猪静脉血 5～10 mL。

3. 试剂

(1)RPMI-1640(营养液)。

(2)胎牛血清 FCS(fetus cow serum)。

(3)植物血凝素(phytohae magglutinin,PHA)。

(4)青霉素、链霉素。

(5)7％ NaHCO$_3$ 溶液。

(6)0.2％肝素钠:肝素钠 0.2 g,超纯水 100 mL。

(7)0.85％生理盐水。

(8)0.04％秋水仙素:0.04 g 秋水仙素溶于 100 mL 0.85％生理盐水。

(9)0.075 mol/L KCl(potassium chloride,分析纯)溶液。

(10)甲醇(分析纯)。

(11)冰醋酸(acetic acid glacial,分析纯)。

(12)Giemsa(吉姆萨)原液(pH 6.8)。

(13)0.067 mol/L 磷酸盐缓冲液(pH 6.8)。

四、方法与步骤

1. 培养液的配制

在无菌环境下,将 RPMI-1640 营养液 80 mL,胎牛血清 20 mL,PHA(植物血凝素)20 mg,青霉素、链霉素各 1.25 万 IU 混合均匀,用 7％的 NaHCO$_3$ 调 pH 为 7.0～7.2,过滤,分装于 5 mL 培养瓶中,低温保存备用。

2. 血样的采集

用一次性注射器(配 8$^\#$针头)吸取 0.2％肝素钠 0.5 mL,然后从猪的前腔静脉或耳静脉采血至 5.5 mL,轻轻转动注射器,使血液与抗凝血分子混匀,然后取掉针头,在无菌条件下,向每个培养瓶内滴入 8～12 滴抗凝血,轻轻摇动,使血液与培养液充分混匀。

3. 外周血淋巴细胞培养

将培养瓶置于 38.2 ℃恒温培养箱内培养 72 h,在终止培养前 4～6 h,每个培养瓶内加入 0.04％秋水仙素 1～3 滴,使细胞分裂终止在中期。

4. 细胞收获

培养结束后,用滴管将培养液轻轻吸打均匀,并分别放入 7 mL 塑料离心管中,进行以下低渗及固定处理。

离心(1 000 r/min)10 min,吸弃上清液,留约 0.5 mL,加入预热(37 ℃)0.075 mol/L 的 KCl 溶液至 5 mL,于 37 ℃水溶液中低渗处理 20～30 min,低渗结束后,加入固定液(甲醇:冰醋酸=3:1)0.5～1 mL 进行预固定,吸打均匀后迅速离心(1 000 r/min)10 min,吸弃上清液,留少许,加 4～5 mL 固定液至室温下固定 30 min,固定结束后,离心(1 000 r/min)8 min,重复固定 2～3 次,吸弃上清液,留取适当的固定液,吹打均匀,制成混浊度适中的细胞悬浊液。

5. 染色体标本的制备

将预冷的载玻片(在冰水中预冷)倾斜 45°角,在距离玻片约 30 cm 的空中,用滴管垂直地把细胞悬液(2～3 滴)滴在玻片上距上端约 1/3 处,然后朝相反方向迅速将其吹干,并在酒精灯火焰上(微火)过几下,之后再用电吹风吹干或晾干。

6. 染色

标本片干燥后,用新鲜的 Giemsa 染液(原液 1 份,pH 6.8 的磷酸盐缓冲液 9 份)扣染(倒置染色法)15～20 min,流水冲洗,晾干。

7. 染色体常规分析

(1)镜检、摄影　将标本片置于显微镜下观察染色体的形态,对染色体处于同一平面、分散良好、长短适中、轮廓清楚、数目完整的中期分裂象进行显微照相,冲洗和放大。

(2)测量、填表　将染色体逐一剪下,并用游标卡尺依次测量染色体长度以及长臂和短臂的长度(以 μm 为单位),计算臂比、相对长度、着丝粒指数,并将结果填入表 1-2。

表 1-2　染色体形态测量数据表

染色体序号	着丝粒指数	相对长度	臂比值	染色体类型

(3)配对、排列　根据所测数据结合目测,按染色体的大小、臂比值、随体有无等,将照片上剪下的同源染色体进行配对。将配对好的同源染色体按类型和大小排队、剪贴,并编上序号。染色体的形态类型见表 1-3。

表 1-3　染色体的形态类型

臂比值	形态类型
1.00～1.70	m:中着丝粒染色体
1.71～3.00	sm:近中着丝粒染色体
3.01～7.00	st:近端着丝粒染色体
≥7.01	t:端着丝粒染色体

(4)翻拍和绘图　将剪贴排列好的染色体核型图进行翻拍,用坐标纸或绘图纸绘制成染色体模式图。

五、实训作业

1. 剪贴染色体核型图。
2. 简要描述实验观测到的染色体核型结果。

▶▶ 第二节 细胞分裂 ◀◀

生长和繁殖是生物的基本特征之一,生物的生长和繁殖是通过细胞分裂来实现的。低等的单细胞生物,如细菌、衣藻、变形虫、草履虫等,通过细胞分裂来增加新的个体,繁衍后代。多细胞生物则由最初的一个受精卵通过细胞分裂增加细胞的数量,成长为多细胞的生物个体。性成熟后,雄性动物睾丸产生精细胞,雌性动物卵巢产生卵细胞,通过配种,精细胞与卵细胞结合形成下一代受精卵,亲代通过性细胞将遗传物质传给了子代,使子代表现出与亲代相似的性状。如此循环往复,使物种得以不断延续下去。在此过程中,细胞数目的增多是靠细胞的有丝分裂来实现的,而性细胞的形成是通过细胞的减数分裂来完成的。此外,动物机体细胞的寿命是有限的,细胞始终在不断地进行新陈代谢,新生的细胞不断取代衰老死亡的细胞。因此,细胞分裂对于地球上生命的延续是非常重要的。

细胞分裂有两种形式:无丝分裂、有丝分裂,减数分裂是特殊的有丝分裂。

无丝分裂又称直接分裂,是一种简单的分裂方式。其分裂过程先是细胞体积增大,然后核延伸,分裂成两部分,细胞质也随之收缩分裂为两部分。原核细胞如细菌,靠无丝分裂进行繁殖。过去认为无丝分裂在高等生物中是病变、衰老或受伤组织的分裂方式,后来发现在某些专门化组织细胞,如某些腺细胞、神经细胞以及愈伤组织的某些细胞中,无丝分裂也是常见的。

真核生物的体细胞靠有丝分裂方式增殖生长;性细胞的形成过程是减数分裂的结果。

一、细胞周期

生物细胞的生长、分裂是有其周期性的。通常把细胞从上一次分裂结束到下一次分裂结束所经历的时间称为细胞周期。一个细胞周期可以分为间期和分裂期两个阶段。有丝分裂细胞周期如图1-14 所示。

(一)间期

细胞从一次分裂结束到下一次分裂开始前的一段时间,称为间期。在光学显微镜下,经固定处理的间期细胞核,出现网状结构和易被碱性染料染色的细丝。间期细胞核处于高度活跃的状态,进行着一系列的生化反应,包括 DNA 复制、RNA 转录和蛋白质的合成,为子细胞的形成进行物质和能量的准备。

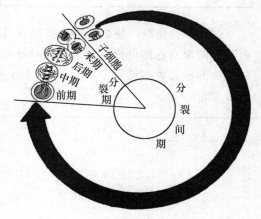

图 1-14 有丝分裂细胞周期

根据 DNA 复制的情况可将间期分为 G_1 期(DNA 合成前期)、S 期(DNA 合成期)和

G_2 期(DNA 合成后期)三个时期。

1. G_1 期

这一时期细胞核中除了核仁,看不出什么变化。细胞体积明显增大,细胞在进行许多复杂的生物合成,例如 3 种 RNA、结构蛋白质和细胞生长所需要的各种酶的合成。

二维码 1-4
细胞分裂

2. S 期

这一时期,细胞主要进行 DNA 的合成。DNA 在 S 期开始时合成的强度大,以后逐渐减弱,到 S 期末,DNA 量增加一倍。DNA 的准确复制,为细胞分裂做好了准备,保证了子细胞与母细胞遗传上的一致。DNA 复制一旦发生差错,就会引起变异,导致异常细胞或畸形的发生。

在正常情况下,细胞一旦进入 S 期,细胞的分裂周期就会自动地持续进行下去,直到下一周期的 G_1 期。

3. G_2 期

此期经历的时间较短,DNA 的合成已经终止,进行着某些染色体凝聚和形成纺锤体所需物质(主要是 RNA、微管蛋白及其他物质)的合成,为细胞进入分裂期做好准备。

(二)分裂期

细胞一旦完成间期的准备,便进入有丝分裂期。有丝分裂的遗传学意义在于,把 S 期加倍的 DNA 以染色体的形式平均分配到两个子细胞中,使每个子细胞得到一套和母细胞完全相同的遗传物质。

细胞分裂期所需要的时间,因物种、组织和所处的环境条件的不同而异。通常在整个细胞周期中,间期占的时间较长,分裂期较短。如对人体细胞进行培养,在 37 ℃的条件下,一个细胞周期为 18～22 h,其中间期在 17 h 以上,分裂期仅为 45 min。

二、细胞的有丝分裂

由于在分裂过程中出现纺锤丝,故称为有丝分裂。有丝分裂是高等生物体细胞增殖的普遍方式。

有丝分裂是一个连续的动态变化过程。通常根据染色体的形态变化特征,将其分为前、中、后、末 4 个时期。各时期的主要特征如图 1-15 所示。

1. 前期

细胞核膨大,染色质逐渐高度螺旋化,变粗变短,形成具有一定形态、数目的染色体。此时可以看到每条染色体由两条染色单体组成,两条染色单体并不完全分开,仍由着丝粒相连。接着核仁逐渐变小而消失,核膜也逐渐消失。一对中心粒彼此分开,向细胞两极移动。每个中心粒周围出现许多放射状的细丝,形成星体。在两个中心粒之间出现纺锤丝,纺锤丝与星体连接形成纺锤体。

2. 中期

染色体形态清晰,有规律地排列在细胞两极间的赤道平面上,形成赤道板。纺锤体也变得清晰可见。每个染色体的两条染色单体分别由纺锤丝与细胞两极相连。

此时,染色体高度螺旋化形成最典型的形状,适宜进行染色体形态和数目的考察,是核型分析的最佳时期。

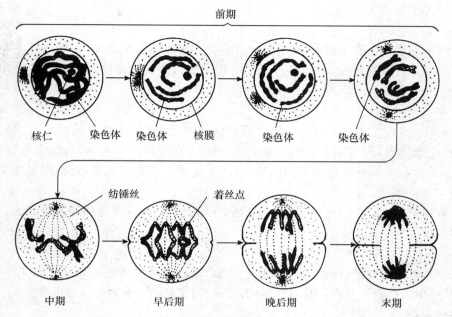

图 1-15　动物细胞的有丝分裂模式（欧阳叙向，2019）

3. 后期

两条染色单体从着丝粒处分开，由各自的纺锤丝牵引分别向细胞两极移动。由于各个染色体上的着丝粒的位置不同，使后期的染色体呈现出"V"形、"L"形和棒形。染色体向两极移动与着丝粒和纺锤丝有密切关系。如果用药物（如秋水仙素）处理细胞使纺锤体解体，那么，染色体的运动就不会发生；若染色体没有着丝粒也不能向两极移动。

4. 末期

当两组染色体移动到细胞两极后，纺锤丝逐渐消失，染色体开始解螺旋，逐渐变成细长而盘绕的染色质丝，核膜、核仁重新出现，形成新的细胞核，与此同时，细胞质也开始逐渐分裂为两部分，最后形成两个子细胞，完成了有丝分裂全过程。

细胞在有丝分裂过程中，染色体复制一次，细胞分裂一次，由一个母细胞分裂为两个子细胞，复制纵裂后的染色体均等而准确地分配到两个子细胞中，子细胞和母细胞在染色体数目、形态结构方面保持相同，保证了个体的正常生长发育，也保证了物种的稳定性和连续性。

三、细胞的减数分裂

性细胞（精细胞、卵细胞）形成过程中的分裂方式是一种特殊的有丝分裂，由于分裂以后形成的性细胞（精细胞、卵细胞）中染色体的数目比性母细胞（初级精母细胞和初级卵母细胞）中染色体的数目减少了一半，因此，这种分裂方式叫作减数分裂，又称为成熟分裂。减数不仅指形态上的染色体数目减半，而且表现在遗传上的基因含量也减半。

减数分裂（图 1-16）分为减数第一次分裂和减数第二次分裂，根据染色体的形态变化特征，两次分裂各分为前、中、后、末四个时期，习惯上用前期Ⅰ、中期Ⅰ、后期Ⅰ、末期Ⅰ、前期Ⅱ、中期Ⅱ、后期Ⅱ、末期Ⅱ来表示。

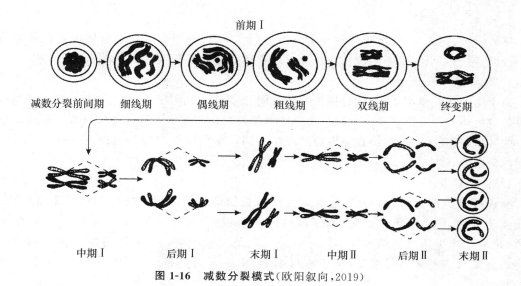

图 1-16　减数分裂模式(欧阳叙向,2019)

(一)减数第一次分裂

减数第一次分裂,由初级精母细胞(初级卵母细胞)形成次级精母细胞(次级卵母细胞),细胞内染色体数目减半,由二倍体($2n$)变为单倍体(n)。

1. 前期 I

此期在减数分裂过程中耗时最长,染色体发生一系列的复杂变化。此期又分为细线期、偶线期、粗线期、双线期和终变期 5 个时期。

(1)细线期　第一次分裂开始,染色质逐渐浓缩呈细线状,盘绕成团,此时每个染色体已复制为两条姐妹染色单体,但在细线期难以识别。

(2)偶线期　每对同源染色体开始互相靠拢,两两并列在一起,在各对应位点上准确地配对,这种现象称为"联会",是减数分裂特有的现象之一。配对具有严格的选择性,只有同源染色体才能联会在一起。配对时先在两端靠拢配对,或在染色体上的任何部位开始配对,最后扩展到整个染色体。

(3)粗线期　染色体不断缩短变粗,此时可以清楚地看到同源染色体的配对,一对相互配对的同源染色体叫作二价体。此时二价体的每一条染色体已复制为两条姐妹染色单体,但着丝粒尚未分开,所以每个二价体都包含四条染色单体,故又称四分体。一条染色体的两条姐妹染色单体对其同源染色体的两条姐妹染色单体来说彼此互称为非姐妹染色单体。此时非姐妹染色单体之间会发生染色体片段的互换,染色体片段的互换是减数分裂的另一个特有现象,它导致了遗传性状的重组,是引起生物变异的原因之一。

(4)双线期　染色体继续缩短,比粗线期更短更粗。组成二价体的两条同源染色体之间开始彼此分离,由于同源染色体两对染色单体互相缠绕在一起,所以分离时并不是完全分开,在某些部位上仍有一处或几处保持接触,称为交叉现象。

(5)终变期　或称浓缩期,染色体继续螺旋化变得更加粗短,此时适宜在显微镜下考察染色体的形态和数目。二价体开始向赤道板移动,核仁还依然存在,但核膜开始变得模糊。纺锤丝开始出现,一对中心粒彼此分开,向细胞两极移动。

2. 中期 I

核膜、核仁消失,二价体排列在赤道板上,每个二价体的两个着丝粒分别排列在赤道的两侧,通过纺锤丝牵引与细胞两极相连。此时是考察染色体形态和数目的最佳时期。

3. 后期 I

由于纺锤丝的牵引收缩,二价体中的两条同源染色体彼此分离,各自向细胞两极移动,这时每条染色体的两个姐妹染色单体仍由一个着丝粒连在一起。最后每一极只有一对同源染色体中的一条,实现了每一极染色体数目的减半。同源染色体彼此分开,去向哪一极是随机的,非同源染色体自由结合。

4. 末期 I

染色体到达细胞两极后开始解螺旋变成细长的染色质。接着核膜和核仁重新形成,细胞质发生分裂,形成两个子细胞(对于雄性动物来说,是两个次级精母细胞;对于雌性动物来说,是一个次级卵母细胞和一个第一极体),至此完成了第一次减数分裂。这时的两个子细胞内分别含有初级精母细胞(初级卵母细胞)中一半的染色体数目(n),实现了染色体数目的减半。

减数第一次分裂结束后经过短促的分裂间期,即进入减数第二次分裂,但此间期不再发生 DNA 的复制。

(二)减数第二次分裂

1. 前期 II

历时很短,有些生物根本没有。此时染色体由线状重新变短变粗,每条染色体由两条姐妹染色单体组成。

2. 中期 II

核仁、核膜消失,纺锤丝出现,染色体排列在赤道板上,通过纺锤丝牵引与细胞两极相连。

3. 后期 II

每条染色体的着丝粒一分为二,在纺锤丝的牵引下,两条姐妹染色单体彼此分开向两极移动。

4. 末期 II

两组染色体到达细胞两极后开始解螺旋变成细长的染色质。纺锤丝消失,核仁、核膜出现,接着进行细胞质分裂,形成两个子细胞(对于雄性动物来说,是两个精细胞;对于雌性动物来说,是一个卵细胞和一个第二极体)。至此,整个减数分裂过程全部完成。

细胞在减数分裂过程中,染色体复制一次,细胞分裂了两次,第一次分裂是同源染色体之间彼此分开,第二次分裂是姐妹染色单体之间彼此分开。由一个初级精母细胞(初级卵母细胞)经过连续的两次分裂,形成 4 个精细胞(一个卵细胞和 3 个第二极体),每个精细胞(卵细胞)的染色体数目只有初级精母细胞(初级卵母细胞)的一半。

减数分裂方式在遗传学上具有重要的意义。达到性成熟的动物体首先通过减数分裂,使产生的性细胞染色体数目减半,成为单倍体(n),再经过受精结合形成下一代受精卵,恢复成二倍体($2n$),受精卵经过有丝分裂,发育为一个成年的动物体。如此周而复始循环往复,保证了同一物种子代和亲代间染色体数目的恒定,使物种在世代繁衍过程中具有相对的稳定性(图 1-17)。同时由于同源染色体随机分向两极、非同源染色体自由组合以及非姐妹染色间的交换,丰富了生物的多样性,也为动、植物育种及进化提供了丰富的材料。

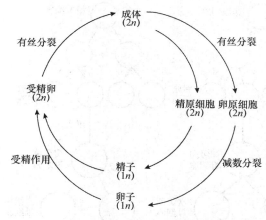

图 1-17　染色体周期变化示意图

四、高等动物性细胞的形成

动物性成熟以后，雄性动物睾丸里的精原细胞（雌性动物卵巢里的卵原细胞）首先以有丝分裂方式进行若干代的增殖，产生大量的精原细胞（卵原细胞），这一阶段叫作繁殖期。最后一代精原细胞（卵原细胞）不再进行有丝分裂，而进入生长期，细胞质增加，细胞体积变大。经过生长期以后，每一个精原细胞（卵原细胞）形成一个初级精母细胞（初级卵母细胞），然后进入成熟期，开始减数分裂过程。

一个初级精母细胞（$2n$）经过减数第一次分裂，产生两个大小一样的次级精母细胞（n），每个次级精母细胞再经过减数第二次分裂各产生两个精细胞（n），再经过成形期，最终一个初级精母细胞产生 4 个精子（n）。

一个初级卵母细胞（$2n$）经过减数第一次分裂，产生两个大小悬殊的细胞，大的是次级卵母细胞（n），小的是第一极体（n），极体只有细胞核，几乎没有细胞质。次级卵母细胞经过减数第二次分裂，产生两个大小不同的细胞，大的为卵细胞（n），小的为第二极体（n），第一极体有的还分裂一次，形成两个第二极体，有的不分裂，以后和第二极体一起退化，因此，一个初级卵母细胞经过减数分裂只产生一个有功能的卵子（n）。

因为染色体在整个减数分裂过程中只复制了一次，细胞分裂了两次，因此，每个精细胞（卵细胞）中染色体数目只有初级精母细胞（初级卵母细胞）的一半。

例如：猪的初级精母细胞（初级卵母细胞）中染色体数目是 38 条（$2n=38$），在减数分裂过程中，染色体只复制了一次，细胞分裂了两次，因此，经过减数分裂以后公猪形成的精细胞中染色体只有 19 条（$n=19$），母猪形成的卵细胞中染色体也只有 19 条（$n=19$），染色体数目减少了一半。通过配种，公猪的精细胞（$n=19$）和母猪的卵细胞（$n=19$）结合成受精卵（$2n=38$），并由此发育成下一代个体，细胞内的染色体又恢复到原来的数目，这样就保证了生物体细胞内染色体数目在世代繁衍过程中的恒定性。高等动物性细胞的形成过程如图 1-18 所示。

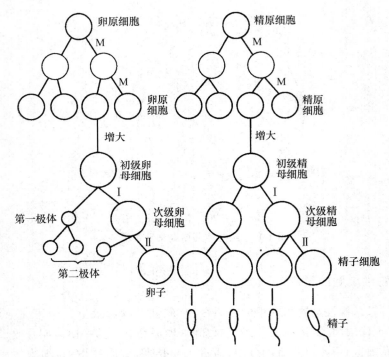

图 1-18 性细胞形成过程示意图

实训三 动物减数分裂标本片的制作与观察

一、实训目的

本实验以小鼠为实验对象,掌握动物睾丸染色体标本片制作方法,观察染色体在减数分裂中的行为和变化过程,识别减数分裂各个时期的特点,加深对减数分裂遗传学意义的理解。

二、实训原理

减数分裂是性细胞形成过程中的特殊分裂方式。雄性哺乳动物在性成熟后,睾丸内的性细胞总是在分批分期相继不断地成熟,因此,对哺乳动物的睾丸进行一定的技术处理,随时可获得减数分裂过程中各个时期的分裂象。

三、仪器及材料

1. 仪器
显微镜、离心机、解剖器材、注射器、10 mL 刻度离心管、试管架、吸管、培养皿、载玻片。
2. 材料
性成熟的雄性小鼠。
3. 试剂
(1)100 μg/mL 秋水仙素(colchicine)溶液。
(2)2％柠檬酸钠溶液:称取 2 g 柠檬酸钠(柠檬酸三钠,trisodium citrate,分析纯)溶解于

100 mL 蒸馏水中。

（3）0.4％KCl(potassium chloride,分析纯)溶液。

（4）甲醇(分析纯)。

（5）冰醋酸(acetic acid glacial,分析纯)。

（6）Giemsa(吉姆萨)原液(pH 6.8)。

（7）0.067 mol/L 磷酸盐缓冲液(pH 6.8)。

$Na_2HPO_4 \cdot 12H_2O$　11.81 g(或 $Na_2HPO_4 \cdot 2H_2O$　5.92 g)

KH_2PO_4　4.5 g

溶解于蒸馏水中至 1 000 mL。

（8）1：10 Giemsa 磷酸盐缓冲液染液(pH 6.8)。

四、方法与步骤

（1）秋水仙素处理　取睾丸前 3～4 h 给小鼠经腹腔注入秋水仙素(按 4 μg/g 体重)。

（2）取细精小管　用损伤脊髓法处死小鼠,放在解剖板上,固定四肢,剖开腹腔取睾丸,洗净血污后放入盛有 2％柠檬酸钠溶液的小培养皿中。用小剪刀剪开包在睾丸最外层的腹膜和白膜,用尖头小镊子从睾丸中挑出细线状的细精小管。更换柠檬酸钠溶液将细精小管冲洗一次,再加 5～6 mL 的柠檬酸钠溶液,一起吸入 10 mL 离心管中。

（3）制细胞悬液　待细精小管沉入离心管后,用吸管头将细精小管研碎(所选用的吸管要管头平齐)。经反复研磨和吹打(可使处于减数分裂过程中的各期细胞脱落在溶液中),然后吸掉肉眼所见的膜状物,制成细胞悬液(同时有部分精子存在)。

（4）收获细胞　离心(1 000 r/min)10 min,去上清液。所得沉淀物,除少部分精子外,即处于减数分裂过程中的各期细胞。

（5）低渗处理　加入 0.4％ KCl 溶液至 8～10 mL,随即将离心管置 37 ℃水浴中低渗 20 min。

（6）固定　离心(1 000 r/min)10 min。轻轻地弃去上清液,沿离心管壁缓慢加入新配制的甲醇：冰醋酸(3：1)固定液 5 mL,立即用吸管将细胞轻轻吹打均匀,静置固定 20 min。

（7）重复固定　重复步骤(6),固定 2～3 次,每次 20 min。

（8）悬液　固定的细胞经离心后,吸去上层固定液,视管底的细胞多少加入少量新配制的固定液,将细胞团块轻轻吸打成悬液。

（9）晾干　在干净、湿、冷的载玻片上滴 2～3 滴上层细胞悬液,在酒精灯上文火烘干或在空气干燥的地方晾干。

（10）染色　将玻片标本平放于支架上,细胞面朝上,每片滴加 1：10 Giemsa 磷酸盐缓冲液 3～4 mL,染色 10 min。

（11）冲洗　在自来水管下细流冲洗数秒,去掉 Giemsa 磷酸盐缓冲液,用小块纱布擦干玻片底面及四周。

（12）显微镜观察

① 寻找和观察处于减数第一次分裂时期的分裂象,表现出 20 对同源染色体相互配对的现象。20 对同源染色体中有 19 对染色体呈环状连接,只有 XY 染色体表现出特殊的 1 个末端和 2 个末端相接,而且 Y 染色体又出现一定程度的深染现象。

② 寻找和观察减数第二次分裂过程中的中期染色体,观察处在染色单体尚未分离前的

20 个姐妹染色单体形态。

五、实训作业

绘制染色体在减数分裂过程中各个不同时期的特征图,并用文字说明其主要特征。

▶ 第三节　核酸与蛋白质合成 ◀

一、核酸是遗传物质

每一个物种都有各自的形态特征,都有各自的生命活动规律,生物子代与亲代在性状上的相似,主要是由于亲本通过性细胞中的染色体把遗传物质传给子代,子代性状与亲代性状的差异,也是由于双亲遗传物质的结合、发育形成的。所有这一切都是由染色体中的遗传物质来控制的。

根据化学分析,染色体主要由蛋白质、脱氧核糖核酸(DNA)和核糖核酸(RNA)3 种物质组成。但是,这 3 种物质中究竟哪一种是遗传物质呢?

(一)遗传物质应具备的条件

生物物种的延续和进化过程实际上是遗传物质的传递过程。作为遗传物质,必须具备以下条件:

1. 时间、空间的稳定性与可变性

生物在漫长的世代延续中,能够保持物种固有的特性和特征,根本原因在于遗传物质具有高度的稳定性,即遗传物质在细胞中的含量、存在的位置及其化学组成是恒定的,不会轻易受到内外环境因素的影响而发生变化。

生物要想适应自然,不被自然所淘汰,遗传物质除具有高度的稳定性外,还需在某种程度上具有可以变化的潜力。遗传物质必须具有可变性,生物才能不断进化。

2. 储存遗传信息的能力

目前,地球上有 100 万种动物,40 万种植物,几十万种微生物,每种生物又具有多种多样的性状,而每一性状又各有其特异的遗传基础,所以遗传物质必须具有复杂的结构和贮存各种遗传信息的能力,才能使无数生物的性状得以表达,适应物种的复杂多样性要求。

3. 自我复制、确保世代传递的能力

遗传物质必须具有精确的自我复制的能力,才能把遗传信息传递给子代,确保子代与亲代间具有相似的遗传物质,具有相似的遗传性状,确保物种的世代连续性。

(二)核酸是遗传物质的直接证据

染色体主要由核酸和蛋白质组成。现在已经知道除少数不含 DNA 的生物(如病毒)以 RNA 为遗传物质外,绝大多数具有细胞结构的生物,都以 DNA 为遗传物质。

1. 肺炎双球菌转化实验

1928 年,格里菲思(F. Griffith)用肺炎双球菌做了实验,证明遗传物质是 DNA,而不是蛋白质。肺炎双球菌能引起人的肺炎和小鼠的败血症。已知肺炎双球菌有两种类型:一种是 S 型,其细胞壁的外表有一层多糖的夹膜,具有毒性,能引起疾病;另一种是 R 型,无夹膜也无毒性,不致病。S型和R型细菌按血清免疫反应不同,分成许多抗原型,如SⅠ、SⅡ、SⅢ、RⅠ、RⅡ等。

格里菲思的实验过程和结果如下:

①用活的SⅢ型细菌感染小家鼠,小家鼠发病死亡。

②用活的RⅡ型细菌感染小家鼠,小家鼠未感染。

③用高温杀死了的SⅢ型细菌感染小家鼠,小家鼠也未感染。

④用高温杀死了的SⅢ型细菌和活的RⅡ型细菌混合注射到小家鼠体内,小家鼠发病死亡,从死鼠的心血中分离出活的SⅢ型细菌(图1-19)。这说明死的SⅢ型细菌中的某些物质能使RⅡ型细菌转化成致病的SⅢ型细菌。

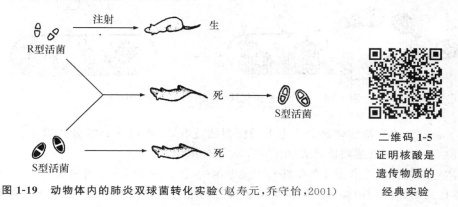

图1-19 动物体内的肺炎双球菌转化实验(赵寿元,乔守怡,2001)

二维码 1-5
证明核酸是
遗传物质的
经典实验

经过加热杀死的SⅢ型细菌可使活的RⅡ型细菌合成SⅢ型夹膜多糖而成为有毒细菌,这种现象叫作转化。1944年,阿委瑞(O. T. Avery)等将加热杀死的SⅢ型细菌过滤液中的各种物质进行纯化,提取了多糖、RNA、蛋白质、DNA等物质,分别加入RⅡ型细菌中培养,结果只有DNA能把活的RⅡ型细菌转化为SⅢ型细菌。细菌转化试验首次证明了使肺炎双球菌的遗传性发生改变的转化因子是DNA,遗传信息是由核酸(DNA)分子传递的,而不是蛋白质。

2. 噬菌体感染实验

噬菌体是一类感染细菌的病毒,在没有活细菌的情况下不能繁殖。T_2噬菌体是噬菌体的一种,它有一个六角形的"头"和一个杆状的"尾"。它的化学成分是由蛋白质(约占60%)和DNA(约占40%)组成的,蛋白质构成它的外壳,DNA在壳内。

由于T_2噬菌体由蛋白质和DNA组成,蛋白质中含有硫而不含磷,DNA含磷而不含硫,科学家们利用蛋白质和DNA成分的差异巧妙地设计了实验(图1-20)。

1952年,赫尔歇(A. D. Hershey)等用放射性同位素^{35}S标记蛋白质,^{32}P标记DNA。将大肠杆菌分别放在含有^{32}P或^{35}S的培养液中,大肠杆菌在生长过程中就被^{32}P或^{35}S标记上了。然后用噬菌体去感染分别被^{32}P或^{35}S标记的大肠杆菌,并在这些大肠杆菌中复制增殖。大肠杆菌裂解释放出很多子代噬菌体,这些子代噬菌体也被标记上了^{32}P或^{35}S。

接着用分别被^{35}S或^{32}P标记的噬菌体去感染没有被放射性同位素标记的大肠杆菌,然后测定大肠杆菌带有的同位素。被^{35}S标记的噬菌体所感染的大肠杆菌细胞内没有^{35}S,发现^{35}S留在大肠杆菌细胞的外面。被^{32}P标记的噬菌体所感染的大肠杆菌,经测定大肠杆菌的同位素,发现^{32}P主要是在大肠杆菌的细胞内。

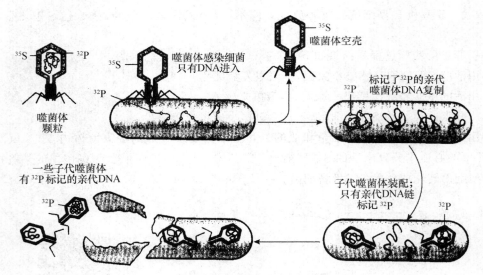

图 1-20   噬菌体感染实验(赵寿元,乔守怡,2001)

用电子显微镜观察噬菌体感染宿主大肠杆菌的过程,也可以看到噬菌体以尾部一端吸附在大肠杆菌表面,而它的蛋白质外壳则留在了大肠杆菌体外。

噬菌体感染细菌时主要是 DNA 进入细菌细胞中,侵入的 DNA 载有噬菌体的全部遗传信息,噬菌体在细菌体内利用细菌的原材料按照自身的遗传信息大量繁殖,最后细菌体裂解,释放出大量噬菌体的后代。噬菌体的侵染实验再一次直观地证实了遗传物质是 DNA,而不是蛋白质的事实。

3. 烟草花叶病毒的感染实验

绝大多数生物的遗传物质是脱氧核糖核酸(DNA),然而有些病毒,如烟草花叶病毒只含有蛋白质和核糖核酸(RNA),不含有 DNA。

1956 年,佛兰科尔-康拉特(Fraenkel Conrat)进行烟草花叶病毒的感染实验。烟草花叶病毒是由圆筒状的蛋白质外壳(含量为 94%)和里面盘旋的单链 RNA 分子(含量为 6%)组成。把烟草花叶病毒放在水和苯酚液中振荡,就可以把病毒的蛋白质外壳和 RNA 分开。用从烟草花叶病毒中分离出的 RNA 侵染烟草,发现烟草叶片上产生了与用完整的病毒体感染所引起的一样的病斑,只不过感染能力弱些;如用 RNA 酶处理,则病毒失去感染能力,证明烟草花叶病毒的蛋白质没有感染能力。这一实验结果表明,在只含有 RNA 而不含有 DNA 的病毒中RNA 是遗传物质。

4. DNA 是遗传物质的旁证

以上 3 个严密、精巧的实验,虽然都明确无误地证明了 DNA 是遗传物质,但实验材料毕竟局限于微生物一类,而生物界是异常复杂的,因此还需要从别的现象中得到支持。现列举以下几个有重要意义的论证。

(1)DNA 含量的稳定性   DNA 通常只存在于细胞核内的染色体上,同一物种,不论年龄大小,不论身体哪一部分组织,在正常情况下,每个细胞核内的染色体数是相同的。染色体的主要成分是 DNA,DNA 的含量在细胞中总是基本相同。当个体性成熟后,经过减数分裂形成的性细胞中染色体减半,而 DNA 含量恰好也减少一半,再经过精卵结合,使染色体数及其相应的 DNA 含量恢复原来水平(表 1-4)。而其他物质,包括 RNA 和蛋白质,在细胞生长的各个阶段含量变化很大。

表 1-4　几种物种不同细胞中 DNA 的含量　　　　　　$10^{-6}\mu g$/细胞

生物种类	肾细胞	肝细胞	红细胞	精子
人	5.6	5.6		2.5
牛	6.4	6.4		3.3
鸡	2.4	2.5	2.5	1.3
鲤鱼		3.0	3.3	1.6

(2)DNA 能准确地自我复制　在生物体新陈代谢过程中,细胞内的物质不断地进行分解和合成。但其中的糖、脂肪和蛋白质等物质都不能产生类似自己的物质,它们只能由别的物质来合成。唯独 DNA,包括染色体上的 DNA 和细胞质里的 DNA 分子,能够利用周围物质由一个分子变为两个分子,进行自我复制,这个特性可以把亲代的遗传物质精确地遗传给后代,担负起生命延续的任务。

上面这些事实都表明,细胞里含有 DNA 的生物,DNA 是遗传物质,只含有 RNA 而不含 DNA 的一些病毒,RNA 是遗传物质。除此之外,是否还存在其他遗传物质? 1935 年,法国研究人员经接种发现羊瘙痒病可在羊群中传染。1985 年,首例疯牛病在英国被发现,次年在英国迅速蔓延。引起这些疾病的病原体——朊粒(prion),是不含核酸的蛋白质颗粒(PrP)。蛋白异构体间的转换,PrPc-PrPs(致病)定向生成、体内堆积而引起疾病。这种蛋白质颗粒是否以另一种机制履行着遗传功能呢? 有待人们进一步研究和探讨。

二、核酸的分子结构

核酸是一种高分子化合物,基本结构单位是核苷酸。

核苷酸由碱基、核糖和磷酸基团三部分构成。DNA 中的戊糖为 D-2-脱氧核糖,RNA 所含的戊糖为 D-核糖。DNA 中含有 4 种碱基,即腺嘌呤(adenine,A)、鸟嘌呤(guanine,G)、胞嘧啶(cyanine,C)和胸腺嘧啶(thymine,T)。RNA 中的 4 种碱基是腺嘌呤、鸟嘌呤、胞嘧啶和尿嘧啶(uracil,U)(图 1-21)。

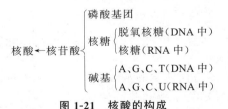

图 1-21　核酸的构成

二维码 1-6
核酸的结构

多个核苷酸通过磷酸二酯键按线性顺序连接形成一条 DNA 链或 RNA 链。习惯上把 DNA 或 RNA 分子链上含有游离磷酸基团的末端核苷酸写左边,称为 $5'$ 端;另一端则写在右边,称为 $3'$ 端。

(一)核酸的一级结构

核酸的一级结构是指 DNA 或 RNA 分子中 4 种核苷酸的连接方式和排列顺序。由于 4 种核苷酸的核糖和磷酸组成是相同的,所以通常用碱基序列代表不同核酸分子的核苷酸序列。

除少数生物,如某些噬菌体或病毒的 DNA 分子以单链形式存在外,绝大部分生物的 DNA 分子都由两条单链构成,通常以线性或环状的形式存在;RNA 分子则多以单链形式存在。DNA 分子的 4 种碱基中,腺嘌呤(A)和胸腺嘧啶(T),鸟嘌呤(G)和胞嘧啶(C)的摩尔含量总是相等的,即 [A]=[T],[G]=[C],因此嘌呤的总含量和嘧啶的总含量是相等的,即 A+G=T+C,英国科学家查伽夫(E. Chargaff)发现了这一规律,被命名为 Chargaff 当量规律。Chargaff 当量规律揭示出 DNA 分子中 4 种碱基的互补对应关系,即 DNA 两条链上的碱基之间不是任意配对的,A 只能与 T 配对,G 只能与 C 配对,碱基之间的这种一一对应的关系叫作碱基互补配对原则。根据这一原则,可以从 DNA 某一条链的碱基序列推测出另一条链的碱基序列。

尽管组成 DNA 分子的碱基只有 4 种,它们之间的配对方式也只有 2 种,但碱基在 DNA 长链中的排列顺序却是千变万化的,由此形成了 DNA 分子的多样性。如果一个 DNA 分子片段由 1 000 个核苷酸组成,那么这个 DNA 分子片段中的 4 种碱基就有 $4^{1\,000}$ 种排列方式。实际上,每条 DNA 长链中碱基的总数都不止 1 000 个,如最简单的大肠杆菌其 DNA 分子也包含了数千个碱基对,所以 DNA 碱基序列的排列方式几乎是无限的。DNA 分子中碱基的巨大数量和碱基序列的多样性保证了 DNA 分子具有巨大的信息储存和变异的可能性,而每个 DNA 分子所具有的特定的碱基排列顺序构成了 DNA 分子的特异性。

(二)DNA 的二级结构

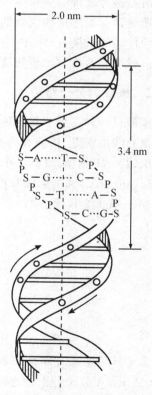

1953 年,美国科学家沃森(J. D. Watson)和英国科学家克里克(F. Crick)根据对 DNA 采用 X 射线衍射的实验结果,提出了著名的 DNA 双螺旋结构模型(图 1-22)。

在此模型中,DNA 分子的两条反向平行的多核苷酸链围绕同一中心轴构成右手螺旋结构,核苷酸的磷酸基团与脱氧核糖在外侧,通过磷酸二酯键相连接而构成 DNA 分子的骨架,脱氧核糖的平面与纵轴平行。核苷酸的碱基处于双螺旋的内侧,两条链之间的碱基按照互补配对原则通过氢键相连。A 与 T 之间形成 2 个氢键,G 与 C 之间通过 3 个氢键相连。碱基的环为平面,且与螺旋的中轴垂直,螺旋轴心穿过氢键的中点。双螺旋的直径是 2 nm,螺距为 3.4 nm,上下相邻碱基的垂直距离为 0.34 nm,交角为 36°,每个螺旋有 10 个碱基对。

模型的提出建立在对 DNA 以下三方面认识的基础上:

其一,Chargaff 当量定律,即 DNA 中 4 种碱基的比例关系为 A=T,G=C,A+G=T+C。

其二,X 射线衍射技术在 DNA 结晶的研究中所获得的一些原子结构的最新参数。

其三,遗传学研究所积累的有关遗传信息的生物学属性知识。

沃森和克里克综合这三方面的知识所创立的 DNA 双

两边是糖(S)和磷酸根(P),中间是碱基对

图 1-22　DNA 双螺旋结构模型

(吴仲贤,1981)

螺旋结构模型,具有划时代的科学意义——不仅阐明了 DNA 分子的结构特征,而且提出了 DNA 作为执行生物遗传功能的分子,从亲代到子代的 DNA 复制过程中,遗传信息的传递方式及高度保真性,揭开了分子生物学发展的序幕。

三、DNA 的复制

DNA 的复制是以亲代 DNA 分子为模板合成一条与亲代模板结构相同的子代 DNA 分子的过程。沃森和克里克的 DNA 双螺旋模型为 DNA 的复制奠定了理论基础。遗传信息通过亲代 DNA 分子的复制,随着细胞的分裂而传递给子代。在细胞分裂过程中,染色体加倍的分子基础就是 DNA 复制的结果。

二维码 1-7
DNA 复制的概念

二维码 1-8
DNA 复制需要的酶

二维码 1-9
DNA 复制的过程

(一)DNA 复制的特点

DNA 复制有两个最主要的特点,即半保留复制和半不连续复制。

1. 半保留复制

沃森和克里克在发表了 DNA 双螺旋结构模型后不久又提出了 DNA 的半保留复制假说。即在 DNA 复制过程中,双螺旋结构的每一条链都可以作为模板,按照碱基互补配对的原则合成一条互补新链。一个双链 DNA 分子复制所产生的两个子代双链 DNA 分子中,一条链是新合成的,另一条则来自亲代 DNA 分子,也就是说子代 DNA 双链中保留了一条亲本链,因此这种复制方式称为半保留复制。这个假说于 1958 年被米赛尔逊(M. Meselson)和斯特尔(F. Stahl)的实验所证实。

2. 半不连续复制

DNA 双螺旋的两条链是反向平行的,因此,在复制起点处解开螺旋的两条 DNA 单链中一条是 $5'{\rightarrow}3'$ 方向,另一条是 $3'{\rightarrow}5'$ 方向。以这两条链为模板时,新生链延伸方向一条为 $3'{\rightarrow}5'$,另一条为 $5'{\rightarrow}3'$。但生物细胞内所有 DNA 聚合酶只能催化 $5'{\rightarrow}3'$ 延伸,这是一个矛盾。冈崎片段(Okazaki fragment)的发现使这个矛盾得以解决。在复制起点两条链解开形成复制泡,DNA 向两侧复制形成两个复制叉。以复制叉移动的方向为基准,一条模板链是 $3'{\rightarrow}5'$,以此为模板而进行的新生 DNA 链的合成沿 $5'{\rightarrow}3'$ 方向连续进行,这条链称为前导链。另一条模板链的方向为 $5'{\rightarrow}3'$,以此为模板的 DNA 合成也是沿 $5'{\rightarrow}3'$ 方向进行,但与复制叉前进的方向相反,而且是分段、不连续合成的,这条链称为后滞链,合成的片段即为冈崎片段。这些冈崎片段以后由 DNA 连接酶连成完整的 DNA 链。这种前导链的连续复制和后滞链的不连续复制在生物中是普遍存在的,称为 DNA 合成的半不连续复制,见图 1-23。

(二)DNA 复制的基本过程

DNA 的复制过程可以分为起始、延伸和终止三个阶段。

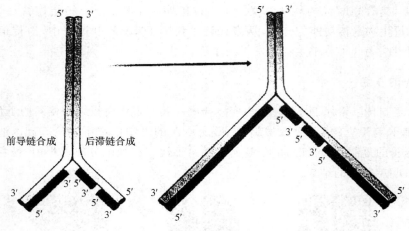

前导链合成　后滞链合成

图 1-23　DNA 半不连续复制模式图

1. DNA 复制的起始

复制的起始包括 DNA 分子上特定的复制起点双链解开、转录激活合成短的 RNA 分子、RNA 引物的合成及 DNA 聚合酶将第一个脱氧核苷酸加到引物 RNA 的 3′—OH 末端。

复制起始之前首先由 RNA 聚合酶沿后滞链模板转录一段短的 RNA 分子,它的作用是分开两条 DNA 链,暴露出某些特定序列以便引发体与之结合,在前导链模板上开始合成 RNA 引物,这个过程称为转录激活。

2. DNA 复制的延伸

DNA 复制的延伸过程就是复制叉的前移过程,也是 DNA 链的延伸过程。延伸过程可分为 5 个阶段:双链 DNA 的解螺旋;前导链的合成;后滞链上 RNA 引物的合成;冈崎片段的合成;RNA 引物去除和冈崎片段的连接。

3. DNA 复制的终止

环状 DNA 单向复制终止于复制起点附近,线状 DNA 和环状 DNA 双向复制的复制终点不固定。在复制终止阶段还需进行 RNA 引物切除、缺口补齐和冈崎片段的连接,以产生完整的 DNA 链。有些子代 DNA 分子还需拓扑异构酶的作用以形成超螺旋结构。

四、蛋白质的合成

遗传信息的携带者是 DNA,但生物有机体的遗传特性需要通过蛋白质来进行表达。由于细胞内蛋白质执行功能的不同,而使生物呈现出多种多样的形态特征和生理性状。各种蛋白质是在 DNA 控制下形成的。蛋白质的合成过程实际上是遗传信息的传递过程,是遗传密码转录与翻译的过程。

二维码 1-10

DNA 转录需要的酶

二维码 1-11

转录的过程

(一)RNA 的生物合成——转录

1．RNA 的分子类型

RNA 分子有三类:信使 RNA、核糖体 RNA 和转运 RNA。

(1)信使 RNA(mRNA)　由于 DNA 是在细胞核中,而蛋白质的合成在细胞质中,所以,需要有一个信使把 DNA 上的信息传送出来,这个信使就是信使核糖核酸。信使 RNA 是蛋白质结构基因转录的 RNA 分子,作为蛋白质合成的模板,它载有遗传密码,在蛋白质生物合成过程中起着传递遗传信息的作用。mRNA 分子的种类繁多,各种分子大小差异非常大,小到几百个核苷酸,大到近 2 万个核苷酸。

(2)核糖体 RNA(rRNA)　核糖体是蛋白质合成装配的场所,它由核糖体 RNA 和蛋白质组成。rRNA 占细胞中 RNA 总量的 75%～80%。

(3)转运 RNA(tRNA)　转运 RNA 是一类小分子质量的 RNA,每一条 tRNA 含有 70～90 个核苷酸。tRNA 在翻译过程中按照 mRNA 遗传密码的信息行使转运氨基酸合成蛋白质的功能。

2．RNA 的生物合成

在酶的催化作用下,DNA 双链解开,以一条链为模板,根据碱基互补配对原则,即 C-G、A-U(RNA 中没有 T,取而代之的是尿嘧啶 U)相互连接,在 RNA 聚合酶的作用下,沿 $5' \rightarrow 3'$ 方向合成一条与 DNA 互补的 RNA 新链。最后,新生的 RNA 分子从 DNA 分子上脱离,形成信使 RNA(mRNA),而 DNA 的两条单链又重新恢复成双链。这样,就把 DNA 分子上的遗传信息转录到 mRNA 上。

3．RNA 生物合成的特点

RNA 转录与 DNA 复制的化学反应过程十分相似,区别主要有以下几个方面。

(1)对于一个基因组,转录只发生在一部分区域,基因组中有许多区域并不表达成 RNA;复制是全部基因组的拷贝过程。

(2)转录时只有一条 DNA 链作为模板,称为模板链或反义链,而另一条与 mRNA 具有相同序列的 DNA 单链称为有意义链或编码链;DNA 复制时,两条链都用作模板。

(3)转录起始时,不需要引物的参与;而 DNA 复制一定要有引物的存在。

(4)转录的底物是 4 种核糖核苷三磷酸(NTP),即 ATP、GTP、CTP 和 UTP,RNA 与模板 DNA 的碱基相互配对关系为 G-C 和 A-U;复制的底物是 4 种脱氧核糖核苷三磷酸(dNTP),碱基互补配对关系为 G-C 和 A-T。

(5)RNA 的合成依赖于 RNA 聚合酶的催化作用;DNA 复制需要 DNA 聚合酶。

(6)转录时 DNA—RNA 杂合双链分子是不稳定的,RNA 链在延伸过程中不断从模板链上游离出来,模板 DNA 又恢复双链状态;DNA 复制叉形成之后一直打开,不断向两侧延伸,新合成的链与亲本链形成子链。

(7)真核生物基因和 rRNA、tRNA 基因经转录生成的初级转录物一般需经过加工成熟,才能具有生物功能。

二维码 1-12
真核生物基因
组特点

(二)遗传信息和遗传密码

1．遗传信息

在 DNA 分子中,带有 A、T、C、G 4 种碱基的核苷酸有成千上万对,这些碱基对的任意一种排列顺序就是一种遗传信息。DNA 分子中碱基对的排列组合是一个庞大的天文数字,它蕴藏着地球上所有生物的遗传信息。

2. 遗传密码

1954 年,物理学家伽莫尔(G. Gamow)首次提出遗传密码的问题。遗传密码是核酸的碱基序列和蛋白质的氨基酸序列的对应关系。在 mRNA 上每 3 个相邻核苷酸组成一个三联体密码,编码一种氨基酸,称为遗传密码。从 1961 年开始,经过多年的努力,科学家们先后采用了 4 种方法,终于成功地破译了全部的密码。

二维码 1-13
mRNA 的加工

mRNA 上的 4 种核苷酸可以组成 64 种三联体密码,其中 61 个密码编码常规的 20 种氨基酸,UAA、UAG 和 UGA 不编码任何氨基酸,是蛋白质多肽合成的终止信号,称为终止密码或无义密码。AUG 既是甲硫氨酸的密码,又是起始密码,GUG 在少数情况下也用作起始密码。如表 1-5 所示。

表 1-5　遗传密码表

第一位置碱基	第二位置碱基								第三位置碱基
		U		C		A		G	
U	UUU	苯丙氨酸	UCU	丝氨酸	UAU	酪氨酸	UGU	半胱氨酸	U
	UUC	苯丙氨酸	UCC	丝氨酸	UAC	酪氨酸	UGC	半胱氨酸	C
	UUA	亮氨酸	UCA	丝氨酸	UAA	终止密码	UGA	终止密码	A
	UUG	亮氨酸	UCG	丝氨酸	UAG	终止密码	UGG	色氨酸	G
C	CUU	亮氨酸	CCU	脯氨酸	CAU	组氨酸	CGU	精氨酸	U
	CUC	亮氨酸	CCC	脯氨酸	CAC	组氨酸	CGC	精氨酸	C
	CUA	亮氨酸	CCA	脯氨酸	CAA	谷氨酸	CGA	精氨酸	A
	CUG	亮氨酸	CCG	脯氨酸	CAG	谷氨酸	CGG	精氨酸	G
A	AUU	异亮氨酸	ACU	苏氨酸	AAU	天冬氨酸	AGU	丝氨酸	U
	AUC	异亮氨酸	ACC	苏氨酸	AAC	天冬氨酸	AGC	丝氨酸	C
	AUA	异亮氨酸	ACA	苏氨酸	AAA	赖氨酸	AGA	精氨酸	A
	AUG	甲硫氨酸(起始)	ACG	苏氨酸	AAG	赖氨酸	AGG	精氨酸	G
G	GUU	缬氨酸	GCU	丙氨酸	GAU	天冬氨酸	GGU	甘氨酸	U
	GUC	缬氨酸	GCC	丙氨酸	GAC	天冬氨酸	GGC	甘氨酸	C
	GUA	缬氨酸	GCA	丙氨酸	GAA	谷氨酸	GGA	甘氨酸	A
	GUG	缬氨酸(起始)	GCG	丙氨酸	GAG	谷氨酸	GGG	甘氨酸	G

3. 遗传密码的特点

(1)简并性　组成蛋白质的氨基酸只有 20 多种,可起编码作用的有义密码达 61 个,这意味着存在一种以上密码对应一种氨基酸的情况。事实上,除甲硫氨酸和色氨酸对应一种密码之外,其他的氨基酸均有 2 种或 2 种以上的密码与之相对应。这种由一种以上密码编码同一氨基酸的现象称为密码的简并性,编码相同氨基酸的密码称为同义密码。密码虽有简并性,但它们使用的频率并不相等。例如,亮氨酸有 6 个不同的密码,但 CUG 使用频率很高,而 UUA 就较少使用。此外,每种氨基酸所具有的密码数目并不与该氨基酸在蛋白质中出现的频率成正比,例如有 2 个密码的谷氨酸在蛋白质中出现的频率反而高于有 6 个密码的精氨酸。

（2）方向性 遗传密码具有方向性，例如 AUC 是异亮氨酸的密码，A 为 5′端碱基，C 为 3′端碱基。mRNA 从 5′端到 3′端的核苷酸排列顺序就决定了多肽链中从 N 端到 C 端的氨基酸排列顺序。

（3）通用性 遗传密码具有通用性，从动物、植物、微生物到人类，绝大多数生物的遗传密码都是相同的。

（三）蛋白质的生物合成——翻译

1. 核糖体的结构

核糖体是蛋白质合成的场所，一个细菌细胞中约有 20 000 个核糖体，其蛋白质的量占细胞总蛋白质量的 10%，其 RNA 量占细胞总 RNA 量的 80%。真核细胞内的核糖体数可高达 10^6 个，而在未成熟的蟾蜍卵母细胞中则高达 10^{12} 个。核糖体既能以游离状态存在于细胞基质内，也可存在于内质网或线粒体、叶绿体内膜上。

二维码 1-14
核糖体的结构
与功能

从结构上看，核糖体是由几十种蛋白质和几种核糖体 RNA（rRNA）组成的致密性颗粒。原核生物的核糖体由 3 种 rRNA 和 52 种蛋白质组成，真核生物的核糖体由 4 种 rRNA 和 78 种蛋白质组成。

2. 蛋白质生物合成的过程

蛋白质的合成大约有 200 种生物大分子参与，包括核糖体蛋白、rRNA、mRNA、tRNA、氨酰 tRNA 合成酶、起始因子、延伸因子、释放（终止）因子等，比 DNA 的复制和转录都要复杂。

根据 mRNA 上的密码合成蛋白的过程叫作翻译。它是将核酸序列转变为氨基酸序列的过程。

二维码 1-15
蛋白质的
合成过程

翻译的过程分为翻译起始、肽链的延伸和翻译终止 3 个阶段。

（1）翻译起始 蛋白质的合成起始过程是指核糖体大小亚基、tRNA 和 mRNA 在起始因子的作用下组装成起始复合物的过程。真核生物的起始过程中并不是先与 mRNA 模板结合，而是在起始因子的协助下，先与起始 tRNA 相结合，再与 mRNA 模板结合。

（2）肽链的延伸 肽链的延伸可分为 3 个阶段：进位、肽链形成和移位。

当 mRNA 单链合成后，便通过核孔进入细胞质，附着在核糖体的亚基上。核糖体能选择相应的氨酰 tRNA（转运 RNA）。氨酰 tRNA 一臂连着一个特定的氨基酸，另一臂具有与 mRNA 密码子互补的 3 个暴露的碱基，叫"反密码子"。氨酰 tRNA 通过这个反密码子，可以识别 mRNA 上密码子的位置，把特定的氨基酸送到一定的位置上。

在翻译过程中，通常是多个核糖体与 mRNA 分子结合形成多聚核糖体。核糖体附着在 mRNA 单链的一端，逐渐向 mRNA 另一端移动，识别 mRNA 分子的密码子。同时接受相应的带着氨基酸的氨酰 tRNA，并一个接一个地将氨基酸结合成多肽。

氨基酸并不能直接识别 mRNA 上的密码子，每一种氨基酸都有一种或数种与它相应的 tRNA 来运载它到 mRNA 模板上，这种运载作用通过氨基酸的羧基末端与相应 tRNA 3′端氨基酸臂在氨酰 tRNA 合成酶作用下共价相连来实现。tRNA 反密码环的反密码子可正确识别 mRNA 模板上的密码子并与之配对，确保肽链的合成按正确顺序进行。原核生物和真核生物都只合成约 30 种带反密码子的 tRNA，可有义密码子有 61 种，这说明一个 tRNA 分子可能与 mRNA 上一种以上的三联体密码进行碱基配对。

（3）翻译终止　　当核糖体移动到 mRNA 单链的终止密码时，形成多肽的过程便告结束，mRNA 便与核糖体脱离。最后形成的几条多肽链相连，并成为有一定空间结构的蛋白质分子。

遗传信息的转录和翻译过程如图 1-24 所示。

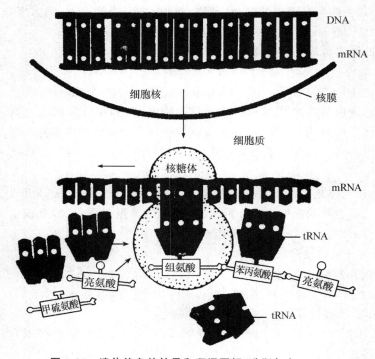

图 1-24　遗传信息的转录和翻译图解（欧阳叙向，2019）

五、中心法则及其发展

根据前面的叙述，我们可以把 DNA、RNA 和蛋白质三者的关系概括为以下三点。

（1）生物体的遗传信息以遗传密码的形式编码在 DNA 分子上，表现为特定的核苷酸排列顺序，是产生具有特异性蛋白质的模板。

（2）在细胞分裂过程中，DNA 双链解开，以每条单链为模板，按照碱基配对原则，合成新的互补链，这叫 DNA 的复制。通过 DNA 的复制把遗传信息由亲代传递给子代。

（3）在子代的个体发育过程中，以 DNA 双链中的一条链为模板，转录成 mRNA。然后根据 mRNA 上的遗传密码翻译成特异的蛋白质，使亲代的性状在子代中得以表现。

以上三点说明，遗传信息通过复制由 DNA 传向 DNA，通过转录过程由 DNA 传递到 RNA，然后翻译成蛋白质，这种遗传信息的流向，称为中心法则（图 1-25）。

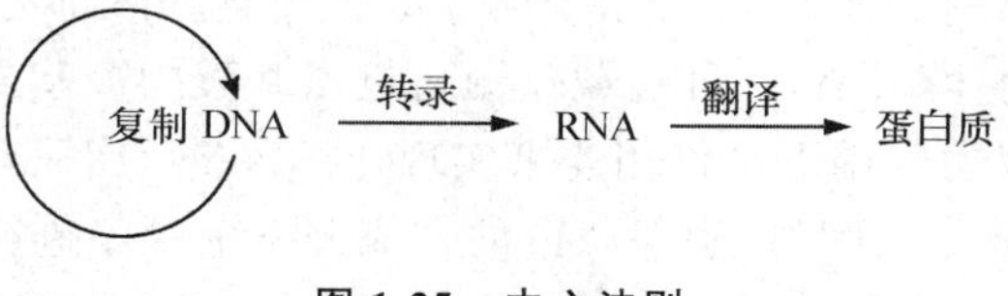

复制 DNA　——转录——→　RNA　——翻译——→　蛋白质

图 1-25　中心法则

后来科学家研究发现,对于那些只含有 RNA 不含 DNA 的病毒,在感染宿主细胞后,RNA 与宿主细胞的核糖体结合,形成一种 RNA 复制酶,在这种酶的催化作用下,以 RNA 为模板复制出 RNA。也就是说,RNA 的遗传信息可以传向 RNA。近年来有研究发现,路斯肿瘤病毒是 RNA 病毒,存在反转录酶,它能以 RNA 为模板合成 DNA(这种 DNA 叫 cDNA),并结合到宿主细胞染色体的一定位置上,成为 DNA 前病毒。DNA 前病毒可以复制,通过细胞有丝分裂传递给子细胞,并成为肿瘤细胞。这些肿瘤细胞还能以前病毒 DNA 为模板,合成前病毒 RNA,并进入细胞质中合成病毒外壳蛋白质,最后病毒体释放出来,进行第二次侵染。

由此可见,遗传信息并不一定是从 DNA 单向地传向 RNA,RNA 携带的遗传信息同样也可以复制和传向 DNA,这就是补充和完善的中心法则(图 1-26)。

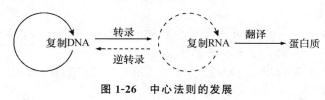

图 1-26　中心法则的发展

实训四　动物肝脏组织中 DNA 的提取(盐溶法)

一、实训目的

通过本实验了解并掌握提取基因组 DNA 的原理和步骤,以及相对分子质量较大的 DNA 的琼脂糖凝胶电泳技术。

二、实训原理

在 EDTA 和 SDS 等去污剂存在下,用蛋白酶 K 将核蛋白的核酸和蛋白分离,根据高浓度的 NaCl 溶解 DNA,沉淀蛋白质,无水乙醇沉淀析出 DNA 的性质来提纯基因组 DNA。

盐析过程中高浓度的 NaCl 是关键试剂,NaCl 的最终浓度将直接影响基因组 DNA 的提取率。

三、仪器及材料

1. 仪器

高压灭菌锅、玻璃匀浆器、台式离心机、恒温水浴器、琼脂糖凝胶电泳系统、紫外线透射仪。

2. 材料

动物肝脏、1.5 mL 微量离心管、微量取样器和吸头。

3. 试剂

(1)生理盐水:0.9% NaCl。

(2)组织匀浆液:100 mmol/L NaCl,10 mmol/L Tris·HCl(pH 8.0),25 mmol/L EDTA(pH 8.0)。

(3)酶解液:200 mmol/L NaCl,20 mmol/L Tris·HCl(pH 8.0),50 mmol/L EDTA (pH 8.0),200 μg/mL 蛋白酶 K,1% SDS。

(4)RNA 酶(无 DNA 酶,RNase):将胰 RNA 酶溶于 10 mmol/L Tris·HCl(pH 7.5)、15 mmol/L NaCl 溶液中,终浓度 10 mg/mL,于 100 ℃水浴处理 15 min 以降解 DNA 酶,缓慢冷却到室温,−20 ℃保存。

(5)3.0 mol/L NaCl 溶液。

(6)无水乙醇。

(7)75%乙醇。

(8)TE 缓冲液:10 mmol/L Tris·HCl(pH 8.0),25 mmol/L EDTA(pH 8.0)。

(9)琼脂糖。

(10)6×DNA 上样缓冲液:0.25%溴酚蓝,40%(W/V)蔗糖水溶液。

(11)溴化乙啶溶液(EB):0.5 μg/mL。

(12)λDNA/*Eco*ⅠＩ＋*Hind*Ⅲ相对分子质量标准物片段大小(bp):21 227,5 148,4 973,4 268,3 530,2 027,1 904,1 584,1 315,947,831,564,125。

(13)5×TBE:5.4 g Tris,2.75 g 硼酸,2 mL 0.5 mol/L EDTA(pH 8.0),加水到 100 mL。

四、方法与步骤

本实验在无液氮的条件下,制备鼠肝 DNA,与有液氮条件下相比,产量和质量都有所下降。整个操作过程中,应尽量避免 DNA 酶的污染,特别注意动作温和,减少对 DNA 的机械损伤。

(1)取 0.2 g 肝组织,用冰冷的生理盐水洗 3 次,然后置于 2.0 mL 组织匀浆液中,用玻璃匀浆器匀浆至无明显组织块存在。

(2)将组织细胞移至 1.5 mL 微量离心管中,离心(5 000 r/min)30～60 s(尽可能在低温下操作),弃上清液,若沉淀中血细胞较多,可再加入 5 倍于细胞体积的匀浆液洗一次。

(3)沉淀加 0.8 mL 无菌水迅速吹散,分两管,再加 0.4 mL 酶解液,翻转混匀(动作一定要轻),于 55 ℃水浴处理 12～18 h。

(4)沉淀加 RNase 至终浓度 200 μg/mL,于 37 ℃水浴处理 1 h。

(5)加入 1/2 体积 3.0 mol/L NaCl 溶液,混匀,静置 30 min 或更长。

(6)4 ℃,12 000 r/min 离心 20 min,将上清液转移到新的离心管。

(7)加两倍体积的预冷的无水乙醇,摇匀,静置 30 min 后,可见白色絮状沉淀出现。

(8)4 ℃,12 000 r/min 离心 15 min,弃上清液;75%冷乙醇洗涤一次,4 ℃,12 000 r/min 离心 15 min,弃上清液,打开离心管,充分挥发乙醇,室温干燥(不要太干,否则 DNA 不易溶解),加入适量 TE 缓冲液,存放于 4 ℃冰箱,轻摇溶解过夜,即可得到实验动物基因组 DNA。

(9)由于基因组 DNA 相对分子质量较大,制备 0.7%的琼脂糖凝胶电泳鉴定 DNA。取 1.5 μL 溶解的 DNA、1 μL 的 6×DNA 上样缓冲液和 3.5 μL 无菌水混匀后小心上样(可在另一孔加入 DNA 相对分子质量标准物)观察基因组 DNA 大小。在 1×TBE 电泳缓冲液中电泳 30～40 min,之后用溴化乙啶染色在紫外线下观察结果。

五、实训作业

分析讨论提取动物肝脏组织 DNA 过程中各主要步骤的作用机理和应该注意的事项。

第四节　基因与性状表达

一、基因的概念及其发展

基因的概念经历了一个历史发展过程,并正在继续发展和逐渐完善之中。

早在 1865 年,孟德尔通过 8 年的豌豆杂交试验,就提出了遗传因子的概念,并总结出遗传因子传递的两大定律——分离定律和自由组合定律。1909 年,丹麦遗传学家约翰逊(W. L. Johannsen)将遗传因子更名为基因,并一直沿用至今。

1910 年,美国遗传学家摩尔根(T. H. Morgan)和他的学生们通过大量的果蝇细胞遗传学实验,提出了基因位于染色体上并呈线性排列的"念珠模型",提出了遗传学的连锁互换定律。1926 年,摩尔根在发表的《基因论》中指出,基因是携带生物体遗传信息的结构单位,具有控制特定性状、突变和发生交换的功能。

1937 年,比德尔(G. W. Beadle)与泰特姆(E. L. Tatum)通过对链孢霉属的红色面包霉营养缺陷型的研究,于 1941 年提出了"一个基因一个酶"的假说,指出生物体的代谢反应是通过一个基因决定一种特定的酶实现的。后来发现有些酶是由好几个多肽链组成,而每个多肽链是由特定的基因控制的,因此人们将其修正为"一个基因一条多肽链"。基因的产物不仅可以是可翻译成多肽的 mRNA,还可以是 tRNA 和 rRNA。

阿委瑞(O. T. Avery)于 1944 年开展的肺炎双球菌体外转化实验,赫尔希(A. D. Hershey)于 1952 年进行的 T_2 噬菌体侵染实验等都充分地证明了 DNA 就是遗传物质,基因的化学本质是 DNA。

1966 年,奈任伯格(M. Nirenberg)和霍拉纳(H. G. Khorana)分别用实验方法破译了全部的遗传密码,即核酸链上 3 个相连的核苷酸决定一种氨基酸。

至此,人们对基因概念的认识逐渐清晰,认识到基因决定着生物性状的遗传,基因的本质是 DNA 分子上具有特定遗传功能的核苷酸序列。

二、基因的结构

在经典遗传学的"三位一体"基因概念中,基因既是一个功能单位,又是一个突变单位和重组单位。基因的内部是不可分的,一个基因与另一个基因重组并不涉及基因的内部变化。

1957 年,本泽(S. Benzer)以 T_4 噬菌体为材料,在 DNA 分子结构水平上分析了基因内部的精细结构,提出了顺反子学说,打破了"三位一体"的基因概念。顺反子学说首次把基因具体化为 DNA 分子上一个决定一条多肽链的完整功能单位,基因内部是可分的,包含多个突变和重组单位。

经典遗传学认为基因的数目、位置和功能都是固定不变的,基因的位置与功能无关。

20 世纪 40 年代,美国科学家麦克林托克(B. McClintock)根据对玉米变异体的长期观察,提出了转座的概念,认为某些遗传因子的位置是不固定的,可以在染色体上移动,称之为"控制因子"。1967 年,美国青年细菌学家夏皮罗(J. Shapino)在大肠杆菌中发现了可以转移位置的插入序列,接着在原核生物和真核生物中发现基因组中某些成分位置的不固定性是一个普遍现象,人们把这些可转移的成分称为跳跃基因,亦称转座子。

1961 年,法国的雅各布(F. Jacob)和莫诺(J. Monod)通过研究不同的大肠杆菌乳糖代谢突变体来研究基因的作用,提出了乳糖操纵子学说。操纵子学说指出,原核生物中功能上相关的结构基因往往在染色体上紧密排列在一起,一起转录和表达,以产生一系列协调的生化反应。

开始人们一直认为真核生物的基因编码序列是连续不间断的,直到 1977 年美国的夏普(P. A. Sharp)和罗伯茨(R. G. Roberts)发现了断裂基因,人们才逐渐认识到绝大多数的真核基因的编码序列是不连续的,它们被一些非编码的 DNA 序列间隔开,形成一种断裂结构,这些非编码的 DNA 序列在转录后的 RNA 加工过程中被剪切掉。1978 年,Tonagana 把断裂基因中的编码序列叫作外显子,把非编码的间隔序列叫作内含子。就在同一年,英国科学家桑格(F. Sanger)通过对 ΦX174 噬菌体 DNA 全序列测定,发现了重叠基因,即两个或两个以上的基因共有一段 DNA 序列,打破了原有的"基因的编码序列是有序地排列在 DNA 链上,每个基因按次序阅读下去"的传统观点。

综上所述,可以这样理解,基因是有功能的 DNA 片段,它含有合成有功能的蛋白质多肽链或 RNA 所必需的全部核苷酸序列。基因具有以下 4 个方面的特点:

① 基因是一个突变单位,突变的本质是基因的改变,最终导致生物遗传性状的改变。

② 基因是一个功能单位,以遗传密码的方式携带遗传信息,发出指令,产生各种生物表型。

③ 基因是一个重组单位,由于重组促进了生物的进化和生物的多样性。

④ 基因是一个调控的和可调控的单位。一个完整的基因从 5′端到 3′端,由启动子—5′端非翻译区(UTR)—编码序列—终止子—加尾信号—3′端非翻译区等部分组成,见图 1-27。基因转录表达受反式调控元件和顺式调控元件多个因素调控,因此基因本身就是一个调控单位;基因的转录需细胞的许多转录因子进行调控,即使是顺式调控也要一个反式作用蛋白质和顺式调控序列的结合才能发挥调控作用,因此基因也是一个可调控单位。

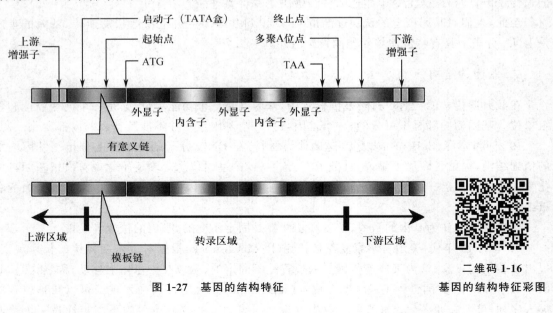

图 1-27　基因的结构特征

二维码 1-16
基因的结构特征彩图

二维码 1-17
基因的结构特征

二维码 1-18
基因表达调控

二维码 1-19
基因表达调控特点

三、基因的作用与性状表达

生物的各种性状和各种机能都是由基因来调控的。基因对于遗传性状表达的控制可以分为直接控制和间接控制两种。

(一)直接控制

在生物的个体发育中,处于活跃状态的基因将它携带的遗传密码,通过 mRNA 进行转录和翻译,如果基因的最后产物是结构蛋白或功能蛋白,那么基因的变异就可直接影响到蛋白质的特性,从而表现出不同的遗传性状,这就是直接控制。

例如人类镰刀形红细胞贫血症的血红蛋白是由一个正常血红蛋白基因(Hb^A)的两个不同的突变(Hb^S 或 Hb^C)引起的,即 Hb^A-Hb^S 或 Hb^A-Hb^C。每个血红蛋白分子有 4 条多肽链:两条相同的 α 链,每条有 141 个氨基酸;两条相同的 β 链,每条有 146 个氨基酸。对这三种血红蛋白(Hb^A、Hb^S、Hb^C)的氨基酸组成的分析比较发现,三者之间的差异,仅仅在于 β 链的第六位上一个氨基酸的不同。可以看出,在人的血红蛋白基因的密码中,仅仅改变其中一个碱基就可直接引起它的最后产物——血红蛋白的性质发生改变,从而引起镰刀形红细胞贫血症。

(二)间接控制

如果基因是通过酶的合成来控制代谢过程,间接地影响生物性状的表达,这就是间接控制。例如:家兔中有一种黄脂家兔和一种白脂家兔。白脂家兔由于基因的控制,体内能够产生一种氧化酶,可以分解所吃植物中含有的叶黄素,使其变成没有颜色的物质而排出体外,所以脂肪呈白色;黄脂家兔由于基因的作用,体内不能合成氧化酶,不能分解叶黄素,这种家兔如果吃了绿色植物或含有叶黄素的植物,黄色物质便沉积在脂肪内,所以脂肪呈黄色。

》 第五节 基因工程 《

基因工程是在分子生物学和分子遗传学综合发展基础上于 20 世纪 70 年代诞生的一门崭新的生物技术科学。

基因工程是在分子水平上通过对遗传物质的直接操作,把供体细胞中的基因或 DNA 片段提取出来,按照预先设计的蓝图,经过体外加工重组,或者把人工合成的基因转移到受体细胞并获得新的遗传特性的技术。由于最早的基因工程操作都是将转移基因与载体重组后进行转移,所以基因工程又叫 DNA 重组技术。

一、基因工程的实施步骤

第一步,用分离或合成的方法获得所需的"目的基因";

第二步,用工具酶对目的基因和载体进行加工处理,把目的基因与载体结合成重组 DNA 分子;

第三步,把重组 DNA 分子引入受体细胞,并使目的基因和载体上其他基因得以表达;

第四步,对目的基因进行检测、鉴定与筛选。

二、基因工程的研究进展

1972 年,美国斯坦福大学的伯格(P. Berg)等首次成功地实现了 DNA 的体外重组,在 PNAS 上发表了题为"将新的遗传信息插入 SV40 病毒 DNA 的生物化学方法:含有 λ 噬菌体基因和大肠杆菌($E.\ coli$)半乳糖操纵子的环状 SV40 DNA"的文章,标志着基因工程技术的诞生。从此以后,基因工程作为一个新兴的研究领域得到了迅速的发展,基因工程的新技术、新方法层出不穷,无论是基础研究还是应用研究,均取得了喜人的成果。

(一)基础研究

1. 基因工程克隆载体的研究

构建克隆载体是基因工程技术路线中的核心环节。至今已构建了数以千计的克隆载体,使以原核生物为对象的基因工程研究和植物基因工程研究得以迅速发展起来,动物基因工程研究也有了一定的进展。构建新的克隆载体仍是今后研究的重要内容之一,尤其是要大力发展适合用于高等动植物转基因的表达载体和定位整合载体。

2. 基因工程受体系统的研究

用作基因工程的受体可分为两类,即原核生物和真核生物。

原核生物大肠杆菌是早期被采用的最好受体系统,应用技术成熟,几乎是现有一切克隆载体的宿主;以大肠杆菌为受体建立了一系列基因组文库和 cDNA 文库,以及大量转基因工程菌株,开发了一批已投入市场的基因工程产品。

酵母菌是单细胞真核生物,基因组相对较小,便于基因操作,是较早被用作基因工程受体的真核生物。

随着克隆载体的发展,如今高等植物也已用作基因工程的受体。目前,用作基因工程受体的植物有双子叶植物拟南芥、烟草、番茄、棉花等,单子叶植物水稻、玉米、小麦等,获得了相应的转基因植物。

目前,动物主要以生殖细胞或胚细胞作为基因工程受体,获得了转基因鼠、鱼、鸡等动物。随着克隆羊的问世,动物体细胞作为基因工程受体的研究越来越被重视,已成为 21 世纪的重要研究课题之一。

3. 目的基因研究

基因是一种资源,而且是一种有限的战略性资源。因此,开发基因资源已成为发达国家之间激烈竞争的焦点之一。基因工程研究的基本任务是开发人们特殊需要的基因产物,这样的基因统称为目的基因。现在已获得的目的基因大致可分为三大类:第一类是与医药相关的基因;第二类是抗病、抗虫害和抗恶劣环境的基因;第三类是编码具有特殊营养价值的蛋白质或多肽的基因。

　　获得目的基因的途径很多,主要是通过构建基因组文库或 cDNA 文库,从中筛选出特殊需要的基因。近年来,也广泛使用 PCR 技术直接从某生物基因组中扩增出需要的基因。对于较小的目的基因也可用人工化学合成。

　　近年来,世界许多国家越来越重视基因组的研究工作。至 1998 年完成基因组测序的生物有 11 种,如嗜血流感杆菌(1 743 个基因)、产甲烷球菌(1 682 个基因)、大肠杆菌 K-12(4 288 个基因)、啤酒酵母(5 882 个基因)、枯草杆菌(4 100 个基因)。

　　人类基因组计划是由美国科学家于 1985 年率先提出,于 1990 年正式启动的。美国、英国、法国、德国、日本和我国科学家共同参与了这一耗资达 27 亿美元的人类基因组计划。2003 年 4 月 14 日,中、美、日、德、法、英等 6 国科学家宣布人类基因组序列图绘制成功,人类基因组计划的所有目标全部实现。

　　1992 年 8 月,我国正式宣布实施“水稻基因组计划”,并且是目前国际“水稻基因组计划”的主要参加者。2001 年 10 月 12 日,具有国际领先水平的中国水稻(籼稻)基因组“工作框架图”和数据库在我国已经完成。这一成果标志着我国已成为继美国之后世界上第二个能够独立完成大规模全基因组测序和组装分析能力的国家。籼稻全基因组“工作框架图”的完成,将带动小麦、玉米等所有粮食作物的基础与应用研究。

　　4. 基因工程新技术研究

　　围绕外源基因导入受体细胞,发展了一系列用于不同类型受体细胞的 DNA 转化方法和病毒转导方法,特别是近年来研制的基因枪和电刺激仪克服了某些克隆载体应用的物种局限性,提高了外源 DNA 转化的效率。围绕基因的检测方法,在放射性同位素标记探针的基础上,近年来又发展了非放射性标记 DNA 探针技术和荧光探针技术。PCR 技术的发展不仅大大提高了基因检测的灵敏度,而且为分离基因提供了快速简便的途径。脉冲电泳技术的问世,不仅能分开上百万碱基的 DNA 分子或片段,而且能够使完整的染色体彼此分开。

　　(二)应用研究

　　基因工程技术已广泛应用于医、农、牧、渔等产业,甚至与环境保护也有密切的关系。研究成果最显著的是基因工程药物,转基因动植物的研究也取得了喜人的成果。

　　1. 基因工程药物研究

　　1977 年,激素抑制素的发酵生产获得成功。

　　1978 年,人胰岛素的发酵生产获得成功。

　　1980 年,遗传工程菌生产干扰素获得成功。

　　1981 年,开始用遗传工程菌生产生物制剂包括动物口蹄疫疫苗、乙型肝炎病毒表面抗原及核心抗原、牛生长激素等。

　　1982 年,重组 DNA 技术生产的药物——人胰岛素进入商品化生产。

　　1983 年,基因工程生产狂犬病疫苗取得突破性进展。

　　2. 基因治疗研究

　　重组 DNA 技术有力地促进了医学科学研究的发展。它的影响涉及疾病的临床诊断、遗传病的基因治疗、新型疫苗的研制以及癌症和艾滋病的研究等诸多科学,并且均已取得了相当的成就。这方面的重要突破是发现了致癌基因,弄清了肿瘤的起因。运用基因工程设计制造的“DNA 探针”检测肝炎病毒等病毒感染及遗传缺陷,不但准确而且迅速。通过基因工程给患有遗传病的人体内导入正常基因可“一次性”解除病人的疾苦。现在一些靠传统接种疫苗无法预防的疾病,正在通过基因克隆技术发展有效的新型疫苗。还有一些遗传疾病如今已能在胎儿身上得到诊断。截至 1998 年年底,世界范围内已有 373 个临床方案被实施,累计 3 134 人接受了基因转移试验,充分显示了其巨大的开发潜力及应用前景。

3. 转基因植物研究

自 1983 年人类首次成功获得转基因烟草和马铃薯以来,转基因植物研究和开发势不可挡。至今,转基因成功的植物有 120 多种,40 多种转基因植物进入商业化种植,4 000 多种转基因植物已被各国批准进入田间试验。目前,把具有实用价值的目的基因转入植物,培育了抗虫玉米、抗虫水稻、抗虫棉、抗除草剂大豆、抗冻番茄等。

我国科学家将抗虫基因导入棉花,培育出了转基因抗虫棉新品种 55 个,对棉铃虫的抗虫效果十分显著。截至 2005 年,国产抗虫棉占我国抗虫棉市场份额由 1998 年的 5% 增长到 70%,已累计推广超过 6.7×10^6 hm^2,带来直接经济效益 150 亿元。抗虫棉的推广应用,提高了优质棉花生产率,在促进我国棉纺织品出口、减少优质原棉进口方面带来间接经济效益 200 多亿元。同时,使棉农因防治棉铃虫而导致的中毒事件降低了 70%～80%,每年减少化学农药用量 2 000 万～3 000 万 kg。

此外,抗黄矮病、赤霉病、白粉病转基因小麦和抗青枯病马铃薯也已研究成功,进入了田间试验阶段。

转基因技术可提高育种目标的准确性,实现超远缘育种,缩短一半育种时间,从而加快育种进程和新品种更新速度;能大幅度地提高作物产量,降低成本,减轻劳动量,减少化学杀虫剂对作物和环境的污染;提高基因工程作物品质,如高产、速长、抗旱、耐寒、抗盐、自我固氮、抗病虫害和富含原食物中缺乏的营养物质等。

4. 转基因动物研究

1981 年,世界上第一次成功地将外源基因导入动物胚胎,创立了转基因动物技术。1982 年获得了转基因小鼠。转入小鼠的生长激素基因,使小鼠体重为正常个体的 2 倍,因而被称为"超级小鼠"。此后 10 年间转基因牛、猪、羊、兔、蚊子、鱼、鸡、大鼠等动物相继研究成功。研制出的转基因动物主要应用于以下几个方面:一是改良动物品种和生产性能,提高肉、蛋、奶等产品的产量与品质;二是建立疾病和药物筛选模型,运用转基因动物研究攻克人类疾病,进行器官移植供体的开发;三是用作动物生物反应器来生产药用蛋白和营养保健蛋白。

我国在转基因动物研究方面也取得了较大的进展。1984 年,中国科学院武汉水生生物研究所鱼类基因工程研究组研制出世界上第一批转基因鱼。1998 年 2 月,我国对转基因羊的研究获得了重大突破,研究者们将转基因技术与克隆技术联合使用,成功地培育出了转基因羊。1999 年 2 月,我国培育出第一头携带有人类基因的转基因牛。目前,已获得了转基因兔、鸡、猪等多种转基因动物。

5. 转基因微生物研究

基因工程做成的 DNA 探针能够十分灵敏地检测环境中的病毒、细菌等污染。利用基因工程培育的指示生物能十分灵敏地反映环境污染的情况,不易因环境污染而大量死亡,甚至还可以吸收和转化污染物。

基因工程做成的"超级细菌"能吞食转化汞、镉等重金属,分解 DDT 等多种污染环境的毒害物质。

三、基因工程的安全性

(一)基因工程的安全隐患

随着基因工程技术的推广,由于同一地区只种植一种作物,造成抗性基因专一化,使得抗性基因所不能对付的病虫害暴发,从而造成农作物的减产。转基因作物的大规模商业种植可能导致被转移基因在自然生态系统中的广泛流动,还可能波及非目标生物,从而对生态环境产生不可逆转的严重破坏。此外,基因工程技术的推广将使数以千计的品种被淘汰,导致自然界一些食物链切断,生态平衡破坏。专家认为,经过一二十年后,杂草、虫害和病菌适应了环境,使基因工程作物的抗性丧失,则这些特性有可能转给杂草、昆虫、病菌或某些动物,产生超级杂草、超级害虫、超级细菌和超级病毒,从而给人类和生态环境带来严重危害。

(二)基因工程的安全措施

1973 年,美国的公众第一次公开表示担心应用重组 DNA 技术可能培养出具有潜在危险性的新型微生物,从而给人类带来难以预料的后果。1974 年,美国国立卫生研究院(NIH)考虑到重组 DNA 的潜在危险,建立了重组 DNA 咨询委员会。1976 年 6 月 23 日,NIH 正式公布了"重组 DNA 研究的安全准则"。

1. 转基因生物的控制措施

有物理和生物两种方法。

(1)物理方法　通过各种严格的管理措施和物理屏障尽量避免转基因生物从实验室逃逸进入自然环境里去。这种措施只能用于控制在实验室里的转基因生物,而用于控制转基因微生物和通过花粉进行扩散的植物的效力实际上是非常有限的。当转基因动、植物必须用于开放的环境里生产时,物理控制的方法便不再有实际的意义。

(2)生物方法　是一种根本性的控制方法。即造成转基因生物与非转基因生物之间的生殖隔离。如利用三倍体不育的特性,将用于生产的转基因动物或植物培育成为三倍体,这样,转基因生物在进入自然环境里后就不可能自行繁殖,因此也就不可能对生态系统造成长期的影响。也可以利用生理学原理,如激素诱导等方法使转基因生物不育等。

2. 转基因产品的消费安全

用转基因生物生产的转基因食品和药品要进入市场,必须进行消费安全性评价。消费安全评价一般要考虑:导入的外源目标基因本身编码的产物是否会对人类产生毒性作用;外源目标基因是否稳定,在新的生理条件下和基因环境里,导入的外源目标基因会不会产生对人体健康有害的突变。

到目前为止,基因工程取得了重大进展,在理论和技术上都有重大的突破,但是多数技术还处于试验阶段,要达到实际应用的水平,还需做出巨大的努力,然而基因工程的发展给人们展示出美好的前景,可以预见,随着科学技术的不断进步,基因工程将在基础理论研究和实际应用中发挥越来越大的作用。

知识链接

人类基因组计划

人类基因组计划(human genome project,HGP)由美国科学家于 1985 年率先提出,于 1990 年正式启动。美国、英国、法国、德国、日本和我国科学家共同参与了这一耗资达 27 亿美元的人类基因组计划,与曼哈顿原子弹计划和阿波罗登月计划并称为三大科学计划。人类基因组计划的目标是为 30 多亿个碱基对构成的人类基因组精确测序,发现所有人类基因并搞清其在染色体上的位置,破译人类全部遗传信息,建立人类基因库。

1994 年,我国人类基因组计划在吴旻、强伯勤、陈竺、杨焕明的倡导下启动,1998 年在国家科技部的领导和牵线下,组建了中科院遗传所,在上海成立了南方基因中心,1999 年在北京成立了北方人类基因组中心,1999 年 7 月在国际人类基因组注册,得到完成人类 3 号染色体短臂上一个约 30 Mb 区域的测序任务,该区域约占人类整个基因组的 1%。我国成为参与这一计划的唯一发展中国家。

2000 年 4 月底,中国科学家按照国际人类基因组计划的部署,完成了 1% 人类基因组的工作框架图。

2003 年 4 月 14 日,中、美、日、德、法、英等 6 国科学家宣布人类基因组序列图绘制成功,人类基因组计划的所有目标全部实现。已完成的序列图覆盖人类基因组所含基因区域的 99%,精确率达到 99.99%,这一进度比原计划提前两年多,人类基因组计划共耗资 27 亿美元。

人类基因组计划的目的是解码生命,了解生命的起源,了解生命体生长发育的规律,认识种属之间和个体之间存在差异的起因,认识疾病产生的机制以及长寿与衰老等生命现象,为疾病的诊治提供科学依据。

在人类基因组计划中,还包括对 5 种生物基因组的研究:大肠杆菌、酵母、线虫、果蝇和小鼠,称之为人类的五种"模式生物"。

1. HGP 的研究内容

HGP 的主要任务是对人类的 DNA 进行测序,绘制 4 张图谱(遗传图谱、物理图谱、序列图谱、基因图谱),此外还有测序技术、人类基因组序列变异、功能基因组技术、比较基因组学、社会、法律、伦理研究、生物信息学和计算生物学、教育培训等目的。

2. HGP 研究的众多发现

(1)基因数量少得惊人。一些研究人员曾经预测人类约有 14 万个基因,经过分析得知,全部人类基因组约有 2.91 Gbp,约有 39 000 个基因,目前,已经发现和定位了 26 000 多个功能基因,其中有 42% 的基因尚不知道其功能。在已知基因中酶占 10.28%,核酸酶占 7.5%,信号传导占 12.2%,转录因子占 6.0%,信号分子占 1.2%,受体分子占 5.3%,选择性调节分子占 3.2%。

(2)人类基因组中存在"热点"和"荒漠"。19 号染色体是含基因最丰富的染色体,而 13 号染色体含基因量最少。在染色体上有基因成簇密集分布的区域,也有约 1/4 的区域没有基因的片段。在所有的 DNA 中,只有 1%～1.5% 的 DNA 能编码蛋白质,而 98% 以上的序列都是所谓的"无用 DNA"。

(3)人类单核苷酸多态性的比例约为 1/1 250 bp,不同人群仅有 140 万个核苷酸差异,人与人之间 99.99% 的基因密码是相同的。并且发现,来自不同人种的人比来自同一人种的人在基因上更为相似。在整个基因组序列中,人与人之间的变异仅为万分之一,从而说明人类不同"种属"之间并没有本质上的区别。

(4)男性的基因突变率是女性的两倍,而且大部分人类遗传疾病是由 Y 染色体上的基因控制的。所以,可能男性在人类的遗传中起着更重要的作用。

(5)人类基因组中大约有200个基因是来自插入人类祖先基因组的细菌基因。这种插入基因在无脊椎动物中是很罕见的,说明是在人类进化晚期才插入我们基因组的。可能是在我们人类的免疫防御系统建立起来前,寄生于机体中的细菌在共生过程中发生了与人类基因组的基因交换。

(6)发现了大约140万个单核苷酸多态性,并进行了精确的定位,初步确定了30多种致病基因。随着进一步分析,我们不仅可以确定遗传病、肿瘤、心血管病、糖尿病等危害人类生命健康最严重疾病的致病基因,寻找出个体化的防治药物和方法,同时对进一步了解人类的进化产生重大的作用。

3. HGP 对人类的重要意义

(1)HGP 对人类疾病基因研究的贡献。与人类疾病相关的基因是人类基因组中结构和功能完整性至关重要的信息。对于单基因病,采用"定位克隆"和"定位候选克隆"的全新思路,导致了亨廷顿舞蹈病、遗传性结肠癌和乳腺癌等一大批单基因遗传病致病基因的发现,为这些疾病的基因诊断和基因治疗奠定了基础。心血管疾病、肿瘤、糖尿病、神经精神类疾病(老年性痴呆、精神分裂症)、自身免疫性疾病等多基因疾病是目前疾病基因研究的重点。

(2)HGP 对医学的贡献。基因诊断、基因治疗和基于基因组知识的治疗、基于基因组信息的疾病预防、疾病易感基因的识别、风险人群生活方式、环境因子的干预。

(3)HGP 对生物技术的贡献。

① 基因工程药物:分泌蛋白(多肽激素、生长因子、趋化因子、凝血和抗凝血因子等)及其受体。

② 诊断和研究试剂产业:基因和抗体试剂盒、诊断和研究用生物芯片、疾病和筛药模型。

③ 对细胞、胚胎、组织工程的推动:胚胎和成年期干细胞、克隆技术、器官再造。

(4)HGP 对制药工业的贡献。

① 筛选药物的靶点:与组合化学和天然化合物分离技术结合,建立高通量的受体、酶结合试验。

② 药物设计:基因蛋白产物的高级结构分析、预测、模拟。

③ 个体化的药物治疗:药物基因组学。

4. HGP 展望

(1)生命科学工业的形成。由于基因组研究与制药、生物技术、农业、食品、化学、化妆品、环境、能源和计算机等工业部门密切相关,更重要的是基因组的研究可以转化为巨大的生产力,国际上一批大型制药公司和化学工业公司纷纷投巨资进军基因组研究领域,形成了一个新的产业,即生命科学工业。

(2)功能基因组学。人类基因组计划已开始进入由结构基因组学向功能基因组学过渡、转化的过程。通过功能基因组学的研究,人类将最终了解哪些进化机制已经确实发生,并考虑进化过程还能够有哪些新的潜能。通过对6 000多个单基因遗传病和多种大面积危害人类健康的多基因遗传病的致病基因及相关基因的克隆研究,将对治疗包括肿瘤在内的人类遗传疾病起到巨大的推动作用。

▶▶ 复习思考题 ◀◀

1. 解释名词:同源染色体、细胞周期、联会、二价体、基因、翻译、基因工程。

2. 染色体由哪些部分组成？从形态上可分为几种类型？染色体的超微结构有哪些？
3. 简述减数分裂的过程。
4. 有丝分裂和减数分裂的主要区别是什么？从遗传角度看，这两种分裂各有什么意义？
5. 猪的正常体细胞内含有 19 对染色体，试写出下列细胞中的染色体数目：
体细胞、受精卵、精子和卵子、极体、初级精母细胞、次级精母细胞。
6. 遗传物质必须具备的基本条件是什么？
7. 简述 DNA 复制与转录的区别。
8. 简述蛋白质生物合成的基本过程。
9. 什么是遗传密码，其特点是什么？
10. 简述端粒的概念及功能。
11. 简述核型分析的概念及意义。

第二章
遗传基本定律及应用

知识目标

- 了解孟德尔的试验方法和特点。
- 掌握一对相对性状和多对独立遗传性状的遗传定律及基因之间互作的各种类型。
- 了解连锁遗传现象,掌握互换率的计算及基因定位的基本方法。
- 理解遗传定律的普遍性及其在育种实践中的意义。
- 掌握性别决定理论、伴性遗传定律及其在畜牧生产上的应用。

技能目标

- 熟练应用遗传的基本定律解释生产中的遗传现象。
- 能够根据双亲的基因型预测后代可能出现的基因型和表现型,根据后代的表现型推测双亲可能的基因型。

　　长期以来,人们对遗传现象缺乏正确的认知,例如认为子代的性状是父本性状和母本性状融合遗传的结果。直到 1856 年,奥地利神父孟德尔(G. J. Mendel)在前人实践的基础上,研究了豌豆 7 对不同性状的遗传现象,经过 8 年的杂交试验,于 1865 年发表了《植物杂交试验》一文,文中指出性状在遗传过程中,杂交后代性状并非双亲性状的融合,而是双亲遗传因子的组合,这两种遗传因子将各自独立地遗传给后代,从而揭示了一对、两对及两对以上相对性状的遗传规律,即之后遗传学中的分离定律和自由组合定律。继孟德尔提出的两个定律之后,1910 年美国生物学家摩尔根(T. H. Morgan)以果蝇为实验材料,经过深入地研究,得出另一个遗传定律——连锁互换定律。这 3 个遗传定律,在微生物、动物和植物界得到了广泛的验证,具有普遍的理论及实践意义。

▶▶ 第一节　分离定律及其扩展 ◀◀

一、分离定律

(一)孟德尔试验的方法和特点

在孟德尔以前,许多科学家也曾试图解释生物性状是如何遗传的。他们用植物和动物进行杂交,然后观察子代和亲代之间的相似性,但结果并未找不到明显的规律性。而孟德尔之所以取得了成功,这应该归功于他卓越的洞察力和独特的方法学。

孟德尔在进行豌豆杂交试验时,总结了前人试验方法上的经验教训,并采用了一套全新的方法。他的试验方法有如下特点。

1. 试验材料都是能真实遗传的纯种

孟德尔选用了适宜的遗传材料豌豆进行研究。豌豆是一种严格的自花授粉而且是闭花授粉的植物,所以,不易发生天然杂交。他从种子商那里得到许多品种的豌豆,用了两年时间进行选种,从中选出一些品系用于试验,这些品系的子代的某一个特定性状总是类似于亲代,即是能够真实遗传的性状。

2. 选择有明显区别的单位性状进行观察

性状是生物体形态、结构和生理、生化等特性的统称。孟德尔把性状区分为不同的单位以便加以研究,例如花的颜色、种子的形状、种皮的颜色、成熟豆荚的形状、豌豆茎的高矮等。这些被区分开的每一具体性状称为单位性状。每个单位性状在不同个体间又有各种不同的表现。例如:花的颜色有红色和白色,种子的形状有圆形和皱皮,子叶的颜色有黄色和绿色,茎的高度有高茎和矮茎等。这种同一对单位性状的相对差异称为相对性状。孟德尔在研究性状遗传时,用具有相对性状的植株进行杂交试验,对其后代表现出来的单位性状进行分析研究,并从中找出它们的遗传规律。

3. 对各世代的系谱进行记载

孟德尔对每棵试验植株的亲代、子一代、子二代等相继世代中性状的表现进行了观察和系谱记载。

4. 应用统计分析的方法

对每个世代不同类别后代的数目进行了记载和统计分析,以确定带有相对性状的植株是否总是按相同的比例出现。孟德尔的遗传学分析方法——统计在杂交的子代中每一类个体的数目,现在仍在使用。事实上,这是 20 世纪 50 年代分子遗传学发现之前唯一的遗传学分析方法。

5. 应用理论假设解释试验结果

虽然孟德尔的理论是通过理论假设而提出的,但它对试验结果解释得相当圆满,实践已经证明这个理论是完美而正确的。

(二)一对相对性状的杂交试验

杂交,在生态学上指的是具有不同遗传组成的个体之间的交配,在遗传学上指的是具有不同基因型的个体之间的交配。杂交所得到的后代叫作杂种。

孟德尔收集了 34 个豌豆品种,种植两年后,从中选择了 22 个纯系作为试验材料。经过仔细观察,从中选取了 7 对区别明显的相对性状,分别进行了杂交试验。试验是在严格控制授粉的条件下进行的,在去雄、人工授粉和套袋中注意防止由于自然授粉而发生的误差,同时采用了互交进行比较,即让两个杂交亲本互为父本或母本。例如:开红色花的为母本,白色花的为父本;或开白色花的为母本,红色花的为父本。如果前者称为正交,那么后者就称为反交(反之亦然),这两者称为互交。孟德尔将各对相对性状在杂种后代中的表现都做了仔细地观察、记载,试验一直进行到第七代。

现以种子的圆形和皱皮这一对相对性状个体的杂交试验为例来说明一对相对性状的遗传。

试验过程和结果如图 2-1 所示,图中的符号"×"代表杂交,它的前面一般写母本,其后写父本,P 代表亲本,F_1、F_2 分别代表杂种一代和二代,"⊗"代表自交,即植物自花授粉或动物的高度近交。杂交当代在母本植株上结出的种子,它的胚是雌、雄配子受精后发育而成的,把它种下后长成的植株,就是杂种第一代。同理,由杂种一代植株自交产生的种子和把它种下后长成的植株,就是杂种第二代。

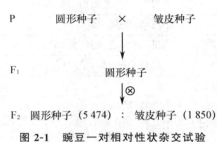

P　　　圆形种子　　×　　皱皮种子

F_1　　　　　　　圆形种子

F_2　圆形种子（5 474）　:　皱皮种子（1 850）

图 2-1　豌豆一对相对性状杂交试验

孟德尔发现,结圆形种子的植株不管是作为父本还是作为母本,F_1 杂种植株全都结圆形种子,皱皮性状看来是被圆形性状所掩盖了。他所选定研究的 7 对相对性状都是这样的情况。在每次试验中,F_1 杂种只出现两个相对性状中的一个。孟德尔把在杂交时两亲本的相对性状能在子一代中表现出来的叫显性性状,不表现出来的性状称为隐性性状。这样,圆形对皱皮是显性性状,皱皮对圆形是隐性性状。子一代中不出现隐性性状,只出现显性性状的现象,叫作显性现象。

孟德尔让 F_1 自花授粉,结出的种子再种下去,得到的植株即 F_2。在 F_2 植株上结出的同一荚果内同时出现了圆形和皱皮两种种子。也就是说,在 F_2 中既出现显性性状,又出现隐性性状。孟德尔把这种现象叫作分离现象。他统计了这些种子的数目:5 474 颗是圆形的,1 850 颗是皱皮的。这个比值非常接近于 3∶1。所有其他的杂交试验都出现同样的比值,试验结果如表 2-1 所示。

表 2-1　孟德尔豌豆的 7 对相对性状杂交试验的结果

性状的类别	亲代的相对性状	F_1 性状表现	F_2 性状表现及数目		显隐比例
子叶的颜色	黄×绿	黄	6 022 黄	2 001 绿	3.01∶1.00
种子的形状	圆×皱	圆	5 474 圆	1 850 皱	2.96∶1.00
花的颜色	红×白	红	705 红	224 白	3.15∶1.00
豆荚的形状	饱满×不饱满	饱满	882 饱满	299 不饱满	2.95∶1.00
豆荚颜色	绿×黄	绿	428 绿	152 黄	2.82∶1.00
花的部位	腋生×顶生	腋生	651 腋生	207 顶生	3.14∶1.00
茎的高度	高×矮	高	787 高	277 矮	2.84∶1.00

总结上述试验结果,得出以下三个规律:

(1)F_1 只表现出一个亲本的性状,即显性性状。例如圆形种子、黄色子叶、红花等。

(2)杂交亲本的相对性状在 F_2 中又分别出现。例如 F_2 既有结圆形种子的,也有结皱皮种子的。

(3)F_2 具有显性性状的个体数和具有隐性性状的个体数表现为一定的分离比例,即接近 3∶1。

　　现在知道,分离现象在生物中是普遍存在的。常见畜禽若干相对性状的显隐性关系如表2-2所示。

表 2-2　常见畜禽若干相对性状的显隐性关系

动物	性状	显性	隐性	备注
猪	毛色	白色	有色(黑、黑六白、棕、花斑)	有时 F_1 六白不全,棕色更深并略带黑斑,F_1 呈不规则黑白花斑
		黑六白	黑色、花斑	
		棕色	黑六白(巴克夏、波中猪)	
		花斑(华中型)	黑色(华北型)	
		白带(汉普夏)	黑六白	
	耳型	垂耳(民猪)	立耳(哈白)	耳型一般为不完全显性,F_1 有时耳尖下垂
		前伸平耳(长白)	垂耳	
		前伸平耳	立耳	
鸡	冠型	玫瑰冠	单冠	
		豆冠	单冠	
		胡桃冠	单冠	
	羽色	白色(来航)	有色	
		芦花	非芦花(白来航除外)	
		银色	金色	
	脚色	浅色	深色	
	羽型	正常羽	丝毛羽	
	脚型	矮脚	正常脚	
	脚毛	有	无	
	蛋壳色	青色	非青色	
牛	毛色	黑色	红色	
		红色(短角)	黄色(吉林)	
		黑白花	黄色	
		白头(海福特)	有色头	
	角	无角	有角	
	肤色	黑色	白色	
绵羊	毛色	白色	黑色	个别品种相反,或呈不完全显性,F_1 出现花斑
		灰色	黑色	
马	毛色	青毛	骝毛	
		骝毛	黑毛	
		黑毛	栗毛	
		兔褐毛	其他(鼠灰、银灰等)	

(三)分离现象的解释与验证

1. 分离现象的解释

孟德尔根据豌豆杂交试验结果,提出以下假设:

由于个体是亲代两性配子结合而成的,因此个体性状的表现必定与配子有关。他假设在配子中每一个性状都是由一个相应的遗传因子所支配,例如圆形豌豆的雌、雄配子里都有一个"圆形因子",用 R 表示(大写英文字母表示具有显性作用的因子);皱皮豌豆的雌、雄配子里都有一个"皱皮因子",用 r 表示(小写字母表示具有隐性作用的因子)。在体细胞中遗传因子是成对存在的(RR 和 rr),在形成配子时,成对因子彼此分离,每个配子只含有成对因子中的一个。例如,结圆形种子的豌豆配子中只含有一个 R 因子,结皱皮种子的豌豆配子中只含有一个 r 因子。当这两种植株杂交时,雌雄配子结合,F_1 的体细胞中既含有 R 又含有 r,恢复了因子成对的状态(Rr)。在 F_1 的体细胞中,R 和 r 虽然同在一起,但并不融合,各自保持自己的完整性,只不过由于 R 因子与 r 因子同在一起时,R 因子起决定作用,而 r 因子没能表现出来,即 R 因子完全抑制了 r 因子的作用。因此 F_1 只表现圆形性状。F_1(Rr)形成配子时,R 与 r 因子互相分离,各自进入一个配子中去。即 F_1 可形成 R 和 r 两种不同类型的配子,其比例为 1∶1,无论是雄配子还是雌配子都是这样。F_1 所形成的雌雄配子在授粉时,由于每种雄性配子与每种雌性配子结合的机会是均等的,所以在 F_2 中有 3 种因子组合方式,即为 RR、Rr、rr,比数为 1∶2∶1。又由于 R 对 r 为显性,因此按性状的表现来说,只表现圆形和皱皮两种类型,其比例为 3∶1。如图 2-2 所示。

前面提到的遗传因子,现在通称为"基因"。控制相对性状的一对基因称为等位基因(如 R 和 r),它是指在同源染色体上占有相同的位点,控制相对性状的一对基因。人们把成对的等位基因表示性状或个体的遗传组成方式叫作基因型,例如基因型 RR 表示圆形豌豆植株,基因型 rr 则表示皱皮豌豆植株。基因型是肉眼看不到的,只有通过杂交试验才能鉴别。在基因型的基础上表现出来的性状叫作表现型(或称表型)。基因型相同的个体,其表现型一定相同。而表现型相同的个体,其基因型则不一定相同,如 F_2 的圆形种子的基因型有两种,一种是 RR,另一种是 Rr。由相同基因组成的基因型叫纯合体(也叫纯合子),由不同基因组成的基因型叫杂合体(也叫杂合子)。

表现隐性性状的个体,由于基因型是纯合体,所以能够真实遗传,后代不出现性状分离。而表现显性性状的个体,其基因型有纯合体和杂合体两种,所以不一定都能真实遗传,因为杂合体的后代会发生分离现象。

现将分离定律概括如下:

(1)遗传性状由相应的等位基因所控制。等位基因在体细胞中成对存在,一个来自父本,一个来自母本。

(2)体细胞内成对的等位基因虽然同在一起,但并不融合,各自保持其独立性。在形成配子时彼此分离,各自进入不同的配子中。

(3)F_1 产生不同类型的配子数目相等,即 1∶1。由于各种雌雄配子结合是随机的,即具有同等的机会,因此,F_2 中基因型之比是 1RR∶2Rr∶1rr,显性与隐性表现型之比为 3∶1。

2. 分离定律的验证

孟德尔的因子分离假说是根据杂交试验结果提出来的。但是一种假设,仅对已有的事实做出解释还不够,还需要用试验方法进行验证,以检验根据假说所预期的结果,是否与重复试

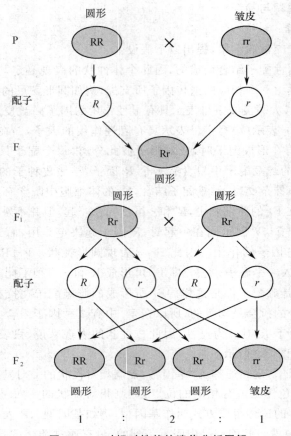

图 2-2　一对相对性状的遗传分析图解

验的结果相一致。分离假说是否成立,关键在于杂合体内是否真有显性因子和隐性因子同时存在,以及成对因子在形成配子时是否彼此分离。孟德尔采用测交的方法对假设进行了检验,如图 2-3 所示。

　　测交,就是用 F_1 和隐性亲本个体交配。孟德尔之所以要使用隐性亲本,理由是隐性亲本是纯合体,只能产生一种含隐性基因的配子,这种配子与 F_1 所产生的两种配子相结合,就会产生 1/2 的显性性状个体和 1/2 的隐性性状个体。

　　孟德尔用皱皮亲本 rr 与杂种一代 Rr 测交,测交后代中有 106 颗圆形种子、102 颗皱皮种子,接近于 1:1 的分离比例,与预期的比数完全相符,说明杂合体确实是产生两种类型配子,而且数目相等(经 χ^2 检验,证明二者无显著差异)。进行测交时,隐性亲本可以用作母本,也可以用作父本,正、反测交的结果是一致的,证明符合孟德尔的预期结果。

　　分离定律的实质是等位基因的分离和不同类型配子间的随机组合。在自然界中分离定律具有普遍性。如人类的双眼皮与单眼皮、牛的有角与无角、猪的白毛与黑毛的遗传等。分离定律是遗传学的基石,利用分离理论在畜牧生产中可以判断畜禽的纯与杂,揭露隐性的有害基因,固定显性有利性状。因此,分离定律在人类生活和畜牧生产中具有普遍的指导意义。

　　(四)分离比实现的条件
　　一对相对性状杂交的遗传规律是:F_1 个体都表现显性性状,F_1 自交产生的 F_2 个体表型比

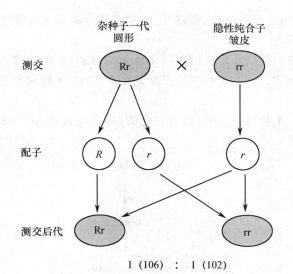

图 2-3　测交验证图

例是 3：1。但是这种性状的分离比数,必须在一定的条件下才能实现。这些条件是:

(1)研究的对象是二倍体生物。

(2)用来杂交的亲本必须是纯合体。

(3)显性基因对隐性基因的作用是完全的。

(4)F_1 形成的两种配子数目相等,配子的生活力相同,两种配子结合是随机的。

(5)F_2 中 3 种基因型个体存活率相等。

从理论上讲,如果这些条件得到满足,F_2 中性状分离比数应该是 3：1。但是在实践中,杂交个体形成的雌雄配子数量很大,参加受精的所占比例非常小,所以不同配子受精的机会不可能完全相等;另外,合子的发育也受到体内外复杂环境条件的影响,因而其比数一般是接近于 3：1。如果上述条件得不到满足,就可能出现比例不符的情况。

二、等位基因的互作

(一)完全显性

孟德尔在研究分离定律时,用纯合体圆形豌豆与纯合体皱皮豌豆杂交,所得到的 F_1 只表现显性性状(圆形),这是因为等位基因中显性基因 R 完全抑制了隐性基因 r 的表现,等位基因间的这种作用,称为 R 基因对 r 基因的完全显性作用。在显性作用完全的情况下,杂合体与显性纯合体在表现型上没有区别,而且在 F_1 的群体中只出现显性性状,F_2 中表现 3：1 的分离比数。

完全显性在自然界中比较普遍。如猪的垂耳对立耳呈显性,牛的黑毛对红毛、鸡的显性白羽对有色羽、鸡的毛腿对光腿等都呈完全显性。

二维码 2-2
孟德尔定律
的扩展

(二)不完全显性

上述遗传现象均为完全显性。在显性作用完全的情况下,F_1 只出现显性性状,F_2 表现 3：1 的分离比数。但是在某些情况下,等位基因之间的显隐关系并不是那么简单,那么严格。有的等位基因的显性仅仅是部分的、不完全的,这种情况称为不完全显性。在不完全显性情况下,由于杂合子与显性纯合子不一样,所以 F_2 的基因型分离比与表型分离比相同。

1. 镶嵌型显性

镶嵌显性是指双亲的性状在后代的同一个体上均有表现,但表现的部位不同。镶嵌显性是共显性的一种特殊形式。该类型是由谈家桢先生在 1944 年研究异色瓢虫的鞘翅色斑变异中发现的。

例如,短角品种牛,毛色有白色的,也有红色的,都是纯合体,能真实遗传。这两种类型的牛交配结果如图 2-4 所示。

图 2-4　短角牛的镶嵌型显性遗传

子一代既不是白毛,也不是红毛,而全部是沙毛(即红毛与白毛相互混杂)。再让子一代沙毛牛相互交配,生下的子二代有 1/4 的个体是白毛,2/4 是沙毛,1/4 是红毛,性状分离比呈 1：2：1,而不是 3：1,这似乎与分离定律不符。

设白毛牛的基因型为 WW,红毛牛的基因型为 ww,则子一代的基因型为 Ww,现子一代的表现型为沙毛,因此我们可以假定 W 与 w 之间的显隐关系不是那么严格,它们既不是完全明确的显性,也不是完全的隐性,也就是说它们之间在发生作用。再让子一代 Ww 个体互相交配,根据等位基因必然分离的原理,子一代可形成 W 和 w 两种配子,那么子二代就有 3 种基因型,即 WW、Ww 和 ww,呈现 1：2：1 的比数,根据上面的假定其表型及其比例应为 1 白毛：2 沙毛：1 红毛。实际结果与此假定相符。

用沙毛牛与白毛牛回交,后代是 1 沙毛：1 白毛;用沙毛牛与红毛牛回交,后代是 1 沙毛：1 红毛。通过回交说明,尽管 F_1 表现出不完全显性现象,似乎与分离定律不符,但从后代基因型和表型来看,证明分离定律是完全正确的。

2. 中间型

所谓中间型是指 F_1 的表型是两个亲本的相对性状的综合,看不到完全的显性和完全的隐性。例如地中海的安达鲁西品种鸡有黑羽和白羽两个类型,都能真实遗传。如果白羽鸡与黑羽鸡杂交,后代 F_1 都是蓝羽。F_1 自群交配,后代 F_2 中 1/4 是白羽,2/4 是蓝羽,1/4 是黑羽。

另一个例子是,家鸡中有一种卷羽鸡(又称翻毛鸡),其羽毛向上卷。这种鸡与正常非卷羽鸡交配,F_1 的羽毛是轻度卷羽,呈现双亲的中间型的性状。F_2 为 1/4 卷羽,2/4 轻度卷羽,1/4 正常羽(图 2-5)。如将子一代轻度卷羽鸡与正常羽亲本回交,得到 1/2 轻度卷羽和 1/2 正常羽鸡。

以上两个例子说明,F_1 表现为中间类型,并非两个亲本基因的融合,只不过是由于基因的显性作用不完全,因为 F_2 仍然出现了两个亲本类型,性状又发生了分离。还有如黑缟蚕与白蚕杂交,子一代皮肤斑纹是介于双亲之间的淡黑缟。这些案例更证明了分离定律的正确性。另外也可以看出,在显性作用不完全的情况下,F_2 的基因型和表现型是一致的。

P　　　　　卷羽FF × 正常羽ff

↓

F₁　　　　　轻度卷羽Ff

↓⊗

F₂　　　　卷羽 : 轻度卷羽 : 正常羽
　　　　　1FF　　2Ff　　1ff

(1) 卷羽

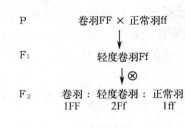
(2) 轻度卷羽

(3) 正常羽

图 2-5　家鸡羽形的遗传

（三）共显性

共显性是指一对等位基因的两个成员在杂合体中都显示出来，彼此没有显性和隐性的关系。也叫等显性或并显性。

外来物质——抗原进入动物的血液中，会引起抗体的产生。产生的抗体能与抗原发生反应，从而减低抗原的有害作用。人的红细胞上有各种不同的抗原，如把某型红细胞洗涤后注入兔子血液中，使兔子产生相应抗体，然后用特殊方式提取含有抗体的血清——抗血清，抗血清中的抗体就会与这种类型的红细胞发生凝集反应，从而把各型红细胞区分开来。

红细胞上的不同抗原，称为不同的血型。所有的人在 MN 血型系统中，可分为 M 型、N 型和 MN 型。人的 MN 血型是由一对基因 L^m 和 L^n 控制的，含有一对 L^m 基因的人，其血型是 M 型，含有一对 L^n 基因的人，其血型是 N 型；含有一个 L^m 和一个 L^n 基因的人，其血型是 MN 型。基因 L^m 和 L^n 之间没有显性、隐性之分。

在上述的不完全共显性和共显性的遗传方式中，由于等位基因的互作使杂合体出现了新的类型，所以即使 F₂ 的基因型比例没有变化，但表型比就由完全显性时的 3：1 变成了 1：2：1。

三、复等位基因

相对性状是由同源染色体上的一对等位基因控制的。后来发现在同种生物类群中，有比两个基因更多的基因占据同一个位点，因此，把在群体中占据同源染色体上相同位点两个以上的基因定义为复等位基因。同一群体内的复等位基因不论有多少个，但在每一个个体的体细胞内最多只有其中的任意两个。

1. 有显性等级的复等位基因

在家兔中有毛色不同的 4 个品种：全色（全灰色或全黑色）、青紫蓝（银灰色）、喜马拉雅型（耳尖、鼻尖、尾尖和四肢末端是黑色，其余部分是白色）、白化（白色，眼睛为淡红色）。

通过杂交试验，让纯合体全色型家兔与其他任何毛色纯合体家兔杂交，发现全色对青紫蓝、喜马拉雅型、白化表现显性；让青紫蓝型与其他型杂交，除全色型以外，青紫蓝对喜马拉雅型、白化表现显性;让喜马拉雅型与其他型杂交,除白化型以外,喜马拉雅型表现为隐性,在 F_2 中都出现 3:1 的比例。这说明家兔毛色遗传的复等位基因是有显隐性等级的。如以 C 代表全色基因,c^{ch} 代表青紫蓝基因,c^h 代表喜马拉雅型基因,c 代表白化基因,则四个复等位基因的显隐性关系可写成 $C>c^{ch}>c^h>c$。

由于家兔毛色是由复等位基因控制的,因此毛色杂合基因型种类较多。家兔毛色的表现型和基因型如表 2-3 所示。

表 2-3　家兔毛色的表现型和基因型

表现型	基因型	
	纯合体	杂合体
全色	CC	Cc^{ch},Cc^h,Cc
青紫蓝	$c^{ch}c^{ch}$	$c^{ch}c^h$,$c^{ch}c$
喜马拉雅型(八端黑)	$c^h c^h$	$c^h c$
白化	cc	

2. 共显性的复等位基因

人的 ABO 血型系统中,有四种常见的血型:A 型、B 型、AB 型和 O 型,它们由三个复等位基因 I^A、I^B 和 i 所控制。I^A 和 I^B 对 i 表现显性,但 I^A 和 I^B 之间表现为等显性。由 3 个复等位基因可以组成 6 种基因型,但由于 i 是隐性基因,所以表现为四种血型(表 2-4)。

表 2-4　人的 ABO 血型系统的基因型和表现型

血型(表现型)	基因型
A	$I^A I^A$、$I^A i$
B	$I^B I^B$、$I^B i$
AB	$I^A I^B$
O	ii

从表 2-4 可推知 ABO 血型的遗传情况。父母双方如果都是 AB 型,则他们的子女可能有 A 型、B 型或 AB 型三种,但不可能出现 O 型;如果父母双方都是 O 型,则他们的子女都是 O 型;如果一方是 A 型,另一方是 B 型,则他们的子女中四种血型都有可能出现。

四、致死基因

孟德尔的论文被重新发现不久,就有人发现小家鼠中黄色鼠不能真实遗传,其后代分离比数为 2:1。现列举两个杂交方案及其后代表现结果如下(数据是多次研究资料的综合):

黄鼠×黑鼠→黄鼠 2 378 只,黑鼠 2 398 只

黄鼠×黄鼠→黄鼠 2 396 只,黑鼠 1 235 只

从第一个交配结果来看,黄鼠很像是杂合体,因为与黑鼠交配产生的两类后代数量比为 2 378:2 398,接近于 1:1 的比例。如果黄鼠是杂合体,那么黄鼠与黄鼠交配,后代的性状分离比应该是 3:1,可是从上面第二个交配结果来看,却是与 2:1 很接近。后来研究发现,在黄鼠与

黄鼠交配产生的子代中,每窝小鼠数总比黄鼠与黑鼠交配产生的子代中少一些,大约少1/4。于是假设黄鼠与黄鼠交配按分离定律应产生1/4纯合黄鼠、2/4杂合黄鼠、1/4黑鼠3种组合,当黄色基因纯合时,对个体发育有致死作用,因此,导致纯合体黄鼠在胚胎期死亡了,因而分离比数为2∶1。

这种假设被后来的试验研究所证实,他们发现黄鼠与黄鼠杂交产生的胚胎,有一组在胚胎早期死亡。这是由于黄色基因 A^Y 在纯合时有致死作用,从而出现了这种现象。故存活的黄鼠黄色性状为杂合体,基因型为 $A^Y a$,黑鼠基因型为 aa,黄鼠与黄鼠杂交结果如图 2-6 所示。

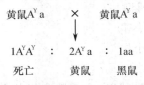

$$黄鼠 A^Y a \quad \times \quad 黄鼠 A^Y a$$

$$1 A^Y A^Y \quad : \quad 2 A^Y a \quad : \quad 1aa$$

死亡　　　黄鼠　　黑鼠

图 2-6　家鼠黄色致死基因的遗传

也就是说,黄鼠基因 A^Y 影响两个性状:毛皮颜色和生存力。黄鼠毛色基因 A^Y 在体色上有显性效应,它对黑鼠毛色基因 a 为显性,在杂合体时 $A^Y a$ 的表现型为黄鼠;但当 A^Y 基因纯合时对个体有致死作用,即黄鼠基因 A^Y 在致死作用方面有隐性效应,引起纯合体 $A^Y A^Y$ 死亡。这个 A^Y 基因叫作致死基因。

基因的致死效应往往与个体所处的环境有一定的关系,而且致死基因的作用可以发生在不同的发育阶段,如配子时期、胚胎期或出生后的仔畜阶段。像银灰毛色的卡拉库尔羊、无尾巴的曼岛猫都是杂合体,因为这些基因一旦纯合均会导致个体死亡。在畜牧业生产中,致死基因引起的家畜遗传缺陷较多,如牛的软骨发育不全和先天性水肿、羊的肌肉挛缩、马的结肠闭锁、猪的脑积水、鸡的下颌缺损等,患畜(禽)往往在出生后不久即死亡。

实训五　一对相对性状的遗传分析

一、实训目的

通过对畜禽一对相对性状的遗传现象的观察和分析,加深对分离定律的理解和认识。

二、实训原理

1. 遗传性状由相应的等位基因所控制。等位基因在体细胞中成对存在,一个来自父本,一个来自母本。

2. 体细胞内成对的等位基因虽然同在一起,但并不融合,各自保持其独立性。在形成配子时彼此分离,各自进入不同的配子中。

3. F_1 产生不同类型的配子数目相等,即 1∶1。由于各种雌雄配子结合是随机的,即具有同等的机会,因此,F_2 中基因型之比是 1 显性纯合体∶2 杂合体∶1 隐性纯合体,显性与隐性表现型之比为 3∶1。

三、仪器及材料

选取畜禽中由一对等位基因控制的一对相对性状的遗传资料。

四、方法与步骤

用基因符号图解一对相对性状的遗传现象,确定杂交后代的基因型和表现型,以及杂交后代的比例。

五、实训作业

1. 牛的无角 A 对有角 a 表现显性。一头无角公牛分别与三头母牛杂交,杂交方式和结果如下,试分析杂交亲本和后代的基因型。

有角母牛 1×无角公牛→无角小牛

有角母牛 2×无角公牛→有角小牛

无角母牛 3×无角公牛→有角小牛

2. 用毛腿雄鸡和光腿雌鸡交配,其 F_1 有毛腿和光腿两种,当这两种鸡各自交配,结果光腿鸡的后代全是光腿,毛腿鸡的 45 只后代中有 34 只为毛腿,其余为光腿。

(1)试说明光腿和毛腿哪一个是显性性状?

(2)设显性为 F,隐性为 f,则两个亲本的基因型各是什么? F_1 的基因型是什么? 毛腿子代相互交配后其后代基因型又如何?

▶ 第二节　自由组合定律及其扩展 ◀

分离定律只涉及一对相对性状的遗传,但在动物育种中,经常涉及两对和多对相对性状的杂交,希望通过杂交把双亲的优良性状结合在一起,育成一个比双亲都优越的新品种。例如甲品种猪的肉质好但生长速度慢,乙品种肉质一般但生长速度快,因此,可以通过甲、乙两个品种的杂交,育成一个肉质好生长速度又快的新品种。这就有必要了解两对和多对相对性状的遗传规律。孟德尔在研究一对相对性状的遗传现象后,进一步对两对和两对以上相对性状的遗传现象进行了分析研究,发现了遗传的第二个定律——自由组合定律(独立分配定律)。

一、自由组合定律

(一)两对相对性状的杂交试验

二维码 2-3
自由组合定律

孟德尔选用了具有两对相对性状差别的豌豆品种,一个是具有黄色子叶和圆形种子的纯合体亲本,另一个是绿色子叶和皱皮种子的纯合体亲本,通过杂交,F_1 得到 15 株,全部结黄色圆形的豌豆,这说明黄色和圆形是显性性状。F_1 自花授粉,得到 F_2 种子 556 粒,其中黄色圆形种子 315 粒,绿色圆形种子 108 粒,黄色皱皮种子 101 粒,绿色皱皮种子 32 粒,这四种类型的数目比例很接近 9∶3∶3∶1(图 2-7)。

从上述试验结果可以看出,F_2 一共出现了 4 种类型,其中有两种类型是亲本原有性状的组合,即黄色圆形和绿色皱皮,叫作亲本型;另外两种是亲本原来没有的性状组合,即绿色圆形和黄色皱皮,叫作重组型。如果对每一对相对性状单独进行分析,其试验结果如下:

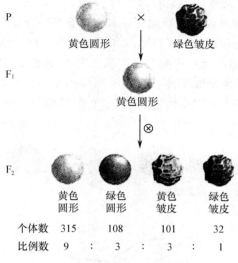

P　　　黄色圆形　　×　　绿色皱皮

F₁　　　黄色圆形

F₂　　黄色　　绿色　　黄色　　绿色
　　　　圆形　　圆形　　皱皮　　皱皮

个体数　　315　　　108　　　101　　　32
比例数　　9　：　3　：　3　：　1

图 2-7　豌豆两对相对性状杂交试验图解

子叶颜色这对相对性状在 556 粒种子中的数目和所占比例为：
黄色子叶　　315＋101＝416　　74.8%
绿色子叶　　108＋32＝140　　25.2%
种子形状这对相对性状在 556 粒种子中的数目和所占比例为：
圆形种子　　315＋108＝423　　76.1%
皱皮种子　　101＋32＝133　　23.9%

　　上面重新分类结果表明，黄色和绿色的比例大体上是 3：1，圆形与皱皮的比例也是 3：1。这说明一对相对性状的分离与另一对性状的分离无关，互不影响；同时，两对性状还能重新组合产生新的性状组合。

　　在家畜中也有不少类似的现象。例如牛的黑毛与红毛是一对相对性状，无角与有角是另一对相对性状。从杂交试验得知，黑毛对红毛为显性，无角对有角为显性。让纯合体黑毛无角的安格斯牛与纯合体红毛有角的海福特牛杂交，不论谁做父本，谁做母本，F₁ 全是黑毛无角牛。由 F₁ 群内公母牛互相交配产生的 F₂，也同样分离出 4 种类型：黑毛无角、红毛无角、黑毛有角、红毛有角，4 种类型的分离比也符合 9：3：3：1。

（二）自由组合现象的解释

　　在上述杂交试验中，两对相对性状是由两对等位基因控制的，以 Y 和 y 分别代表控制黄色子叶和绿色子叶的基因，以 R 和 r 分别代表控制圆形种子和皱皮种子的基因。已知 Y 对 y 为显性，R 对 r 为显性，所以黄色子叶圆形种子（简称黄圆）的亲本基因型应为 YYRR，绿色子叶皱皮种子（简称绿皱）的亲本基因型应为 yyrr。按照分离定律，亲本在形成配子时的减数分裂过程中，同源染色体上的等位基因彼此分离，即 Y 与 Y、R 与 R 分离，独立分配到配子中去，因此 Y 和 R 组合在一起，只形成一种类型配子 YR；同样，y 与 y、r 与 r 分离也只组合成一种类型配子 yr。杂交后，YR 和 yr 结合形成 F₁ 的个体，基因型为 YyRr，由于 Y、R 为显性，所以 F₁ 表现型都是黄色圆形；杂合型的 F₁ 自交，在产生配子的时候，根据分离定律，同源染色体上的等位基因彼此分离，即 Y 与 y 分离，R 与 r 分离，各自独立分配到配子中去，因此，两对同源染色体上的非等位基因可以均等的机会自由组合。

Y 可以和 R 组合在一起形成 YR，Y 也可以和 r 组合在一起形成 Yr；

y 可以和 R 组合在一起形成 yR，y 也可以和 r 组合在一起形成 yr。

这样 F_1 基因型 YyRr 能形成含有两个基因的 4 种类型配子：YR、Yr、yR、yr，而且这 4 种类型配子的数目相等。由于雌雄配子各有 4 种不同的类型，并且这 4 种类型的雌雄配子结合是随机的，那么在 F_2 中就应该有 16 种组合，形成 9 种基因型，其表现型为黄色圆形、绿色圆形、黄色皱皮和绿色皱皮，4 种表现型的比例为 9：3：3：1（图 2-8）。

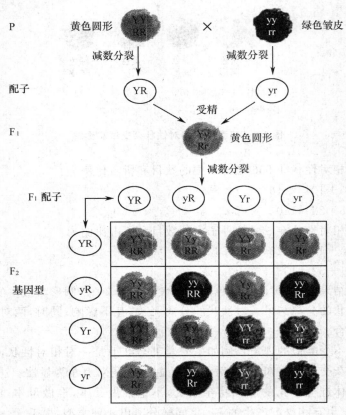

图 2-8　豌豆两对相对性状遗传分析图解（聂庆华，2015）

黄色圆形：1YYRR，2YYRr，2YyRR，4YyRr　　9

绿色圆形：1yyRR，2yyRr　　3

黄色皱皮：1YYrr，2Yyrr　　3

绿色皱皮：1yyrr　　1

由此看来，孟德尔的试验结果与这个比数完全相符。

自由组合定律的论点主要有两个：①在形成配子时，一对基因与另一对基因在分离时各自独立、互不影响；不同对基因之间的组合是完全自由的、随机的；②雌雄配子在结合时也是完全自由的、随机的。

（三）自由组合理论的验证

自由组合理论能否成立，孟德尔同样采用测交的方法来进行检验，即用 F_1 与隐性纯合体亲本回交。我们已经知道,针对两对相对性状而言,F_1(YyRr)应该产生 4 种类型的配子,当 F_1 和隐性纯合体(yyrr)亲本测交时,由于隐性纯合体只产生一种具有隐性基因的配子,因此,应该得到 4 种表现型的后代,而且数目相等,其比例为 1:1:1:1。测交的结果与预期完全相符。孟德尔的测交试验如图 2-9 所示。

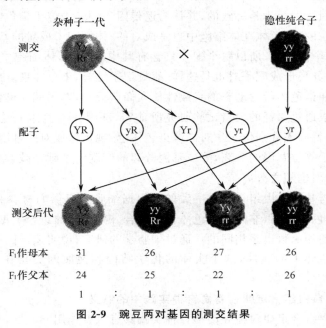

F_1作母本	31	26	27	26
F_1作父本	24	25	22	26
	1 :	1 :	1 :	1

图 2-9 豌豆两对基因的测交结果

图 2-9 中测交后代 4 种表型的个体数,经卡方(χ^2)检验证明符合 1:1:1:1 的比例,说明自由组合理论是正确的。

上面讲的是两对相对性状的杂交情况。那么,多对相对性状杂交会产生怎样的结果呢?根据试验结果及其分析得知,它要复杂得多,但也不是没有规律可循,只要各对基因都属于独立遗传的方式,那么在一对基因差别的基础上,每增加一对基因,F_1 产生的性细胞种类就会增加一倍,F_2 的基因型种类增加两倍。现将两对以上相对性状的个体杂交,其基因型、表现型、配子的数目及比数的变化,归纳如表 2-5 所示。

表 2-5 多对性状杂交基因型与表现型的关系

相对性状的数目	子一代的性细胞种类	子二代的基因型种类	显性完全时子二代表现型种类	子二代表现型比例
1	$2^1=2$	$3^1=3$	$2^1=2$	$(3:1)^1$
2	$2^2=4$	$3^2=9$	$2^2=4$	$(3:1)^2$
3	$2^3=8$	$3^3=27$	$2^3=8$	$(3:1)^3$
4	$2^4=16$	$3^4=81$	$2^4=16$	$(3:1)^4$
⋮	⋮	⋮	⋮	⋮
n	2^n	3^n	2^n	$(3:1)^n$

(四)因子分离、自由组合与染色体行为的一致性

孟德尔提出的遗传因子分离和自由组合是从杂交试验的结果推断出来的。但是遗传因子(现通称为基因),究竟存在于细胞的哪一部位上?又是如何传递的?当时还不清楚。随着细胞学研究的进展,细胞学家萨登(W. S. Sutton)研究发现,染色体在减数分裂时的行为恰好和孟德尔假设的遗传因子的行为是一致的,并认为遗传因子(基因)位于染色体上。例如:基因在体细胞中是成对存在的,染色体在体细胞中也是成对的;体细胞中成对的基因在形成配子时彼此分离,各自进入一个配子中,所以每个配子只含有其中的一个,体细胞中,成对的染色体(同源染色体)通过减数分裂形成配子时也是这样;雌雄配子结合,染色体恢复成对,而基因也恢复成对。基因的行为和染色体行为动态的一致性使人们认识到,基因就在染色体上,这种理论后来被美国学者摩尔根通过果蝇的大量试验研究所证实,基因在染色体上呈直线排列。根据这个理论,成对的基因就应该分别位于一对同源染色体上,现把这成对的基因称为等位基因。孟德尔定律的关键在于等位基因的分离,等位基因分离的细胞学基础是减数分裂,在同源染色体分离的同时,等位基因也随之分离。

染色体的行为与基因自由组合也是一致的。根据细胞学提供的材料和实际观察,证明在减数分裂时,同源染色体分离,非同源染色体自由组合。染色体的组合类型与杂交试验推知的遗传因子组合的类型和比数也是相同的。通过细胞学的研究,说明遗传因子不是抽象的概念,而是存在于细胞染色体上的实体,这个实体的化学结构和性质的奥秘在 20 世纪 50 年代被揭开。

(五)分离定律、自由组合定律在畜禽育种实践中的意义

分离定律和自由组合定律对指导动物育种实践具有重要作用。

1. 通过分离定律可以明确相对性状间的显隐性关系

在畜禽育种工作中,必须搞清楚相对性状间的显隐性关系。例如我们要选育的性状哪些是显性,哪些是隐性?以便我们采取适当的杂交育种措施,预见杂交后代各种类型的比例,从而为确定选育群体的大小、性状提供依据。

2. 判断畜禽某种性状是纯合体或杂合体

在畜牧业生产中,常常需要培育优良的纯种,首先要选出某些性状上是纯合体的种公畜(禽)。例如:在鸡的育种中,如果我们需要矮脚纯合体的种公鸡,而对现有的或引进的矮脚公鸡究竟是纯合体还是杂合体不清楚的话,这时我们可以把这个待检定的矮脚种公鸡与正常脚母鸡(正常脚是隐性)进行交配。交配后代如果全部是矮脚,说明此公鸡是纯合体;否则,就是杂合体。

3. 淘汰带有遗传缺陷性状的种畜

种用畜禽应是没有遗传缺陷的。遗传缺陷性状大多数是受隐性基因控制的,因此在杂合体中表现不出来,这样杂合体就成为携带者,可在畜群中扩散隐性基因。尤其是种公畜(禽),如果是携带者,将会给畜牧业带来不可估量的损失。所以,在育种工作中,我们不仅要把具有遗传缺陷性状的隐性纯合体淘汰,而且还要采用测交的方法,检测出携带者,并把它们从畜群中淘汰。

4. 培育优良新品种

在畜禽育种工作中,运用自由组合定律,选择具有不同优良性状的品种或品系进行重新组合,逐步使之纯化,可以培育出符合育种要求的优良新品种或品系。例如:猪的一个品种适应性强,但生长速度慢;另一个品种生长速度快,但适应性差。让这两个品种杂交,在杂种后代中就有可能出现生长速度既快、适应性又强的类型。通过选择,就有可能育成新品种。再举个例

子：在安格斯牛中，有纯合显性的黑毛无角（BBPP）和隐性的红毛有角（bbpp）两种类型，如何培育出红毛无角（bbPP）的安格斯牛？要在 F_2 得到 10 头这种类型的纯种牛，该世代的育种规模至少要达到多少？根据自由组合理论，该问题的解题思路应该是：先用 BBPP 的黑毛无角和 bbpp 的红毛有角牛杂交，得到的杂交一代横交，在 F_2 即可得到比例为 1/16 bbPP 的红毛无角纯种牛。那么要想得到 10 头该类型的牛，F_2 的育种规模至少要达到 160 头。因此，当我们掌握了遗传学的基本理论，生产中遇到实际问题时就有了解决的思路和方法，同时利用该理论，也能够指导我们科学地进行种质资源的利用和创新。

目前，抗病育种是培育动物新品种的一个重要方向。

二、非等位基因的互作

我们从杂交试验中得知，一对相对性状杂交，F_2 的表型比例是 3：1；两对性状杂交，F_2 的表型比例是 9：3：3：1。经过分析发现，这种遗传结果，是在一对基因控制一对相对性状的情况下实现的。但是，在某些情况下，一对相对性状并不只是受到一对基因控制，而是被两对或两对以上的基因所控制。这些非等位基因在控制某一性状上表现了各种形式的相互作用，即所谓非等位基因的互作。因此，在性状遗传过程中，等位基因在起作用，而非等位基因之间也存在着相互联系和影响。

非等位基因互作的现象广泛存在于动、植物中，大致可以归纳为两大类：一类是不同对基因对某一性状的表现起互补累积效应，另一类是对某一性状的表现起抑制效应，以下分别讨论这些互作类型的遗传表现。

（一）互补作用

互补作用是指两对独立遗传的基因，分别处于纯合显性或杂合状态时，共同决定一种性状的发育，当只有一对是显性或两对基因都是隐性时，则表现为另一种性状。具有互补作用的基因叫互补基因。如鸡的胡桃冠型的遗传就是基因互补的结果。

家鸡的冠型有胡桃冠（又称草莓冠）和非胡桃冠两种类型（图 2-10）。从实验得知，有些非胡桃冠能真实遗传，如果让非胡桃冠的纯合体白温多特鸡与非胡桃冠的纯合体科尼什鸡杂交，F_1 都是胡桃冠。如果让 F_1 相互交配，所产生的 F_2 中出现胡桃冠和非胡桃冠两种类型，比数为 9：7。F_1 和 F_2 中出现的胡桃冠不是亲本类型，而是新冠型。从分离比例看，这牵涉到两对基因的遗传，9：7 的比数似乎是 9：3：3：1 的演变。因此，可以根据 F_2 比例推知亲本白温多特鸡和科尼什鸡的基因型。

| 胡桃冠 | 非胡桃冠
（玫瑰冠） | 非胡桃冠
（豆冠） | 非胡桃冠
（单冠） |

图 2-10　家鸡的冠型

假设非胡桃冠的纯合体白温多特鸡的基因型是 RRpp,非胡桃冠的纯合体科尼什鸡的基因型是 rrPP,则前者产生的配子全部是 Rp,后者产生的配子全部是 rP,这两种配子相互结合,得到的 F$_1$ 的基因型是 RrPp。由于 R 与 P 有互补作用,出现了新性状胡桃冠。F$_1$ 的公鸡和母鸡都形成 4 种配子,即 RP、Rp、rP 和 rp,并且数目相等。根据自由组合定律及基因的互补作用,F$_2$ 应该出现 2 种表现型,即胡桃冠(R_P_)和非胡桃冠(rrP_、R_pp、rrpp),其比数为 9:7,如图 2-11 所示。

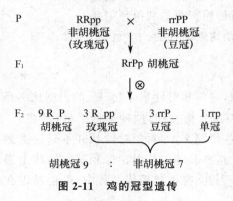

图 2-11　鸡的冠型遗传

再如鸡的就巢性遗传:某品系就巢的鸡,与另一品系不就巢的鸡杂交,F$_1$ 表现就巢,F$_2$ 就巢与不就巢的比例为 9:7,这个案例显然不能用分离定律来解释。仔细研究会发现,F$_2$ 的表型比似乎是 9:3:3:1 的变形,是否真的如此呢?假设就巢与否受两对基因控制,双亲分别是就巢的 BBGG 和不就巢的 bbgg,F$_1$ 的基因型是 BbGg 表现就巢,F$_2$ 中的 9 个 B_G_ 个体,由于 B 和 G 发生互补表现为就巢,其余的 3 类基因型则表现不就巢,这样 F$_2$ 表型比就变成了9:7。因此鸡要表现就巢,需要 B 和 G 基因相互补充、共同作用,如图 2-12 所示。

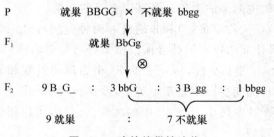

图 2-12　鸡的就巢性遗传

(二)累加作用

有些遗传试验中,当两种显性基因同时存在时,共同决定一种性状,单独存在时分别表现出两种相似的性状,如杜洛克品种猪毛色性状的遗传。该品种猪有红、棕、白 3 种毛色。如果用两种不同基因型的棕色杜洛克猪杂交,F$_1$ 产生红毛,F$_2$ 有 3 种表现型和比例:表现为 9/16 红色,6/16 棕色,1/16 白色,如图 2-13 所示。

由图 2-13 可知,两对基因为隐性纯合时形成白色毛,如果只有一个显性基因 A 或 B 存在时,产生棕色毛,当两个显性基因 A 和 B 同时存在时,则产生红色毛。

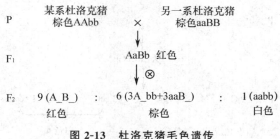

图 2-13　杜洛克猪毛色遗传

(三)上位作用

当影响同一性状的两对基因互作时,其中一对基因抑制或遮盖了另一对非等位基因的作用,这种不同对基因间的抑制或遮盖作用称为上位作用,起抑制作用的基因称为上位基因,被抑制的基因称为下位基因。起上位作用的基因是显性时称为显性上位,反之,称为隐性上位。上位相当于显性,但二者又有区别,显性指的是同一对基因之间的关系,上位指的是不同对基因之间的关系。

1. 显性上位

狗的毛色遗传是显性上位基因 I 作用的结果。狗有一对基因 ii 与形成黑色或褐色皮毛有关。当 ii 存在时,具有 $B\_$基因的狗,皮毛呈黑色;具有 bb 基因的狗,皮毛呈褐色。显性基因 I 能阻止任何色素的形成,当 I 基因存在时,无论是具有 $B\_$ 还是具有 bb,狗的皮毛都呈白色,而不呈现其他颜色。如果用纯合体的褐色狗($iibb$)与纯合体的白色狗($IIBB$)杂交,F_1 都是白色狗($IiBb$)。F_1 公母狗相互交配,F_2 出现白色、黑色、褐色 3 种类型,比例是 12∶3∶1。如图 2-14 所示。

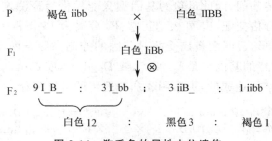

图 2-14　狗毛色的显性上位遗传

这个遗传现象说明:①褐色狗是两对隐性基因(ii 和 bb)互作的结果;②黑色狗是一种显性基因(B)与一对隐性基因(ii)相互作用的结果;③白色狗是一种显性基因 I 对 B 和 b 基因表现上位作用的结果。

2. 隐性上位

一对基因中的隐性基因对另一对基因起阻碍作用时叫作隐性上位。如家兔毛色的遗传是隐性上位基因 cc 作用的结果。根据实验,将能真实遗传的灰色兔与能真实遗传的白色兔杂交,F_1 全部是灰兔。F_1 相互交配,F_2 出现 9 灰兔、3 黑兔、4 白兔。9∶3∶4 比数可以看作 9∶3∶3∶1 衍生出来的,表明毛色受两对基因控制。为什么会出现 9∶3∶4 的比例呢?原来是因为有一种隐性上位基因 c,当其纯合时,能抑制非等位基因 G 和 g 的表现,这叫隐性上位。如图 2-15 所示。

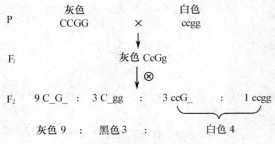

图 2-15   家兔毛色的隐性上位遗传

图 2-15 中说明 cc 抑制了 G 基因表现其作用,也说明 C 和 G 共同存在时,表现为灰色,即灰色是两种显性基因相互作用的结果;C 和 gg 共同存在时,表现为黑色,即黑色是一种显性基因 C 和一对隐性基因 gg 互作的结果。当隐性基因 cc 存在时,G 和 g 都不起作用,表现白色,所以 cc 是隐性上位基因。

(四)重叠作用

有时,两个显性基因都能分别对同一性状的表现起作用,亦即只要其中有一个显性基因存在,这个性状就能表现出来。在这种情况下,隐性性状出现的条件必须是两对基因都是隐性基因,即双隐性。于是 F_2 的分离比数不是 $9:3:3:1$,而是 $15:1$,这类作用相同的非等位基因叫作重叠基因。

猪的阴囊疝这种遗传缺陷在出生时是不表现的,但 1 月龄以后的任何时候均可出现。要进行这种缺陷的遗传研究是困难的,因为这种疝气只表现于公猪,母猪不表现,但不等于母猪没有这种遗传缺陷的遗传基因,因此母猪的基因型只能凭借后裔测定才能推断。有人将阴囊疝公猪同正常的纯合体母猪交配,F_1 外表都正常,F_2 分离为 15 正常:1 阴囊疝。这一比例实质上是 $9:3:3:1$ 的变形,说明阴囊疝受两对基因的控制。假设两个显性基因 D_1 和 D_2 都使性状表现正常,即正常猪的基因型是 $D_1\_D_2\_$,或 $D_1\_d_2d_2$,或 $d_1d_1D_2\_$,而阴囊疝是由于两对纯合的隐性基因 $d_1d_1d_2d_2$ 所造成的,那么阴囊疝的遗传就可以解释了,如图 2-16 所示。

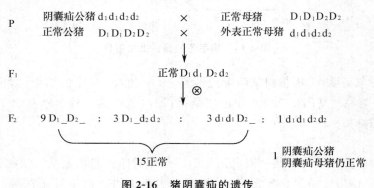

图 2-16   猪阴囊疝的遗传

必须说明的是,由于阴囊疝只表现于一个性别(阴囊疝是限性性状),因此仅 F_2 的公猪表现 $15:1$ 的比例,按所有 F_2 讲则是 $31:1$。若某性状不是限性性状,则 F_2 表型比例仍是 $15:1$。

三、多因一效与一因多效

基因互作的案例说明，一个性状的遗传不止受一对基因的控制，而是经常受许多不同基因的影响，出现"多因一效"的结果。例如果蝇眼睛颜色性状至少受 40 个不同位点的基因影响，小家鼠短尾性状至少受 10 个不同位点的基因控制，猪的毛色至少受 7 对基因的控制。

影响某一性状的基因虽然很多，但有主次之分，所以一般还保留着"某一个基因控制某一性状"的提法，以说明主要基因的作用。例如在黄牛的毛色中，全色（没有花斑）对花斑是显性。用 T 代表全色基因，用 t 代表花斑基因，那么全色的基因型为 TT 或 Tt，花斑的基因型为 tt。花斑性状是能真实遗传的，但是个体之间花斑面积的大小差异很大，从只有少数的花斑到彼此连续的大片花斑。通过人工选择能够形成花斑大小一致的牛群，即花斑可以遗传下去。花斑是否出现，取决于是否有基因型 tt 存在，而花斑面积的大小要受其他许多微弱基因的影响，这与后面要讲的微效多基因的遗传相似。但不同的是影响花斑大小的这些基因，必须有 tt 存在的情况下，才能产生作用。这种 t 基因叫主基因，那些在主基因存在时才能表现作用的，而且只是增强主基因作用的程度，并不影响主基因作用性质的基因叫作修饰基因。也就是说，某些性状的表现除了取决于主基因外，它的表现程度还受许多修饰基因的影响。

二维码 2-4
基因互作

二维码 2-5
遗传与环境对性状发育的影响

一个性状可以受到许多基因的影响，相反地，一个基因也可以影响到许多的性状。我们把单一基因的多方面表型效应，叫作基因的多效性或一因多效。基因的多效性是非常普遍的现象，这是因为生物体生长发育中的各种生理生化过程都是相互联系、相互制约的，基因是通过生理生化过程而影响性状的，故基因的作用也必然是相互联系和相互制约的。由此可见，一个基因必然影响若干性状，只不过是各个基因影响各个性状的程度不同罢了。例如，前面提到的卷羽鸡，卷羽基因 F 在杂合时（Ff），能引起羽毛翻卷，容易脱落；如果是纯合体时（FF），翻卷严重，有时几乎整个身体都没有羽毛。这一基因 F 不但影响了羽毛的形状和脱落性，而且由于羽毛向上翻卷或脱落，体热容易散失，从而引起一系列的后果：一方面，体温不正常，细胞的氧化作用和新陈代谢过程加快，心跳加速，心室肥大，血量增加，脾脏异常；另一方面，由于代谢作用增强，采食量增加，引起消化器官的扩大，增加了肾上腺、甲状腺等重要分泌器官的负担，结果繁殖能力降低。这说明一个基因能够不同程度地影响某些形态、结构和机能等性状。

从生物个体发育的整体概念出发，可以很好地理解"多因一效"和"一因多效"是同一遗传现象的两个方面。生物个体发育的方式和发育过程中的一系列生化变化，都是在一定环境条件下由整个遗传基础控制的。不难理解，一个性状的发育一定是许多生化过程连续作用的结果。现已知道，生化过程中的每一步骤都是由特定的基因所控制的，这样就产生了"多因一效"的现象。如果遗传基础上某个基因发生了突变，不但会影响到一个主要的生化过程，而且会影响到与该生化过程有联系的其他生化过程，从而影响其他性状的发育，即产生了"一因多效"的现象。

实训六　两对及两对以上相对性状的遗传分析

一、实训目的

通过对畜禽两对相对性状的遗传现象的观察和分析,加深对自由组合定律的理解和认识。

二、实训原理

1. 位于体细胞内不同对同源染色体上的两对及两对以上的等位基因在形成配子时,一对基因与另一对基因在分离时各自独立、互不影响;不同对基因之间的组合是完全自由的、随机的。

2. 雌雄配子在结合时也是完全自由的、随机的。

三、仪器及材料

选取畜禽中由两对等位基因控制的两对相对性状的遗传资料。

四、方法与步骤

用基因符号图解两对相对性状的遗传现象,确定杂交后代的基因型和表现型,以及杂交后代的比例。

五、实训作业

1. 基因型为 AaBBccDdEeFFGg 的个体,可能产生的配子类型数是多少?

2. 绿条纹鹰与全黄色鹰交配,子代为全绿色和全黄色,比例为 $1:1$。当全绿 F_1 彼此交配时,产生比例为 $6:3:2:1$ 的全绿、全黄、绿条纹和黄条纹的小鹰。你如何解释这种现象?

▶▶ 第三节　连锁互换定律 ◀◀

众多实验表明染色体是基因的载体,但是,任何生物染色体的数目都是有限的,而生物的性状有成千上万个,决定这些性状的基因也有成千上万个,因此每条染色体上必然聚集着很多的基因。位于同一染色体上的基因称为一个基因连锁群。例如:普通果蝇的染色体是 4 对,已知的基因有 500 个以上;人类的染色体是 23 对,而基因数目大约有 3 万个,这些都说明了基因的数目大大超过了染色体的数目。显然,位于同一条染色体上的基因,将不可能进行独立分配,它们必然随着这条染色体作为一个共同单位而传递,从而表现出另一种遗传现象,即连锁遗传。美国生物学家与遗传学家摩尔根(T. H. Morgan)在孟德尔之后,用果蝇作实验材料,揭示了这一重要的遗传现象。

在 1905 年,果蝇被摩尔根发现是个很好的遗传学实验材料。它有以下特点:体型小,容易饲养;培养周期短,在 25 ℃环境条件下 12 d 可以完成 1 个世代,进而繁殖下一代;生命力顽强,繁殖率高,每个雌性个体可以产生几百个后代。时至今日,人们发现果蝇还具有染色体少,相对性状明显,突变类型多,且易于进行诱变分析等优点,果蝇依然是遗传学实验上极好的材料。

一、连锁与互换

(一)完全连锁

同一条染色体上的基因构成一个连锁群,它们在遗传的过程中不能独立分配,而是随着这条染色体作为一个整体共同传递到子代中去,这就叫作完全连锁。在生物界中完全连锁的情况是很少见的,典型的例子是雄果蝇和雌家蚕的连锁遗传,现以果蝇为例来说明。

二维码 2-6
连锁与互换
定律

果蝇的灰身(B)对黑身(b)是显性,长翅(V)对残翅(v)是显性。用纯合体的灰身长翅雄果蝇与纯合体的黑身残翅雌果蝇杂交,F_1 全部是灰身长翅($BbVv$)。用 F_1 中的雄果蝇与双隐性亲本雌果蝇进行测交,按照分离定律和自由组合定律,F_1 雄果蝇应产生 BV、Bv、bV、bv 4 种精子,双隐性雌果蝇只产生一种 bv 卵子,因此测交后代应该出现灰身长翅、灰身残翅、黑身长翅、黑身残翅 4 种类型,而且是 $1:1:1:1$ 的比例。可是实验的结果与理论分离比数不一致,后代只出现灰身长翅和黑身残翅两种亲本型果蝇,其数量各占 50%,并没有出现灰身残翅和黑身长翅的果蝇。这表明 F_1 形成的精子类型可能只有 BV 和 bv 两种,两对基因之间没有重新自由组合。如何解释这个问题呢?

假设 B 和 V 这两个基因连锁在同一条染色体上,用符号 $\underline{BV}$ 来表示,b 和 v 连锁在另一条对应的同源染色体上,用符号 $\underline{bv}$ 来表示。如果用纯合体灰身长翅果蝇与纯合体黑身残翅果蝇杂交,F_1 是灰身长翅果蝇。用 F_1 雄果蝇与隐性亲本雌果蝇测交时,由于杂合的 F_1 雄果蝇在形成配子时只能产生两种配子($\underline{BV}$ 和 $\underline{bv}$),雌果蝇只产生一种配子($\underline{bv}$),所以测交后代只有灰身长翅和黑身残翅两种类型,比例是 $1:1$,这就是完全连锁的遗传特点。如图 2-17 所示。

(二)不完全连锁(互换)

不完全连锁指的是连锁的非等位基因,在形成配子的过程中发生了交换,这样就出现了和完全连锁不同的遗传现象。

在家鸡中有一种白色卷羽鸡。实验得知,鸡羽毛的白色(I)对有色(i)为显性,卷羽(F)对常羽(f)为显性。用纯合体白色卷羽鸡($IIFF$)与纯合体有色常羽鸡($iiff$)杂交,F_1 全部是白色卷羽鸡,用 F_1 母鸡与双隐性亲本公鸡进行测交,产生了 4 种类型的后代,其比例数不是预期的 $1:1:1:1$,而是亲本型大大超过重组型。如图 2-18 所示。

从图 2-18 可以看出,F_1 测交形成的后代 4 种类型数目确实是不相等的,亲本型(白色卷羽和有色常羽)个体数占 81.8%,重组型(白色常羽和有色卷羽)个体数只占 18.2%。我们知道,在自由组合情况下,亲本型和重组型应该各占 50%,或者说 4 种类型配子各占 25%,上述测交的结果与这个理论数相差很大。现在的问题是 F_1 所产生的 4 种类型的性细胞数目为什么不相等?为什么亲本型性细胞总是出现的多,而重组型性细胞总是要少些呢?这要从基因和染色体的关系上来寻求答案。

(三)连锁互换遗传的解释

我们知道,染色体是基因的载体,每一条染色体上必定有许多基因存在。存在于同一条染色体上的非等位基因,在形成配子的减数分裂过程中,如果没有发生染色体片段交换,就会出现完全连锁遗传的现象。例如上述雄果蝇的测交实验,由于 B 和 V 连锁在一起,b 和 v 连锁在一起,因此,F_1 只产生两种配子($\underline{BV}$ 和 $\underline{bv}$),所以测交后代只有亲本型而没有重组型。但是,在大多数生物中见到的往往是不完全连锁遗传。当两对非等位基因不完全连锁时,F_1 不

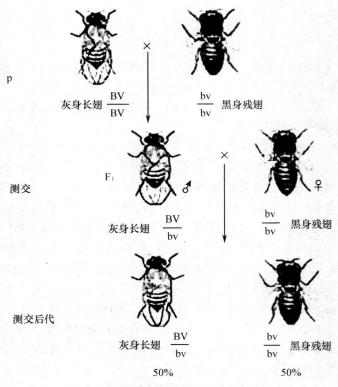

图 2-17　雄果蝇完全连锁（聂庆华，2015）

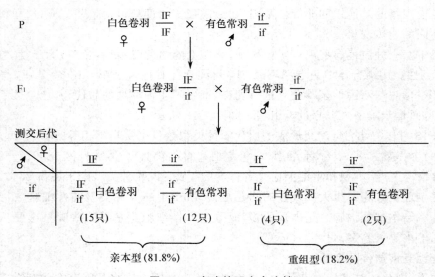

图 2-18　家鸡的不完全连锁

但产生亲本型配子，而且产生重组型配子。其原因是 F_1 在形成配子时，性母细胞在减数分裂的粗线期，非姐妹染色单体之间发生了 DNA 片段的互换，基因也随之发生了互换，由此形成的 4 种基因组合的染色单体分别组成 4 种不同的配子，其中两种配子是亲本型组合，两种是重组型组合。

连锁与互换的机制表明,只要某一性母细胞在两个基因座位之间发生一次互换,形成的配子中必定有一半是亲本组合,一半是重新组合,最后 4 种配子的比例恰好是 1：1：1：1,如图 2-19 所示。但上述家鸡连锁互换遗传中,测交实验表明,F_1 产生的 4 种配子比数并不相等,通过配子随机结合,产生的 4 种类型后代,其比例数不是 1：1：1：1,而是接近于 7.5：6：2：1。这又如何解释呢?

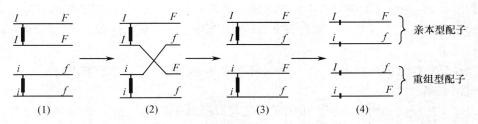

图 2-19　基因交换过程示意图

注：①四分体,染色体已复制,位于其上的基因也随之复制。

②非姐妹染色单体发生交叉。

③染色单体片段交换,有些基因与同源的另一条染色体的基因交换了位置(即 f 与 F 交换)。

④产生 4 种基因组合不同的染色单体,包括 2 条亲本型染色单体,2 条重组型染色单体,经过减数分裂可形成 4 种不同基因组合的性细胞。

实际上,多数情况下并不是全部性母细胞都在某两个基因座位之间发生互换,不发生互换的性母细胞所形成的配子都属于亲本型配子。当有 20% 的性母细胞发生互换时,重组型配子占总配子数的 10%,刚好是发生互换的性母细胞百分数的一半。由此可以推知,如有 80% 的性母细胞在两个基因座位之间发生互换,重组型配子数则占配子总数的 40%。由此可见,在连锁互换遗传情况下,F_1 产生的 4 种类型配子比数不相等,亲本型配子多于重组型配子,原因在于只有部分性母细胞发生了互换。

二、互换率及其测定

遗传学研究中,通常用互换率来表示重组型所占的比例。互换率是指重组型个体数占测交后代总数的百分比,或重组型配子数占总配子数的百分比。

$$互换率 = \frac{重组型配子数}{总配子数} \times 100\% = \frac{重组型个体数}{重组型个体数 + 亲本型个体数} \times 100\%$$

前例中鸡的测交实验,互换率＝$(4+2)/(15+12+4+2) \times 100\% = 18.2\%$。需要注意的是,不同的连锁基因,互换率是不同的。互换率应该在正常条件下,通过杂交和测交的实验来确定,而且样本资料应尽可能大,这样才能得到一个比较准确的结果。因为生物的年龄、性别及实验所处的温度都有可能影响基因重组的发生。

无数次实验证明,在一定条件下,连锁基因的互换率是恒定的,低的可以在 0.10% 以下,高的可以接近 50%,这在理论上有重大意义。可以设想,在同一对染色体上,如果两对基因相距越近,互换率则越低;反之,相距越远,互换率越高,即互换率的大小反映了基因之间连锁强度的大小。根据这个原理,可以采用一些方法,确定各种基因在染色体上的相对位置。

三、基因定位

摩尔根根据他的大量实验,提出基因在染色体上呈直线排列的设想,并且基因在染色体上的距离同基因间的互换率成正比,因此,摩尔根又提出了基因在染色体上的相对距离(图距)可以用去掉百分号的互换率来表示。如前例中家鸡的白色和卷羽这两个基因在染色体上的相对距离就可以用 18.2 个遗传单位来表示。

基因定位,就是把已发现的某一突变基因用各种不同的方法在该生物体的某一染色体的一定位置上进行标记。这里含有两层含义,即基因存在于哪一条染色体上,基因在该染色体的哪一个位置上。

基因在染色体上的定位有很多方法,下面介绍两点测交法和三点测交法。

(一)两点测交法

两点测交法就是利用杂交所产生的子一代与双隐性个体进行测交,计算两对基因之间的互换率,从而得出遗传距离,这是基因定位的最基本方法。但这一方法仅能知道两对基因的相对距离,这两对基因的顺序还无法知道,所以,要知道基因间的顺序,必须让这两对基因与第三对基因分别进行测交,分别计算出这两对基因与第三对基因的互换率。

摩尔根发现果蝇的白眼(w)、黄体(y)、粗翅脉(bi)三个性状均是连锁遗传,经测交计算得出白眼与黄体间的互换率为 1.5%,即 w 与 y 的遗传距离为 1.5 个遗传单位,而白眼与粗翅脉的互换率为 5.4%,即 w 与 bi 的遗传距离为 5.4 个遗传单位。那么 w、y、bi 是怎样排列的呢?再测定一下黄体与粗翅脉间的互换率为 6.9%,即 y 与 bi 的距离为 6.9 个遗传单位,所以,可以断定三者的顺序为黄体-白眼-粗翅脉。

当两个基因间的遗传距离大于 5 个遗传单位时,两点测交所测得的互换率会偏小,这是因为当两个基因座间的距离变大后,在这两个基因之间可能发生两次交换,即双交换,其结果是染色体片段的两次交换使基因座之间实际上没有发生交换。因此,双交换形成的是重组的染色体,而不是重组型的配子,所以互换值必然偏小。

两点测交法必须进行 3 次测交才能知道 3 对基因的顺序,如要知道这 3 对基因在染色体上的排列方向,必须要让它们与第四对基因一一完成测交后才能知道,所以,两点测交法比较费时费力。

(二)三点测交法

三点测交法是在两点测交法的基础上形成的一种新方法,它只需一次杂交,即可知道 3 对基因之间的遗传距离和排列顺序。

因为大部分突变体都是隐性突变体,其原型都为显性,所以原型都被称为野生型,野生型用"+"表示。在实验动植物的三点测交中,3 个基因都分别进行了两两交换,这样的交换被称为单交换,仅发生单交换的三点测交,其测交后代只有 6 种表现型。但杂交试验表明,在三点测交中,其测交后代往往会出现 8 种表现型,这说明 3 个基因不仅发生了两两的单交换,同时发生了双交换。

将具有黄体(y)、白眼(w)、短翅(m)的雌果蝇与灰体(+)、红眼(+)、长翅(+)的雄果蝇进行交配,其 F_1 为灰体、红眼、长翅(+ + +/ywm),取 F_1 雌果蝇与三隐性雄果蝇测交,测交后代有 8 种类型,如表 2-6 所示。

表 2-6 果蝇三点测交的后代表现型和数目

表型	基因型	交换类型	观察数	各类型后代所占百分比/%
灰体红眼长翅	＋＋＋/ywm	亲本组合	1 574	63.96
黄体白眼短翅	ywm/ywm		1 382	
灰体白眼短翅	＋wm/ywm	单交换 1	27	1.26
黄体红眼长翅	y＋＋/ywm		31	
灰体红眼短翅	＋＋m/ywm	单交换 2	763	34.39
黄体白眼长翅	yw＋/ywm		826	
灰体白眼长翅	＋w＋/ywm	双交换	10	0.39
黄体红眼短翅	y＋m/ywm		8	
合计			4 621	100.00

在三点测交试验中,一般规律是亲本类型最多,双交换类型最少。从表 2-6 中我们可以看出,第一组是亲本类型,而第四组是双交换类型。在找出双交换类型后,分析原始资料以前我们还应知道 3 个基因排列的顺序,即以双交换类型与亲本类型比较,看是哪个基因改变了连锁关系,这个基因即处于中间位置。例如 ABC 与 abc 为亲本类型,Abc 与 aBC 为双交换类型,因为 Aa 改变了连锁关系,所以 Aa 处于中间,Bb 与 Cc 处于 Aa 的两边,至于 Bb 与 Cc 处于 Aa 的哪一侧,关系不大,因为这并不影响交换率的计算。在本例中双交换类型是＋w＋/y＋m,它与亲本类型相比,是＋/w 改变了连锁关系,所以,白眼基因处于 3 个基因的中间,而黄体、短翅处于白眼的两侧。

首先,计算双互换率,双交换类型数与总观察数的比例即为双互换率:

$$双交换率 = \frac{10+8}{4\ 621} \times 100\% = 0.39\%$$

其次,计算 y 与 w、w 与 m 的互换率,y 与 w 之间的交换既发生在单交换 1 中,又发生在双交换中,所以,y 与 w 的互换率为:

$$\frac{27+31+10+8}{4\ 621} \times 100\% = 1.65\%$$

同样地,w 与 m 的互换率为:

$$\frac{763+826+10+8}{4\ 621} \times 100\% = 34.78\%$$

根据所得结果,我们可以画出 y、w、m 这 3 个基因的相对位置:

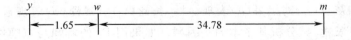

四、连锁互换定律的应用

(1)连锁基因间的交换以及基因间的自由组合,是导致不同基因重新组合从而出现新的性状组合类型的两个重要原因,是自然界或人工条件下生物发生变异的重要来源。由基因交换和自由组合所造成的基因重组在生物进化中具有重要意义,它提供了生物变异的多样性,有利于生物的发展。另外,基因重组还为我们的选种工作提供了理论依据和育种素材。

(2)根据连锁互换定律,可以进行基因连锁群的测定及基因的定位。这不仅使染色体理论更趋完整,而且对进一步开展遗传和育种试验研究具有重要的指导意义。例如根据连锁图上已知的互换频率,就可以预测杂交后代中我们所需要的新性状组合类型出现的频率,从而为确定选育群体的大小提供依据。

(3)了解由于基因连锁造成的某些性状间的相关性,可以根据一个性状来推断另一个性状,特别是当知道了早期性状和后期性状之间的基因连锁关系后,就可以提前选择所需要的类型,大大地提高了选择效果。

实训七　连锁互换现象的遗传分析

一、实训目的

通过对畜禽位于一对同源染色体上的两对相对性状的遗传现象的观察和分析,加深对连锁互换定律的认识,以便将该理论更好地应用于实践。

二、实训原理

1. 同一条染色体上的基因构成一个连锁群,它们在遗传的过程中不能独立分配,而是随着这条染色体作为一个整体共同传递到子代中去,这就叫作完全连锁。在生物界中目前只发现雄果蝇和雌家蚕表现为完全连锁遗传。

2. 在大多数生物中见到的往往是不完全连锁遗传。存在于同一对染色体上的非等位基因,在形成配子的减数分裂过程中,非姐妹染色单体之间发生 DNA 片段的互换,基因也随之发生了互换,由此形成亲本型配子和重组型配子,但亲本型配子数量大于重组型配子数量,使得后代亲本型个体数量大于重组型个体数量。

三、仪器及材料

选取畜禽中位于一对同源染色体上的两对相对性状的遗传资料。

四、方法与步骤

用基因符号图解连锁互换性状的遗传现象,确定杂交后代的基因型、表现型和数量,计算互换率,推算性母细胞发生互换的比例。

五、实训作业

在果蝇中已知灰身(B)对黑身(b)表现显性,长翅(V)对残翅(v)表现显性。现有一杂交组合,其 F_1 为灰身长翅,试分析其亲本的基因型。如果用 F_1 的雌蝇与双隐性亲本雄蝇回交,得到以下结果:

灰身长翅	黑身残翅	灰身残翅	黑身长翅
822	652	130	161

(1)上述结果是否属于连锁遗传,有无互换发生?

(2)如属于连锁遗传,互换率是多少?

(3)根据互换率说明有多少性母细胞发生了互换。

第四节　性别决定与伴性遗传

一、性别决定理论

性别是动物中最容易区别的性状。在有性生殖的动物群体中,包括人类,雌雄性别之比大多是1∶1,这是一个典型的一对基因杂合体测交后代的比例,说明性别和其他性状一样,也和染色体及染色体上的基因有关。但生物的性别是一个十分复杂的问题,因此,性别决定也因生物的种类不同而有很大的差异。在多数二倍体真核生物中,决定性别的关键基因位于一对染色体上,这一对染色体称为性染色体,除此之外的染色体称为常染色体。常染色体的各对同源染色体一般都是同型的,但性染色体却有很大的差别,它是动物性别决定的基础。

二维码 2-7
染色体作图

二维 2-8
性别决定机制

(一)性染色体类型

动物的性染色体类型常见的有 XY、ZW、XO 和 ZO 四种类型,分别见于各个门、纲、目、科中。

1. XY 型

包括人类在内的全部哺乳动物、某些两栖类、硬骨鱼类、昆虫等的性染色体属于这种类型。雌性是一对形态相同的性染色体,用符号 XX 表示;雄性只有一条 X,另一条比 X 小,并且形态也有很大不同,用符号 Y 来表示,因此,雄性是 XY。

2. ZW 型

家禽(如鸡、火鸡、鸭、鹅等)和鸟类、若干鳞翅目类昆虫、某些鱼类等的性染色体属于这种类型。这种类型的性别决定方式刚好和 XY 类型相反,雌性为异型性染色体,雄性为同型性染色体。为了和 XY 相区别,用 Z 和 W 代表这一对染色体,雌性用符号 ZW 表示,雄性用符号 ZZ 表示。

3. XO 型和 ZO 型

许多昆虫属于这两种类型。在 XO 型中,雌性是 XX;雄性只有一条 X 染色体,没有 Y 染色体,用 XO 代表。在 ZO 型中,雌性只有一条 Z 染色体,用 ZO 表示;雄性是两条性染色体,用 ZZ 表示。

(二)性别决定

生物类型不同,性别决定的方式也往往不同。XY 型染色体,当减数分裂形成生殖细胞时,雄性产生两种类型配子,一种是含有 Y 染色体的 Y 型配子,另一种是含有 X 染色体的 X 型配子,两种配子的数目相等;雌性只产生一种含有 X 染色体的卵子。受精后,若卵子与 X 型精子结合形成 XX 合子,则将来发育成雌性;若卵子与 Y 型精子结合形成 XY 合子,则将来发育成雄性,Y 染色体决定着个体向雄性方向发展。人的 XY 型性别决定如图 2-20 所示。

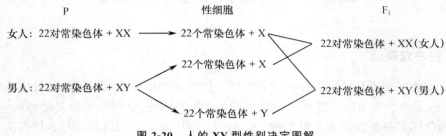

图 2-20　人的 XY 型性别决定图解

ZW 型与 XY 型相反,雄体只产生一种含 Z 染色体的 Z 型精子,而雌体可产生两种类型卵子,一种是含有一条 Z 染色体的 Z 型卵子,另一种是含有一条 W 染色体的 W 型卵子,两种卵子的数目相等。通过受精,若 Z 型卵子与 Z 型精子结合形成 ZZ 合子,则将来发育成雄体;若 W 型卵子与 Z 型精子结合形成 ZW 合子,则将来发育成雌体。如图 2-21 所示。

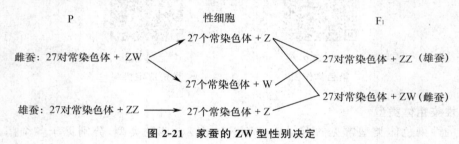

图 2-21　家蚕的 ZW 型性别决定

各种两性生物中,雌性和雄性的比例大致接近 1∶1,其原因在于雄性(或雌性)个体可产生两种类型配子,而雌性(或雄性)个体只产生一种类型配子。这种比数和一对相对性状杂交时,F_1 的测交后代比数完全相同。

除了性染色体的类型决定性别,在果蝇中性染色体与常染色体的比例也会影响性别。

美国遗传学家布里吉斯(C. B. Bridges)在研究果蝇时发现,果蝇的 Y 染色体上几乎没有与性别相关的基因,那么其性别与什么有关呢? Bridges 用 X 射线处理果蝇,使其染色体发生了各种类型的变异,并进行分析研究,提出了性别决定的基因平衡理论,该理论的要点是:X 染色体上雌性化基因系统占优势,常染色体上雄性化基因系统占优势,性别发育取决于这两种力量的对比,即 X 条数与常染色体组数(A)之比——这个比值叫性指数(X/A)。

性指数:0.5 为雄性,1 为雌性,<0.5 是超雄,>1 是超雌,介于二者中间为间性。基因平衡理论很好地解释了果蝇的性别发育机制。

除了上述 2 种理论外,自然界中的蜜蜂、蚂蚁、黄蜂等膜翅目昆虫,它们的性别是由染色体组的单双倍决定,如蜜蜂,卵子受精发育成二倍体的雌蜂($2n=32$),卵子不受精则发育成一倍体的雄峰($n=16$)。

在这里我们需要注意,雄蜂是一倍体,它之所以能产生正常的精子,缘于精母细胞特殊的减数分裂形式,也就是假减数分裂。

(三)性别的分化

性别分化是指受精卵在性别决定的基础上,进行雄性或雌性性状分化和发育的过程。但是性别的分化和发育都要受到机体内外环境条件的影响,当环境条件符合正常性别分化的要求时,就会按照遗传基础所规定的方向分化为正常的雄体和雌体;如果不符合正常性别分化的要求时,性别分化就会受到影响,从而偏离遗传基础所规定的性别分化的方向。机体内外环境条件影响性别分化的例证很多,这里仅举几个实例来说明。

1. 外界条件对性别分化的影响

蜜蜂分为蜂王、工蜂和雄蜂 3 种。蜜蜂没有性染色体,它的性别决定于常染色体。雌蜂都是受精卵发育成的,它们的染色体组是相同的,是二倍体($2n = 32$)。雄蜂是未受精(孤雌生殖)的卵发育成的,是单倍体($n = 16$)。受精卵可以发育成有生育能力的雌蜂(蜂王),也可以发育成没有生育能力的雌蜂(工蜂),这取决于营养条件对它们的影响。在雌蜂中,如果幼虫能吃到 5 d 的蜂王浆,则发育成具有产卵能力的蜂王,如果幼虫仅能吃到 2～3 d 的蜂王浆,则只能发育成无生育能力的工蜂。很明显,雌蜂是否具有生殖能力,营养条件起了很重要的作用。

有些低级的动物和某些植物,其性别决定于个体发育关键时刻的环境温度或所处的时期。如果把蝌蚪放于 20 ℃以下的环境中,则 XX 型蝌蚪发育成雌蛙,XY 型蝌蚪发育成雄蛙。但是如果把蝌蚪置于 30 ℃以上的环境中,则 XX 型和 XY 型蝌蚪均发育成雄蛙,但它们性染色体的组成并不改变。鳝鱼的性别决定于年龄,刚出生的鳝鱼全为雌性,产过一次卵的鳝鱼则全转变成雄性。

某些爬行类动物的性别决定充满了别样的神奇,我们最熟悉的海洋动物乌龟和鳄鱼的性别主要是由温度决定的。在巴西有一种红耳龟,26 ℃时胚胎发育成雄性,32 ℃时发育成雌性。温度为何会决定胚胎性别发育的方向呢? 在长达半个世纪的时间里,人们一直不得其解。2018 年 5 月,国内的学者首次证实,温度会影响组蛋白去甲基化酶 KDM6B 的活性,该酶又会影响其靶基因的甲基化水平,也就是这些靶基因的表达,而其中一些靶基因与性别的发育有关。由此可见,温度通过影响组蛋白去甲基化酶的活性来调控龟的性别。表观遗传学的兴起为性别发育机制的深入探讨开辟了一条新途径。

2. 激素对性别分化的影响

"自由马丁"牛是很像雄性的雌牛。当母牛怀孕双胎且两个胎儿性别不同时,由于胎盘绒毛膜的血管沟通,雄性的睾丸发育得早,产生的雄性激素,通过绒毛膜血管,流向雌性胎儿,从而影响了雌性胎儿的性腺分化,使性别趋向间性,失去了生育能力。后来还发现,胎儿的细胞也可以通过绒毛膜血管流向对方,因此,在孪生雄犊中曾发现有 XX 组成的雌性细胞,在孪生雌犊中曾发现有 XY 组成的雄性细胞。由于 Y 染色体在哺乳动物中具有强烈的雄性化作用,所以 XY 组成的雄性细胞可能干扰孪生雌犊的性别分化,这叫性转变。在鸡中也曾发生过母鸡啼鸣的现象,经过研究发现,原来是母鸡卵巢受结核杆菌侵袭,或发生囊肿而使卵巢退化或消失,诱发留有痕迹的精巢发育并且分泌出雄性激素,从而表现出公鸡的啼鸣。性转变是性激素影响性别发育的最生动的现象。如果检查这只发生性转变的母鸡的性染色体,它依然是 ZW 型。

二、伴性遗传及其在生产上的应用

(一)伴性遗传

二维码 2-9
伴性遗传、从
性遗传、限性
遗传的特点

性染色体是性别决定的主要遗传物质,性染色体上也有某些控制性状的基因,这些基因伴随着性染色体而传递。因此,这些基因所控制的性状,在后代的表现上,必然与性别相联系。在遗传学上,把性染色体上的基因所控制的某些性状总是伴随性别而遗传的现象称作伴性遗传(性连锁遗传)。两性生物体中,不同性别的个体所带有的性染色体是不同的,因此,伴性遗传和常染色体遗传也是不同的。常染色体遗传没有性别上的差别,而伴性遗传则有如下特点:性状分离比数与常染色体基因控制的性状分离比数不同;正反交结果不一样,表现为交叉现象;两性间的分离比数也不同。现举例说明如下。

芦花鸡的羽色遗传是伴性遗传。芦花鸡的绒羽为黑色,头上有白色斑点,成羽有横斑,是黑白相间的。如果用芦花母鸡与非芦花公鸡交配,得到的 F_1 中,公鸡都是芦花,而母鸡都是非芦花。让 F_1 自群繁殖,产生的 F_2 公鸡中一半是芦花,一半是非芦花,母鸡也是如此。这种遗传现象如何解释呢?可假设芦花基因(B)对非芦花基因(b)为显性,B 和 b 这对基因位于 Z 染色体上,常用 Z^B 和 Z^b 来表示,在 W 染色体上不携带它的等位基因。这样,芦花母鸡的基因型是 $Z^B W$,非芦花公鸡的基因型为 $Z^b Z^b$。两者交配,F_1 公鸡的羽毛全是芦花,基因型是 $Z^B Z^b$,母鸡的羽毛全是非芦花,基因型是 $Z^b W$。F_2 中,母鸡一半是芦花,基因型是 $Z^B W$,一半是非芦花,基因型是 $Z^b W$;公鸡的一半也是芦花,基因型是 $Z^B Z^b$,另一半是非芦花,基因型是 $Z^b Z^b$。芦花母鸡与非芦花公鸡杂交(正交)结果如图 2-22 所示。

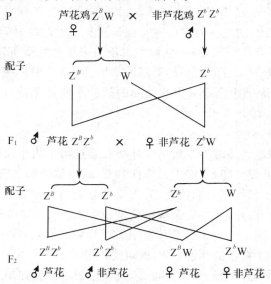

图 2-22　芦花母鸡与非芦花公鸡杂交(正交)结果

如果以非芦花母鸡($Z^b W$)与芦花公鸡($Z^B Z^B$)杂交(反交),结果就大不相同了,F_1 公鸡和母鸡的羽毛全是芦花。F_1 公母鸡相互交配,F_2 的公鸡全是芦花,母鸡则一半是芦花,一半是非芦花。这说明,正交和反交结果是不相同的,两性间的分离比数也是不相同的。非芦花母鸡与芦花公鸡杂交(反交)结果如图 2-23 所示。

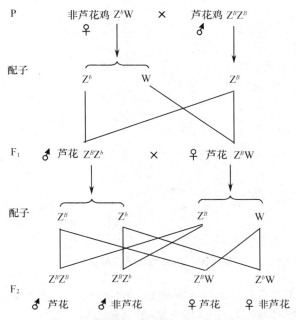

图 2-23 非芦花母鸡与芦花公鸡杂交(反交)结果

人类的色盲遗传方式同芦花鸡的羽色遗传是完全一样的。色盲有多种类型,最常见的是红绿色盲,其次是蓝绿色盲。经过调查分析得知,控制色盲的基因是隐性基因 b,位于 X 染色体上,Y 染色体上不携带有它的等位基因。如果母亲正常($X^B X^B$),父亲是色盲($X^b Y$),他们所生的子女中,无论男孩($X^B Y$)或女孩($X^B X^b$)均正常,但女孩携带有一个色盲基因,像这种色盲父亲的色盲基因(b)随 X 染色体传给他的女儿,不能传给他的儿子,这种现象称为交叉遗传。如果该女儿以后和一个正常男子结婚($X^B Y$),所生子女中,女孩均正常,但其中一半携带有一个色盲基因;所生男孩中,将有一半是色盲,一半是正常。如果母亲是色盲($X^b X^b$),父亲正常($X^B Y$),他们所生子女中,男孩必定是色盲($X^b Y$),女孩正常($X^B X^b$),但女孩是色盲基因的携带者。这个女孩以后如果和一个色盲男子结婚,他们所生的子女中,无论男孩或女孩中均有一半为色盲,一半为正常。这两种色盲遗传的情况如图 2-24 所示。

根据上述试验,可以总结出伴性遗传的 3 个特点:

(1)性状的遗传与性别有关;

(2)正反交结果不一致;

(3)若配子同型的性别传递隐性伴性性状,则 F_1 表现交叉遗传现象;若配子同型的性别传递显性伴性性状,F_1 表现一个显性亲本的性状。

摩尔根对伴性性状遗传定律的阐明,不仅具有重要的理论意义,在动物生产中更是有巨大的应用价值。

(二)伴性遗传在生产上的应用

伴性遗传原理在养鸡业中被广泛应用。鸡的 Z 染色体较大,包含的基因较多,已有 17 个基因位点被精确定位于 Z 染色体上,其中有 3 对伴性性状(慢羽对快羽、芦花羽对非芦花羽、银色羽

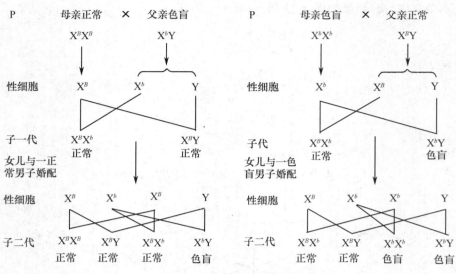

图 2-24　人类色盲遗传情况图解

对金色羽)在育种中被用来进行雏鸡的自别雌雄。例如:用芦花母鸡和非芦花(洛岛红)公鸡杂交,在 F_1 雏鸡中,凡是绒羽为芦花羽毛(黑色绒毛,头顶上有不规则的白色斑点)的为公鸡,全身黑色绒毛或背部有条斑的为母鸡;褐壳蛋鸡商品代目前几乎全都利用伴性基因——金、银色羽基因(s/S)来自别雌雄,凡绒羽为银色羽的为公鸡,绒羽为金色羽的为母鸡;褐壳蛋鸡父母代也可以利用快慢羽基因(k/K)来自别雌雄,公鸡皆慢羽,母鸡皆快羽;白壳蛋鸡目前可用于自别雌雄的基因只有快慢羽基因。另外,像 Z 染色体上的芦花羽 B、非芦花羽 b 基因,隐性矮小基因 dw,在生产上都有广泛的应用。还有像德国罗曼褐、迪卡褐和法国伊莎褐等均为四系配套的双自别雌雄商品鸡,如杂交一代根据羽速自别雌雄,商品代是根据羽色自别雌雄。

三、限性遗传与从性遗传

限性遗传是指某些性状只限于雄性或雌性中表现的遗传方式。控制这些性状的基因或处在常染色体上或处在性染色体上。限性遗传与伴性遗传不同,限性遗传只局限于一种性别上表现;而伴性遗传既可以在雄性上也可以在雌性上表现,只是出现的概率有所不同。限性遗传的性状多与性激素的存在与否有关。例如哺乳动物的雌性有发达的乳房、公孔雀有美丽的尾羽、母鸡产蛋、男人长胡须、公畜阴囊疝等。限性性状是一个普通名词,它既可以指极为复杂的单位遗传性状,例如公畜的隐睾症或单睾症,也可以指极为复杂的性状综合体,例如产仔性状、产蛋性状、泌乳性状等。由此可知,控制限性性状的基因极为复杂。

另外还有一种从性遗传或叫性影响遗传,它是指由常染色体上基因所控制的性状,由于内分泌及其他因素的影响,使同一基因型在雌雄表现显隐性颠倒的现象。决定从性性状的基因称为从性基因。也就是说,从性性状在两个性别中都可以得到表达,但同一基因的显隐性关系在不同的性别中表现不同。例如,陶赛特公母羊都有角,其基因型为 HH,雪洛夫羊公母羊都无角,其基因型为 hh,这两种羊杂交,F_1 基因型为 Hh,则公羊有角,而母羊无角,这表明 H 在公羊为显性,而在母羊表现为隐性,而且正反交结果完全相同。人的秃顶遗传也是由从性基因所控制的。基因型 BB 在男性、女性都表现为秃顶,而 bb 在男性、女性都不表现秃顶,但杂合子 Bb 在男性表现为秃顶,在女性则表现为正常。即性别不同,Bb 的表现型也不同。B 基因在男性表现为显性,而在女性则表现为隐性。

伴性遗传、限性遗传和从性遗传有以下区别:

第一,从控制 3 类性状的基因所在位置来看,伴性性状的基因位于性染色体上,限性性状的基因位于常染色体或性染色体上,从性性状的基因位于常染色体上。

第二,从性状的遗传特征来看,伴性遗传常呈交叉遗传,如鸡金银羽色的遗传;限性遗传只限于一个性别表现,如母牛能产奶,公鸡会打鸣;从性遗传是杂合体在不同性别中表现不同,如人类的遗传性秃顶性状等。

实训八　家禽的伴性遗传分析

一、实训目的

通过对家禽的伴性遗传现象的观察和分析,加深对伴性遗传定律的认识,以便更好地指导家禽育种实践。

二、实训原理

伴性遗传是指性染色体上的基因所控制的某些性状总是伴随性别而遗传的现象。伴性遗传的规律如下:

1. 如配子同型的性别传递伴性的性状,则子一代表现交叉遗传(即儿子带有母亲的性状,女儿带有父亲的性状)。在子二代中伴性和正常的性状在每个性别中各占 1/2。

2. 如配子异型的性别传递伴性的性状,在子一代全部正常,子二代中,配子同型的性别全部正常,配子异型的性别,正常和伴性的性状各占 1/2。

家禽的性染色体类型是 ZW 型。

三、仪器及材料

可任选下列材料:芦花母鸡与非芦花公鸡、慢羽母鸡与快羽公鸡、银色母鸡与金色公鸡杂交一代公母雏若干只。

四、方法与步骤

1. 在充分了解芦花母鸡与非芦花公鸡(慢羽母鸡与快羽公鸡或银色母鸡与金色公鸡)亲本性状的基础上,仔细观察杂交一代公母雏在羽斑(羽速或羽色)上的差异。

2. 分析产生上述伴性遗传现象的原因。

3. 用基因符号图解伴性遗传现象。

五、实训作业

1. 哺乳动物中,雌雄比例大致接近 1:1,你怎样解释这个现象?

2. 人的白化表现为毛发、皮肤无色素。有一对正常夫妻,他们的多个子女中出现了一个白化的儿子,这个白化的儿子娶了一个正常的女子为妻,结果他们的后代中有 2 个儿子也为白化。试问白化是由显性基因控制的还是隐性基因控制的?试判断这一对夫妻的基因型?

3. *H* 基因决定着羊角的有无,*H* 基因在公羊为显性,在母羊为隐性。一只无角的公羊与一只有角的母羊交配,问 F_2 中公羊有角、母羊有角的概率各为多少?

4. 一男子为色盲,其女儿为正常,该女子嫁给正常男人后,她的儿子患色盲的概率是多少?她的女儿携带色盲基因的概率是多少?如果该女子的丈夫也是色盲,她的女儿全为色盲的概率是多少?

5. 一对正常双亲有 4 个儿子,其中 2 人为血友病患者。以后,这对夫妇离婚并各自与一表型正常的人结婚。母方再婚后生 6 个孩子,两个儿子中有一人患血友病,4 个女儿表型正常。父方再婚后生了 8 个孩子,4 男 4 女都正常。问:

(1)控制血友病的基因是显性基因还是隐性基因?

(2)血友病是性连锁遗传,还是常染色体基因遗传?

(3)这对双亲的基因型如何?

知识链接

非孟德尔遗传

在孟德尔遗传定律被越来越多的事实证明适合于大多数基因的遗传作用模式的同时,人们也发现了不符合孟德尔遗传定律的基因作用模式。某些基因控制的性状,其正交和反交子代性状表现不一致,或只表现母本性状,或只表现父本性状,或表现了双亲性状而不符合孟德尔遗传定律的基因型比例,称为非孟德尔遗传。

二维码 2-10   二维码 2-11   二维码 2-12   二维码 2-13   二维码 2-14
母体效应   剂量补偿效应   X 染色体失火的机制   基因组印记   核外遗传

非孟德尔遗传大体上包括 4 部分内容:母体影响、剂量补偿效应、基因组印记和核外遗传。

母体影响、剂量补偿效应和基因组印记 3 种非孟德尔遗传,也是细胞核染色体基因作用的结果,但表现的是不同于孟德尔遗传定律的遗传模式。

母体影响(又称为母体效应)是指由母体的基因型决定后代表型的现象,是母体基因延迟表达的结果。母体影响分为两种:一种是短暂母体影响,只影响子代个体的幼龄期;另一种是永久母体影响,影响子代个体终生。

剂量补偿效应是指在哺乳动物中,两条 X 染色体中的一条异染色质化,只保留一条 X 染色体具有活性,这样使得雌、雄动物之间虽然 X 染色体的数量不同,X 染色体上基因产物的剂量却保持着平衡。染色体的失活会导致染色体上的基因所决定的性状传递方式的改变。

基因组印记或称亲本印记是指基因组在传递遗传信息的过程中对基因或 DNA 片段打下标识、烙印的过程。基因组印记依靠单亲传递某种性状的遗传信息,被印记的基因会随着它来自父源或母源而有不同的表现,即源自双亲的两个等位基因中的一个不表达或表达甚微。

核外遗传是指位于细胞质中线粒体、叶绿体、质体及其他细胞质微粒上的基因控制的遗传作用模式。由于细胞器中的环境与细胞核的条件不同,核外基因在长期的进化过程中形成了与核基因不同的结构与功能的特征。

▶▶ 复习思考题 ◀◀

1. 解释名词：性状、相对性状、等位基因、复等位基因、基因型、表现型、纯合体、杂合体、杂交、正交、反交、测交、回交、显性性状、隐性性状、分离现象、上位作用、完全连锁、不完全连锁、互换率、伴性遗传、限性遗传、从性遗传。

2. 一对基因杂合体的自交后代中，分离出三种基因型的个体，你认为其表现型之比是否一定是 3：1？

3. 分离定律的关键是什么？请从理论和实践上加以证实。

4. 自由组合定律的实质是什么？怎样证实？

5. 自由组合定律表明，F_2 是选择的最佳时机，为什么？如果在 F_2 出现理想类型的个体，你怎样证明它是纯合体还是杂合体？

6. 试列举等位基因间的互作类型和非等位基因间的互作类型。

7. 连锁互换定律的特点是什么？为什么重组型的比例总是低于 50%？

8. 伴性遗传、限性遗传、从性遗传有何区别？

第三章
性状的变异

知识目标

- 掌握整倍体变异和非整倍体变异的类型、表示方法及其在生产中的应用。
- 掌握缺失、重复、倒位、易位的细胞学特征、遗传学效应及实际应用。
- 了解基因突变的概念、原因、时期、特征、分子基础及突变的应用。
- 理解变异在生物进化中的作用。

技能目标

- 学会分析染色体数目变异对生物繁育性能的影响。
- 能够画出倒位、易位杂合体在减数第一次分裂时同源染色体的联会图,能分析倒位、易位杂合体在某处发生交换后形成的配子类型。

　　变异是生物界中存在的一种普遍现象。变异可以影响生物的性状,使性状表现异常,也可使生物具有多样性,进而通过自然选择促使生物的进化。变异可发生在染色体水平上,也可发生在 DNA 分子水平上。发生在染色体水平的变异有染色体数目和结构的改变,称为染色体畸变;发生在 DNA 分子水平上的化学变化称为基因突变。

▶ 第一节　染色体数目变异 ◀

　　染色体数目的变异是指染色体数目发生不正常的改变。染色体数目的改变会给人类和动植物带来不利影响,但人们也可利用染色体数目变异培育新的品种。

　　在动物体细胞中,每一种染色体都是由大小、形态、结构相同的同源染色体组成,而每一种同源染色体之一构成的一套染色体,称为一个染色体组。如动物的精子或卵子中即包含一个染色体组。同一个染色体组的各个染色体的形态、结构和基因连锁群都彼此不同,但它构成一个完整而协调的体系,携带着控制生物生长发育的全部遗传信息。缺少其中之一即可造成不育或性状的变异。

　　在动物正常的体细胞中具有完整的两套染色体,即含有两个染色体组,这

二维码 3-1
染色体数目
的变异

样的生物称为二倍体（2n）。由于内外环境条件的影响,生物的染色体数目可能发生变化,这种变化可归纳为整倍体的变异、非整倍体的变异和嵌合体。

一、整倍体的变异

整倍体是指含有完整染色体组的细胞或生物。整倍体的类型可分为:一倍体、单倍体、二倍体和多倍体。多倍体又可分为三倍体、四倍体、五倍体、六倍体等。整倍体的变异是指细胞中整套染色体的增加或减少。

(一)一倍体和单倍体

含有一个染色体组的细胞或生物称为一倍体（x）;含有配子染色体数的生物称为单倍体（n）,它只有正常体细胞染色体数的一半。大部分动物单倍体和一倍体是相同的,都含有一个染色体组,x 和 n 可以交替使用。而在某些植物中,x 和 n 的意义就不同了,如小麦有 42 条染色体,共有 6 套染色体,那么它的单倍体就不是 1 个染色体组了,而是含有 3 个染色体组,也是三倍体。

雄性蜜蜂、黄蜂和蚁是由未受精的卵发育而成的,它们是单倍体,也是一倍体。在大部分物种中一倍体个体是不正常的,在自然群体中很少产生这种异常的个体。单倍体植物在自然界中偶尔也有出现,但出现的频率很低,通常只有 0.002%～0.02%,在特殊情况下也仅为 1%～2%。单倍体后代个体比同类型的二倍体亲代细小衰弱,并且高度不育。单倍体动物的精细胞不是经过正常减数分裂产生。若需经过减数分裂产生精细胞,则因他们的染色体只有一套,不存在同源染色体的配对,所以,这样的雄性是不育的。例如某一个单倍体生物的染色体数为 30,如果该单倍体能够进行减数分裂,单独一条染色体将随机趋向两极,那么所有染色体都趋向一极,即产生完整、可育配子的概率为 $(1/2)^{30}$,几乎为零。因此,能育的单倍体雄性,它们的精细胞是经过特殊的减数分裂形式产生的。

在动物中一倍体比较少见,仅在鸡和鹅中发现未受精的卵可以发育成一倍体的雄性个体。一般来讲,单倍体的个体比较小、生活力差,同时由于其细胞在减数分裂时染色体的分配是高度紊乱的,因此表现为高度不育。在植物育种中,单倍体加倍,可以快速培育出纯合的二倍体。

(二)多倍体

具有两个以上染色体组的细胞或生物统称为多倍体。在动物,多倍体产生的机制主要有两种,一是双雄受精:两个精子进入一个卵子,如在人类就有一定概率的双雄受精发生,结果会形成 69/XXX、69/XXY 或 69/XYY 的三倍体胚胎。二是双雌受精:由于卵子形成过程的第二次减数分裂未产生第二极体,就会形成二倍体的卵子,这种卵子与正常精子受精就形成了三倍体。在植物,三倍体通常是由同源四倍体和二倍体自然或人工杂交产生的。

三倍体是指含有 3 个染色体组的个体,含有 4 个染色体组的称为四倍体,含有几个染色体组就称为几倍体。多倍体又可分为同源多倍体和异源多倍体,前者是指含有两个以上染色体组并来自同一物种,后者指含有两个以上染色体组并来自不同物种。

三倍体的特点是高度不育,这与减数分裂时染色体分离有关,无论是同源三倍体还是异源三倍体,在减数分裂的后期,3 个同源染色体总有一个染色体可随机拉向一极。而只有拉向同一极的染色体是一个完整的染色体组,这个配子才具有可育性。这种配子的概率为 $(1/2)^{x-1}$。由于这种概率太小,故认为无论是同源三倍体还是异源三倍体都是高度不育的。

同源四倍体是自然产生的,如一个二倍体的生物,由于本身染色体的加倍就可能产生同源四倍体。即 AABB……TT 加倍后成为 AAAABBBB……TTTT。像四倍体肿瘤细胞的形成,是由于核内复制,即 DNA 复制 2 次、而细胞只分裂 1 次所导致的。同源四倍体是同源多倍体中最常见的一种。同源四倍体在减数分裂时,会出现 3 种情况:1 个三价体和 1 个单价体,或 2 个二价体,或 1 个四价体。2 个同源染色体相互配对的叫二价体;3 个同源染色体相互配对的叫三价体;4 个同源染色体相互配对的叫四价体。同源四倍体减数分裂时联会的多样性,使其产生的配子部分可育,如 2 个二价体和 1 个四价体的配对形式可以正常的分离,产生的配子是有功能的。同源多倍体因为具有多套染色体,植株高大,细胞、花和果实都比二倍体的要大一些。

异源多倍体是由两个不同物种的二倍体生物杂交,其杂种再经染色体加倍,就可能形成异源多倍体。如 AA'BB'……TT' 加倍后成为 AAA'A'BBB'B'……TTT'T'。异源四倍体与同源四倍体不同,在减数分裂时能进行正常的染色体配对和分离,产生有功能的配子。因此异源多倍体不但可以繁殖,而且还很有规律。

在多倍体的形成过程中,染色体之所以能够加倍,主要是因为在减数分裂时,染色体分离之后细胞分裂被抑制,造成染色体在同一细胞内的累积。

多倍体物种在植物界是常见的,因为大多数植物是雌雄同株或同花,其雌雄配子常可能同时发生不正常的减数分裂,使配子中染色体数目不减半,然后通过自体受精自然形成多倍体。据估计,高等植物中多倍体物种约占 65%,禾本科植物约占 75%,由此可见,多倍体的形成在物种进化中具有重要的作用。一般认为,许多植物可通过多倍形成新的物种,多倍体是物种进化的方式之一。

多倍体动物十分罕见,因为大多数动物是雌雄异体,而两性细胞同时发生不正常的减数分裂机会极小,而且染色体稍不平衡,就会导致不育。但在扁形虫、水蛭和海虾中也发现有多倍体,它们是通过孤雌生殖方式繁殖。在鱼类、两栖和爬行动物中也都有多倍体,它们有多种繁殖方式。某些鱼类是由单个的多倍体在进化中产生了完整的分离群。

多倍体育种在生产中有广阔的应用前景。如三倍体白杨生长速率是二倍体的 2 倍;三倍体无籽西瓜甜度比二倍体提高约 1 倍;三倍体牡蛎比相应的二倍体更具有商业价值,因二倍体进入产卵季节时味道不好,而三倍体是不育的,不产卵,一年四季味道鲜美。

二、非整倍体的变异

非整倍体是指细胞中含有不完整的染色体组的生物。非整倍体的变异是指在正常染色体($2n$)的基础上发生个别染色体的增减现象。按其变异类型,可将非整倍体分为以下几种:

(一)单体

单体指二倍体染色体组丢失一条染色体($2n-1$)的生物个体。单体往往出现异常表型特征,可能的原因是:①染色体的平衡受到破坏;②某些基因产物的剂量减半,有的会影响性状的发育;③随着一条染色体的丢失,其携带的显性基因随之丢失,其隐性有害基因得以表达。单体在人类和动物中都有表现,如人类"45,XO"和牛"59,XO"等,均表现先天性卵巢发育不全。常染色体的单体一般导致胚胎的早期死亡。

(二)缺体

缺体指有一对同源染色体成员全部丢失($2n-2$)的生物个体,又称为零体。由于丢失的染色体上带有的基因是其他的染色体所不具有的,无法补偿其功能,故一般是致死的。但在异源多倍体植物中常可成活,但较弱小。

（三）多体

多体是指二倍体染色体增加了一个或多个染色体的生物个体的通称。因染色体增加的多少不同,多体可分为以下几种:

（1）三体　三体指多了某一条染色体($2n+1$)的生物个体,也就是说有一对染色体成了三倍体。由于染色体平衡的破坏和基因产物剂量的增加,三体也显示出异常的表型特征。在人类中常见的三种常染色体三体是:

① 21-三体,即 Down 氏综合征;

② 18-三体,即 Edward 综合征;

③ 13-三体,即 Patau 综合征。

也存在性染色体三体,如"47,XXX"和"47,XXY",表现为先天性卵巢发育不全综合征和先天性睾丸发育不全综合征。在动物中同样存在多种类型的常染色体和性染色体三体,均可表现一定的表型异常。如牛的18-三体造成致死三体综合征,23-三体的母犊表现侏儒症,水牛的常染色体三体引起致死的短腭综合征。牛的性染色体三体如"61,XXX""61,XXY",表现繁殖机能上的缺陷。公牛则表现为性腺发育不全,生长发育受阻,睾丸发育不良症。在水牛中,性染色体三体有"51,XXX",表现为不育。

（2）双三体　双三体指增加了两条不同染色体($2n+1+1$)的个体。

（3）四体　四体指某一同源染色体又增加了一对染色体($2n+2$)的个体,也就是说,某一染色体成了四倍体。

以上所述部分染色体整倍体和非整倍体的变异类型见表 3-1。

表 3-1　部分染色体整倍体和非整倍体变异类型

	类别	名称		符号	染色体组
染色体数目	整倍体	单倍体		n	（ABCD）
		二倍体		$2n$	（ABCD）（ABCD）
		多倍体	三倍体	$3n$	（ABCD）（ABCD）（ABCD）
			同源四倍体	$4n$	（ABCD）（ABCD）（ABCD）（ABCD）
			异源四倍体	$4n$	（ABCD）（ABCD）（A′B′C′D′）（A′B′C′D′）
	非整倍体	单体		$2n-1$	（ABCD）（ABC）
		缺体		$2n-2$	（ABC）（ABC）
		多体	三体	$2n+1$	（ABCD）（ABCD）（A）
			四体	$2n+2$	（ABCD）（ABCD）（AA）
			双三体	$2n+1+1$	（ABCD）（ABCD）（AB）

在非整倍体变异的类型中,单体和缺体都是由于正常个体在减数分裂时,个别染色体发生不正常的分离而形成不正常的配子受精所致。在大多数情况下动物中非整倍体是致死的,而植物中非整倍体常得以生存。单体和缺体对生物的影响大于整个染色体组的增减,这说明遗传物质平衡的重要性。在表型上,植物中的单体小麦与正常小麦差异很小,但缺体小麦之间,以及它们与正常小麦之间则有明显的区别,生长势普遍较弱,并约有半数为雄性不育。三体的影响一般比缺少个别染色体的影响小,但由于个别染色体的增加,能使基因剂量效应发生变化,从而引起某些性状及其发育的改变。

三、嵌合体

嵌合体是指含有两种以上染色体数目或细胞类型的个体,如"$2n$,XX/$2n$,XY""$2n-1$,XO/$2n+1$,XYY"等。将含有雌雄两种细胞类型的个体称为雌雄嵌合体或两性嵌合体。在人类,XX/XY 两性嵌合体既具有男性生殖腺睾丸,又具有女性的卵巢。这种 XX/XY 嵌合体可能是两个受精卵融合的结果。另一种两性嵌合体为 XO/XYY,它可能是在 XY 合子发育早期,在有丝分裂中两条 Y 染色体的姐妹染色单体没有分离,同趋一极,而使另一极缺少了 Y 染色体。这样一个子细胞及其后代为 XYY,另一个子细胞及其后代为 XO。这种个体的表型性别取决于身体某一组织的细胞类型是 XYY,还是 XO。如果不是在受精卵一开始分裂就产生染色体不分离,就可能产生三种类型的嵌合体 XY/XO/XYY。还有一种两性嵌合体 XO/XY,可能是 XY 合子在发育早期的有丝分裂中丢失了一条 Y 染色体所致。

在动物中也存在嵌合体,在牛中广泛分布着"60,XX/60,XY"的细胞嵌合体,这种核型多见于异性双胎的母牛,一般公牛犊的核型与发育正常。据报道,约有 90% 的双生间雌个体其核型为"60,XX/60,XY"嵌合体,这种嵌合体有 60%~70% 的细胞为"60,XX"型,30%~40% 的细胞为"60,XY"型。这种牛仅表现为外阴小,但一般具有两性的生殖系统和发育不全的生殖器官,没有生育能力。这种牛的嵌合体是由于在胚胎发育的早期,因通过胎盘微血管交换血液而造成的。除此之外,还有"60,XY/61,XYY""60,XX/61,XXY""60,XY/61,XXY"的嵌合体,据报道,第一种类型的种公牛,常表现睾丸发育不全,精子生产水平低下,血液中性激素含量不足。后两种核型的嵌合体,常表现不育。在水牛的异性双生或三生中,公母犊均为50,XX/50,XY 嵌合体,无生育能力。

在黄牛中还发现了二倍体/五倍体($2n/5n$)的嵌合体,这种牛一般外形正常,发育良好,性器官外观正常,但无生育能力。在我国滩羊中,也发现有二倍体/四倍体($2n/4n$)、二倍体/五倍体($2n/5n$)的嵌合体。

四、染色体数目变异在育种中的应用

根据染色体数目变异的基本遗传理论,产生了通过改变染色体数目进行育种的许多方法,主要包括以下两个方面。

(一)染色体数目加倍的多倍体育种

因为多倍体耐贫、耐寒,异源多倍体又表现杂种优势,繁殖力强,所以培育多倍体已成为育种的一个方向,在植物方面有广泛应用。我国利用多倍体育种方法,已培育出许多农作物新品种,如三倍体无籽西瓜、八倍体小黑麦等。在动物育种方面,有人应用秋水仙素处理青蛙、鲫鱼、兔子等动物的性细胞,获得了三倍体个体,但它们往往不育,所以目前在家畜生产实践中还没有得到实际应用。

(二)染色体数目减半的单倍体育种

单倍体育种实质上是一种直接选择配子的方法,它能提高纯合基因型的选择概率,而且需要改良的基因数越多,选择效率越高,因为它不存在等位基因的显隐性问题,便于淘汰不良的隐性基因。如纯合诱变育种,更可提高选择效率。

利用花粉培养技术,通过冷处理的诱导能将花粉培养成胚状体(一种小的可分裂的细胞团),经进一步培养可长成单倍体植物。单倍体有利于对某些隐性抗性基因的筛选,只要将单

倍体细胞放在选择性的培养基上就可筛选出抗性细胞,然后培养成抗性单倍体植株,再经秋水仙素适当处理,使染色体加倍,便可获得纯合的抗性可育二倍体植株。这种方法能很快获得稳定的纯系,显著地缩短育种年限,加快育种进程,并可创造出新的生物类型。

▶▶ 第二节　染色体结构变异 ◀◀

染色体结构变异是指在自然突变或人工诱变的条件下使染色体的某区段发生改变,从而改变了基因的数目、位置和顺序。染色体结构变异可分为 4 种类型,即缺失、重复、倒位和易位。

染色体结构发生改变,根本原因在于受某些外因或内因的作用,使染色体发生断裂,之后断面以非正常方式黏合,就形成染色体缺失、重复、倒位或易位。如果一个染色体发生断裂,而在原来的位置又立即黏合,这就像正常的染色体一样,不会发生结构变异。一对同源染色体在双线期发生等位基因间的交换就是这样一种方式。

一、缺失

缺失是指一个正常染色体上某区段的丢失。因该区段上所载荷的基因也随之丢失,所以可能引起性状发生改变。

(一)缺失的类型

按照缺失区段发生的部位不同,可分为以下两种类型。

(1)中间缺失　染色体中部缺失了某一片段。这种缺失较为普遍,也较稳定(图 3-1)。

(2)末端缺失　染色体的末端发生缺失。由于丢失了端粒,故一般很不稳

二维码 3-2
染色体缺失的
类型及效应

图 3-1　缺失类型及缺失杂合体的形成

定,比较少见,常和其他染色体断裂片段重新愈合形成双着丝粒染色体或易位;也有可能自身头尾相连,形成环状染色体。双着丝粒染色体在有丝分裂中有可能形成染色体桥。

发生缺失后,携带着丝粒的一段染色体,仍可继续存留在新细胞里,没有着丝粒的另一段断片将随细胞分裂而丢失。

一对同源染色体中如一条染色体发生缺失,另一条染色体正常,就形成了缺失杂合体(图 3-1)。若一对同源染色体都发生相同的缺失,就形成了缺失纯合体。

(二)缺失的细胞学特征

鉴定某细胞内是否发生过染色体的缺失是不太容易的。在最初发生缺失的细胞进行分裂

时，一般都可以见到遗留在细胞质里无着丝粒的断片。但是在由该细胞多次分裂的子细胞内，由于断片已从早期的子细胞内消失，就不再能见到断片了。如果是中间缺失染色体，而且缺失的区段较长，则在缺失杂合体的偶线期和粗线期，正常染色体与缺失染色体所联会的二价体，常会出现环形或瘤形突出（图 3-1）。

（三）缺失的遗传与表型效应

缺失主要影响生物的正常发育和配子的活力。缺失将会产生以下几种效应：

（1）致死或出现异常　因为染色体缺失使它上面所载荷的基因也随之丢失，所以，缺失常常造成生物的死亡或出现异常，但其严重程度取决于缺失区段的大小、所载荷基因的重要性以及缺失的类型。一般缺失纯合体比缺失杂合体对生物的生活力影响更大。人类的猫叫综合征就是由于 5 号染色体短臂缺失所致。新生儿发病率 1/50 000，女性多于男性，大部分患儿可以活到儿童期，少数可活到成年。再比如果蝇翅膀的缺刻表型，是由于雌性果蝇的一个 X 染色体上 Notch 基因片段缺失，导致该基因的剂量不足从而使翅型的发育不正常，而雄性果蝇 X 染色体该区段的缺失将是致死的。由此可见，遗传物质的平衡对于生物个体来讲是至关重要的。

（2）假显性或拟显性　显性基因的缺失使同源染色体上隐性非致死等位基因的效应得以显现，这种现象称为假显性或拟显性。例如：在果蝇 3 号染色体上有一对控制眼色的等位基因，分别是显性的深红色眼基因 ST 和隐性的猩红色眼基因 st，在试验中发现，用深红眼的纯合亲本（STST）与猩红眼亲本（stst）杂交，后代会出现个别猩红眼个体，那为什么 F$_1$ 本该是深红眼表型，但却有个别果蝇表现出隐性的猩红眼呢？进一步研究发现，表现隐性性状的个体，是由于 3 号染色体发生了显性 ST 基因的缺失，从而使隐性的猩红眼基因得以表现，这种现象叫假显性。

（四）缺失的应用

缺失常作为一种手段进行某些基因功能的研究。如在人类临床医学中发现，由于 Y 染色体上 SRY 基因的缺失，使本应该是男儿身的 XY 个体表现为女性，由此可知，SRY 基因是男性发育的关键基因。因此，在实践中可以利用对某些基因的缺失，来揭示该基因的功能。另外利用特定基因的若干缺失品系与隐性纯合品系杂交，也可以进行基因的定位。

二、重复

二维码 3-3
染色体重复、倒
位的类型及效应

重复是一个正常染色体增加了与本身相同的某一区段。

（一）重复的类型

重复按发生的位置和顺序不同，可分为以下两种类型：

（1）顺接重复　重复区段按原有的顺序相连接，即重复区段所携带的遗传信息的顺序与染色体上原有的顺序相同（图 3-2）。

（2）反接重复　重复区段按颠倒顺序连接，即重复区段所携带的 DNA 顺序和原来的相反（图 3-2）。

一对同源染色体中如一条染色体发生重复，另一条染色体正常，就形成了重复杂合体。若一对同源染色体都发生相同的重复，就形成了重复纯合体。

（二）重复的细胞学特征

重复和缺失总是伴随出现的，可以用检查缺失染色体的方法检查重复染色体。倘若重复的区段较长,重复杂合体的染色体联会时,重复区段就会被排挤出来,形成一个突出的环或瘤(图 3-2)。要注意不能同缺失杂合体的环或瘤混淆。果蝇的唾液腺染色体是检查缺失和重复的最好材料,因为果蝇唾液腺染色体特别大,而且是体细胞联会。4 对染色体所联会的 4 个二价体的总长度达 $1\,000\,\mu m$,肉眼也能看见。唾液腺染色体上的许多宽窄不等和染色深浅不同的横纹带,可以作为鉴别缺失和重复的标志。

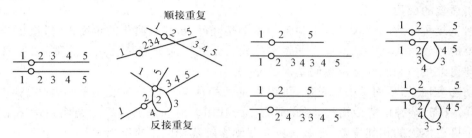

图 3-2　顺接重复和反接重复的形成

(三)重复的遗传与表型效应

重复会破坏正常的连锁群,影响基因的交换率。

(1)位置效应　一个基因随着染色体畸变而改变它和相邻基因的位置关系,所引起表型改变的现象称位置效应。重复的发生改变了原有基因间的位置关系。如图 3-3 所示,如果果蝇 16A 区段的重复是 2 个拷贝,那么,这 2 个区段分散在一对同源染色体上表型为棒眼,集中在一个染色体上表现为重棒眼,也就是同等数量的重复,由于分布的位置不同而表现出不同的效应。位置效应的产生,是由于重复使基因的位置关系发生变化,因此会导致基因的表达水平也随之发生改变。

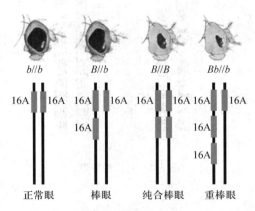

图 3-3　果蝇眼面大小遗传的位置效应

(2)剂量效应　由于基因数目的不同,而表现了不同的表型差异称为剂量效应。如图 3-3 所示,在正常情况下,果蝇的眼睛是卵圆形的,人们发现,当 X 染色体上 16A 区段发生了一次重复,也就是一个染色体上出现 2 个 16A 区段的时候,复眼的小眼数由正常的 779 个减少到 358 个,致使果蝇的眼睛变小、表现为棒眼;当出现 3 个重复时,小眼数减少到 45 个,眼睛变为更小的重棒眼。也就是 16A 区段重复的次数越多,复眼中的小眼数目就减少越多。以上表明,重复会影响基因表达产物的剂量,从而带来突变的表现,即由正常的卵圆型眼变为细小的棒眼。

（3）表型异常　重复对生物发育和性细胞生活力也是有影响的,但比缺失的损害轻。如果重复的基因或产物很重要,就会引起表型异常。一般来说,重复的遗传效应比缺失来得缓和。例如果蝇的 *Notch* 基因发生了缺失,也就是由二倍体的 2 个拷贝变为 1 个拷贝,会导致单倍剂量不足使翅膀产生缺刻的表型,但如果该基因发生重复,也就是细胞中有 3 个拷贝的 *Notch* 基因,果蝇的翅膀会出现额外的翅脉,其表型的异常会比缺失缓和。

（四）重复的应用

虽然重复所导致的性状异常不利于个体生存,但从基因组演化的角度来看,重复是生物进化中重要的原始材料之一。例如有学者推测大约 8 亿年前可能是染色体的重复,促成了珠蛋白基因向血红蛋白和肌红蛋白编码基因的分化。

在动物育种上,利用基因的重复,可以固定杂种优势。比如对于一个杂合体 Aa 来说,随着 A ,a 的分离,杂种优势会消失,因此不能作为种用。但如果通过不等交换使这 2 个基因重复到一个染色体上的相邻位置,那么就可以起到固定杂种优势的作用。

三、倒位

倒位是指一个染色体上某区段的正常排列顺序发生了 180°的颠倒。倒位起源于染色体 2 次断裂后,中间区段发生 180°的颠倒,再与另外两个区段重新连接。

（一）倒位的类型

按照倒位区段包含着丝粒的有无,分为以下两种类型:

（1）臂内倒位　一个臂内不含着丝粒的颠倒(图 3-4a)。

（2）臂间倒位　两个臂间并包含着丝粒的颠倒(图 3-4b)。

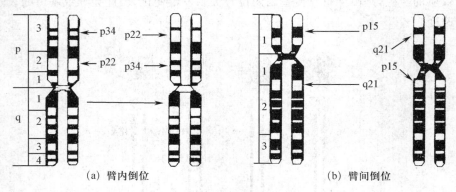

(a) 臂内倒位　　　　　　(b) 臂间倒位

图 3-4　倒位的类型

（二）倒位的细胞学特征

倒位的细胞学特征可以根据倒位杂合体减数分裂时的联会特征来鉴别。倘若倒位区段很长,则倒位染色体就可能反转过来,使其倒位区段与正常染色体的同源区段进行联会,于是二价体的倒位区段以外的部分就只能保持分离(图 3-5)。倘若倒位区段不长,则倒位染色体与正常染色体所联会的二价体就会在倒位区段内形成"倒位圈"(图 3-6)。倒位圈不同于缺失杂合体和重复杂合体的环或瘤,后二者是单个染色体形成的,前者是一对染色体形成的。

（三）倒位的遗传与表型效应

（1）部分不育　倒位改变了正常的连锁群,引起基因的重排,使遗传密码的阅读改变,因而

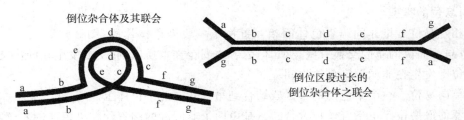

图 3-5　倒位杂合体及其联会细胞学特征示意图

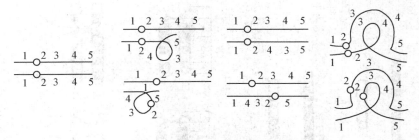

图 3-6　臂内倒位和臂间倒位的形成

上:臂内倒位　下:臂间倒位

导致相应的表型变化。倒位的纯合体一般表现正常,杂合体则表现不育。原因是杂合体的倒位圈内非姐妹染色单体交换时,会形成重复和缺失同时发生的不育的异常配子。倒位在我们人类时常发生,据不完全统计,人的臂内倒位 23 种,臂间倒位 214 种。

(2)表型异常　如果倒位破坏了所在位置的基因,或者影响到其他基因的表达水平,就会使个体产生异常的表现。例如在北美人群中,有 45% 的重症甲型血友病的发病机制是凝血因子 8 的编码基因第 1 到 22 号外显子区段内发生一个倒位,这样的一个倒位使基因的遗传密码的阅读框架发生改变,造成凝血因子 8 基因的失活,结果导致重症甲型血友病的发生。

(3)新物种形成的途径　由于染色体一次一次地发生倒位,而且倒位杂合体通过自交会出现倒位纯合体的后代,而倒位纯合体生活能力正常,使它们与原来的物种产生生殖隔离,这样就会形成新的物种,促进物种的进化。例如在果蝇中有 2 个物种,其中一个物种的形成是在原物种的基础上发生了 1 个大片段倒位和 5 个小片段倒位。再如,人和黑猩猩的第四号染色体相比,DNA 序列虽基本相同,但发生了一个臂间倒位。因此,倒位与基因组的演化具有密切的联系。

(四)倒位的应用

由于倒位能抑制重组,人们利用此特点将它应用于突变检测和致死品系的建立与保存上。如两个不同的致死基因反式排列在一对同源染色体上,无须选择就能保持真实遗传,使致死品系得以保存。

四、易位

易位是指两对非同源染色体间某区段的转移。易位通常起源于两条非同源染色体的断裂和错误的连接。

二维码 3-4
染色体易位的
类型及效应

(一)易位的类型

(1)相互易位　指非同源染色体间相互置换了一段染色体片段(图 3-7)。相互易位与前面讲的基因交换有些类似,但二者之间存在本质区别,交换发生在同源染色体之间,而易位则发生在非同源染色体之间。

(2)单向易位　一个染色体的某区段结合到另一非同源染色体上。

(3)罗伯逊易位　也指着丝粒融合。它是由两个非同源的端着丝粒染色体的着丝粒融合,形成一个大、中或亚中着丝粒染色体(图 3-8)。

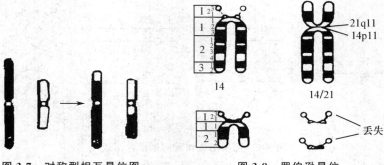

图 3-7　对称型相互易位图　　　图 3-8　罗伯逊易位

(二)易位的细胞学特征

易位的细胞学特征是根据易位杂合体在偶线期和粗线期的联会形象判定。相互易位杂合体的两个正常染色体与两个易位染色体在联会时,势必交替相间地联会成"十"字形象。到了终变期,"十"字形象就会因交叉端化而变为四个染色体构成的"四体链"或"四体环"。到了中期Ⅰ,终变期的环又可能变为"8"字形象(图 3-9)。

(三)易位的遗传与表型效应

1. 个体表型异常

易位通常没有改变基因组中遗传信息的总量,而只是改变了这些遗传信息的位置,也就是说易位个体的遗传物质是平衡的。因此在多数情况下,易位携带者的表现是相对正常的。但有时基因位置的改变会抑制或激活基因的表达,这样就会导致个体表型的异常。

例如控制果蝇红色眼的基因,在一些细胞中如果易位到了异染色质区,会抑制红眼基因的表达,而正常细胞的该基因是能够表达的,所以果蝇就会出现红白相间的复眼。这种效应也叫位置效应。

另外,易位时基因的重排,也可能导致癌基因的活化。如人类 8 号染色体上的 *c-myc* 原癌基因易位到 14 号染色体上某区域时,会使该原癌基因的活性显著提高,从而导致 B 淋巴细胞瘤的发生。

2. 不育现象

相互易位的杂合体,非同源染色体在减数分裂联会时会形成十字形结构(图 3-9)。后期可能出现两种分离情况,一种是交互分离,它是十字配对中不相邻的染色体同趋一极,产生了染色体正常的配子和平衡易位的可育配子。另一种分离是邻近分离,即四体环中相邻的两条染色体同趋向一极,这种情况所产生的配子存在重复和缺失,皆不可育。如一头公猪繁殖力很低,其与配母猪的产仔数为 5.1 头,而该猪所在群体的平均产仔数为 12.7 头。通过核型研究发现,其原因是 15 号染色体长臂上的一个区段易位到了 11 号染色体短臂上(11p＋/15q－)。再如牛的 2/4、13/21、1/25、3/4、5/21、27/29、1/29 等罗伯逊易位,其中 1/29 易位个体在瑞典红白花牛群中占 13％～14％,造成牛繁殖力下降 6％～13％。

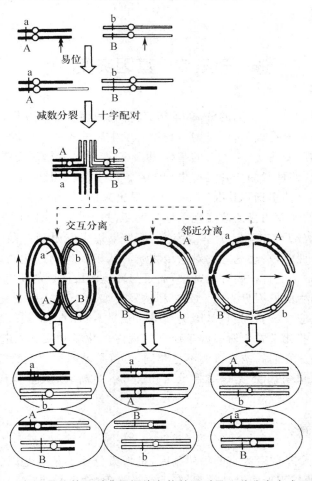

图 3-9 相互易位的两对非同源染色体的配对及 3 种分离方式示意图

3. 新物种形成的途径

在哺乳动物的进化中,着丝粒融合是较普遍的形式。如牛科的主要进化方式是罗伯逊易位;对山羊和绵羊染色体的 G 带研究证实,山羊($2n＝60$)的 6 对端着丝点染色体发生罗伯逊易位形成绵羊($2n＝54$)的 3 对中央着丝点染色体。

此外,易位可以改变正常的连锁群。一条染色体上的连锁基因,可能因易位而表现为独立遗传,独立遗传的基因也可能因易位而表现为连锁遗传。

(四)易位的应用

易位主要用于动植物的育种。在诱变育种上,人们通过杂交和诱发易位,可以进行物种间基因的转移或同一个体非同源染色体间基因的转移。这种方法对于转移一个显性性状常具有显著效果。在植物上,已知小伞山羊草具有抗小麦叶锈病的基因,人们通过杂交和 X 射线处理,已将小伞山羊草一段带抗叶锈病基因 R 的染色体易位到中国春小麦第 6B 染色体上。在动物上,曾以 X 射线处理蚕蛹,使其第二号染色体上载有斑纹基因的片段易位到决定雌性的 W 染色体上,成为伴性遗传,因而该易位品系的雌体与任何白蚕的雄体交配,后代雌蚕都有斑纹,雄蚕为白色。生产上可根据幼虫期蚕卵的颜色鉴别雌雄,以便分别饲养和上蔟,有利于提高蚕丝的产量和品质。

▶▶ 第三节　基因突变 ◀◀

在三大遗传定律中,由于基因的分离、重组,使生物的性状千变万化,但这些性状的改变仅仅是基因的分离与重组所造成的,而基因本身没有发生质的改变,没有产生新的基因。基因突变则是由于基因结构的变化,产生了新的基因,从而有了等位基因和复等位基因,进而通过等位基因的分离和重组,使性状的变异类型更加丰富。所以说,基因突变是生物进化的源泉。

突变一词是荷兰德弗里斯(H. deVries)首先提出来的,他在对月见草的研究中发现了变异,于是他把基因型的大而明显的改变现象称为突变,并于 1901—1903 年发表了"突变学说"。1910 年摩尔根(Morgan)首先肯定了基因突变,例如果蝇由红眼到白眼的突变。基因突变是遗传学中的一个重要课题,在理论上它对遗传物质的认识和生物进化的理解都具有重要的意义,在实践中它不仅是诱变育种的理论基础,而且与环境污染问题的研究有密切的关系。

基因突变按其发生的原因分为自发突变和诱发突变两大类。那么突变是怎样发生的呢?它会产生什么样的效应? 试验证明,基因突变既可由放射线(包括 γ、α、β、δ、X 射线和紫外线等)所引起,也可由一些化学物质所引起。现已发现许多化学物质可引起基因突变,这些化学物质称为化学诱变剂。它们的诱变机制不尽相同,可以是碱基类似物的替代、碱基的化学修饰以及碱基的插入和缺失等。突变的结果也可产生 DNA 断裂、碱基替代和移码突变等不同情况。

一、基因突变的概念

基因突变就是一个基因变为它的等位基因,是指染色体上某一基因位点内部发生了化学结构的变化,与原来的基因形成对性关系,基因突变又称为"点突变"。基因突变在生物界普遍存在。如在有角家畜中出现无角品种,野生型细菌变为对青霉素有抗药性或依赖性的细菌,卷羽鸡和短腿安康羊的出现,都是因基因突变而形成的。

基因突变由于叙述的角度和划分的方法不同,分为多种不同类型。

(一)自发突变和诱发突变

突变从发生的原因可划分为自发突变和诱发突变。在自然条件下,自然发生的突变叫自发突变。在自然界中,一些物理和化学因素都能增加自发突变的频率。人为利用理化因素对生物体或细胞处理所引起的基因突变称为诱发突变或人工诱变。

(二)显性突变和隐性突变

根据突变发生的表型效应情况可分为显性突变和隐性突变。原来的显性基因变为隐性基因的过程称隐性突变,而原来隐性基因变为显性基因的过程称显性突变。显性突变在当代就可表现出来,只要突变发生在性细胞,突变就可能传给后代。隐性突变只有在隐性纯合时才可表现出来,在杂合状态不能表现出来。

（三）正向突变和回复突变

根据突变发生的方向性可分为正向突变和回复突变。正向突变是指从野生型变为突变型,回复突变是指从突变型变为野生型。回复突变可使突变基因产生无功能或有部分功能的多肽,恢复部分或完全功能。

二、基因突变发生的时期和频率

（一）突变发生的时期

理论上讲,突变可以发生在生物体生长发育的任何阶段,既可以发生在性细胞,也可发生在体细胞。但实际上我们观察到的基因突变常常是性细胞多于体细胞。

生殖细胞在减数分裂时比较容易发生突变,如果突变发生在性细胞,这种突变就能通过配子的有性结合传递给后代,并且这种突变在后代的体细胞和性细胞中都存在,这种突变称为种系突变。如果突变发生在体细胞,这种突变在有性繁殖的动物群体不能传递到后代,这种类型的突变称为体细胞突变。然而植物的体细胞突变是可以通过压条、嫁接等方法繁殖。出现动物克隆技术后,动物体细胞的突变也可通过克隆技术得以繁殖与保存。

（二）突变发生的频率

突变发生的频率简称突变率。突变率是指在一定时间内突变可能发生的次数,即突变个体占总观察个体数的比值。基因突变在自然界是普遍存在的,但在自然条件下,突变发生的频率很低,而且随生物的种类和基因不同差异很大。在人类中为 $(4 \times 10^{-6}) \sim (1 \times 10^{-4})$,在高等动植物中,突变率为 $10^{-8} \sim 10^{-5}$,在果蝇中自发突变率为 $10^{-5} \sim 10^{-4}$,在细菌中为 $10^{-10} \sim 10^{-4}$。部分生物一些基因的自发突变率见表 3-2。

二维码 3-5
基因突变的
概念和特性

二维码 3-6
突变的方式
及效应

表 3-2　一些生物的自发突变率

物种	性状		频率
细菌 *E. coli*	乳糖发酵	$Lac^- \rightarrow Lac^+$	2×10^{-7}
	组氨酸型	$his^- \rightarrow his^+$	2×10^{-6}
		$his^+ \rightarrow his^-$	4×10^{-8}
果蝇 *Drosophila melanogaster*	黄体	$Y \rightarrow y^0$（雄蝇）	1×10^{-4}
		$Y \rightarrow y^0$（雌蝇）	1×10^{-5}
	白眼	$W \rightarrow w$	4×10^{-5}
	褐眼	$B^w \rightarrow b^w$	3×10^{-5}
小鼠 *Mus musculus*	非鼠色	$a^+ \rightarrow a$	3×10^{-5}
	白化	$C^+ \rightarrow c$	1×10^{-5}
人 *Homo sapiens*	血友病	$h^+ \rightarrow h$	3×10^{-5}
	软骨发育不全		4×10^{-5}

三、基因突变的一般特征

(一)突变的重演性

突变的重演性是指相同的突变在同种生物的不同个体、不同时间、不同地点重复地发生和出现。如果蝇的白眼突变就曾发生过多次；短腿的安康羊在英国和挪威的两家农场曾重复出现过。

(二)突变的可逆性

突变的可逆性是指突变既可以从某一性状突变为另一相对性状，又可从另一种相对性状突变为原来的性状。即可以 $A \to a$，称为正向突变，也可以 $a \to A$，称为反向突变或回复突变。

(三)突变的多向性

基因突变的多向性是指一个基因可以突变成它的不同的复等位基因，如 A 可以突变成 $a_1, a_2, a_3, \cdots, a_n$，复等位基因的产生是由突变的多向性造成的，由于复等位基因的存在，丰富了生物多样性，扩大了生物的适应范围，为育种工作增加了素材。如烟草自交不育有 15 种等位基因，果蝇复眼的颜色有红、白、黄、血红、桃红等 12 种。

(四)突变的平行性

突变的平行性是指亲缘关系相近的物种往往发生相似的基因突变，例如牛、马、兔、猴、狐都发现白化基因。矮化基因在马、牛、猪等动物中都有发生。根据突变的平行性，如果在某属、某种的生物发现了一种突变，就可在同属不同种，或亲缘属的其他生物物种中，预期获得相似的突变。

(五)突变的有利性和有害性

突变的有利性是指基因突变能够创造新的基因，增加生物的多样性，为育种工作提供更多的素材，所以突变对人类来讲可能是有利的。

但就现存的生物或具体到一个个体，突变多是有害的，因为在进化过程中，它们的遗传物质及其调控下的代谢过程，与环境都已达到相对平衡和高度的协调统一。一旦某个基因发生突变，往往不可避免地造成整个代谢过程的破坏，从而表现为生活力降低，生育反常，极端的会造成当代致死等。如视网膜色素瘤是显性突变引起的，可使患有该病的儿童致死。

有些控制次要性状的基因发生突变，可能不会影响生物的正常生理活动，因而仍能保持正常的生活力和繁殖力，这类突变称为中性突变。例如小麦粒色的变化、水稻芒的有无、人的ABO 血型等。中性突变能够为自然选择所保留，因而是生物进化的原材料。

但也有少数突变不影响生物的生命机能或者能促进和加强生命力，有利于生物存在，可被自然和人工选择保留下来。一般被自然选择保留下来的突变对生物本身的生存、发展是有利的，如植物的抗倒伏性、早熟性。而被人工选择保留下来的突变对生物本身不一定有利，但对人类却有利，例如玉米、水稻、高粱等作物的雄性不育性，是人们利用杂种优势的好材料。相反地，有些突变对生物本身有利，却对人类不利，例如谷类作物的落粒性。

所以，一个基因突变的有利与有害，有时是相对的。例如残翅昆虫(突变型)在大陆对昆虫本身极为不利，而在多风的岛上，则比常态翅昆虫更适于生存。

四、基因突变发生的分子机制

基因突变不论是由物理因素引起或者由化学因素引起，其实质是 DNA 分子上碱基序列、成分和结构发生了改变,其类型归纳起来有碱基替代、移码突变和 DNA 链的断裂等。突变会引起 mRNA 结构的改变,进而翻译为不同的氨基酸,形成不同性质的蛋白质,最终引起性状的变异和正常生理代谢机能破坏,严重的造成个体死亡。

(一)碱基替代

碱基替代是指在 DNA 分子中一个碱基被另一个碱基所代替的现象。在碱基替代中,一个嘌呤被另一个嘌呤所代替,或一个嘧啶被另一个嘧啶所代替的现象称为转换,如 A 代替 G,或 G 代替 A,C 代替 T,或 T 代替 C。一个嘌呤被一个嘧啶所替代,或一个嘧啶被一个嘌呤所替代的现象称为颠换。转换和颠换的含义可用图 3-10 表示。

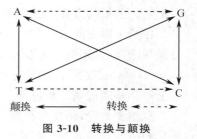

图 3-10 转换与颠换

(二)移码突变

移码突变是指在基因组中由于增加或减少碱基对,使该位点之后的密码子都发生改变的现象。

(三)碱基替代与移码突变的遗传效应

1. 碱基替代的遗传效应

总体说来,碱基替代的遗传效应可分为以下三种不同的情况。

(1)错义突变。即碱基替代使 DNA 序列发生改变,从而使 mRNA 上相应的密码子发生改变,导致蛋白质中相应氨基酸发生替代,形成无活性的或功能低的蛋白质或多肽,影响生物的生活力或性状表现。

(2)无义突变。即碱基替代后在 mRNA 上产生了无义密码子(终止密码),从而形成不完整的、没有活性的多肽链。

(3)同义突变。即碱基替代后在 mRNA 上产生的新密码子仍然编码原来的氨基酸,这种突变不会造成蛋白质序列和性质发生改变。这是由于密码子的兼并现象所决定,即 1 个氨基酸有 2 个以上密码子为其编码。

2. 移码突变的遗传效应

移码突变的遗传效应比碱基替代所造成的突变要大得多,因为在 DNA 分子链中缺失或插入一个或几个碱基时,将改组原来 DNA 链上一段或整条链三联体密码子,于是在转录时也就改组了 mRNA 的编码顺序,从而翻译出来的氨基酸顺序也发生相应的改变,这种突变通常产生无功能的蛋白质。

(四)DNA 链的断裂

DNA 链的断裂往往造成染色体片段和基因的缺失,由于不能产生与生命相关的蛋白质,对生物的影响也是巨大的。

二维码 3-7

基因突变的机制

二维码 3-8

突变的抑制剂修复

二维码 3-9

重组与转座

五、诱发突变在育种中的应用

利用物理、化学等因素对生物进行诱变可以增加基因突变的频率,从而丰富选种的原始材料。因此,多年来诱变育种已受到人们的广泛关注,并已用于改良生物品种的生产实践,尤其在微生物和植物方面成就卓越。

在微生物方面,青霉菌经 X 射线和紫外线以及芥子气和乙烯亚胺等理化因素反复交替的处理和选择后,不断培育出新品种,仅 10 年时间,青霉素的产量由原来的 250 IU/mL 提高到 5 000 IU/mL,提高了 20 倍。目前,诸多的抗生素菌种,如青霉菌、红霉菌、白霉菌、土霉菌、金霉菌等都是通过诱变育成的。

在植物方面,诱变育种发展很快,世界各国相继育成许多高产优质新品种。例如菲律宾的水稻和墨西哥的大麦矮秆抗病新品种都是通过诱变培育成功的。我国采用诱变育种,已培育出百种以上的水稻、小麦、高粱、玉米、大豆新品种,取得了显著成效。植物的无性繁殖形式,又为植物的诱变育种提供了另一条途径,通过芽变、组织培育而获得突变型个体。

在动物方面,由于动物机体更复杂,细胞分化程度更高,生殖细胞被躯体严密而完善的保护,所以人工诱变比较困难,但也取得了一定的成就,如蝇中各种突变种的产生。在家蚕中应用电离辐射,育成 ZW 易位平衡致死系用于蚕的制种,提供全雄蚕的杂交种,大幅度提高了蚕丝的产量和质量。在哺乳动物的鼠类和毛皮类中也做了一些试验,如野生水貂只有棕色的皮毛,用诱变使毛色基因发生突变,从而育成经济价值很高的天蓝色、灰褐色和纯白色的水貂等。

知识链接

基因突变与基因病

基因病是指基因突变或其表达调控障碍引起的疾病,包括单基因病和多基因病。据统计,人类单基因病已达 6 457 种,平均年增 170 种。有 15%～20% 的人受多基因病所累,基因突变及其表达调控障碍在疾病发生中具有重要作用。

1. 单基因病

单基因指的是决定某遗传性状的一对等位基因;单基因遗传指某种性状的遗传主要受一对等位基因的控制。单基因病是由于单基因突变而发生的疾病。等位基因基本上按照孟德尔定律进行传递,所以,单基因病的传递方式按孟德尔定律传至后代。根据突变基因所在位点和性状的不同而分为下列三种类型:

(1)常染色体显性遗传病 常染色体显性遗传病的致病基因位于 1～22 号常染色体上,等位基因之一发生突变,遗传方式是显性的。此类患者的异常性状表达程度不尽相同。杂合体可以完全表现出与显性纯合体相同的性状,这种情况为完全显性,大多数常染色体显性遗传病属于此类。在某些情况下,显性基因性状表达极其轻微,甚至临床不能查出,这种情况称为失显。由于某种原因杂合体的显性基因不表现相应的性状,在系谱中可以出现隔代遗传的现象,称为不规则显性。如杂合体的表现型介于显性纯合体与隐性纯合体之间,其临床表现较纯合体轻,称为不完全显性。一对等位基因,彼此之间无显隐关系,杂合时,两种基因分别表达其基因产物,形成相应的表型,称为共显性。由于致病基因位于常染色体上,故男女发病机会均等。患者的双亲中往往有一个为患者,但绝大多数为杂合体,子代中有 1/2 概率发病,并可出现连续遗传现象。目前,已发现的常染色体显性遗传病有 2 400 多种,较常见的有遗传性球形红细胞增多症、多发性家族性结肠息肉症、α-珠蛋白生成障碍性贫血、多囊肾等。

（2）常染色体隐性遗传病　　常染色体隐性遗传病的致病基因位于常染色体上，基因是隐性的，即只有隐性基因为纯合体时才可显示症状。此种遗传病双亲均为致病基因携带者，子女中有 1/4 的风险为患者，男女发病机会均等，多为散发或隔代遗传，多见于近亲婚配的子女。目前，已发现常染色体隐性遗传病有 1 500 多种，较常见的有镰形红细胞贫血、β-珠蛋白生成障碍性贫血、苯丙酮尿症、白化病、先天性聋哑、高度近视、肝豆状核变性等。

（3）性连锁遗传病　　性连锁遗传病的致病基因位于性染色体上，它随着性染色体而传递给子代。该类疾病分为三种情况：

① X 连锁隐性遗传。致病基因位于 X 染色体上，性状是隐性的，杂合时并不发病。由于男性只有一条 X 染色体，尽管致病基因是隐性的，也会出现相应的遗传性状或遗传病；而女性存在两条 X 染色体，当她只有一个隐性致病基因时，则不会发病，而是携带者。只有当女性是致病基因的纯合体时才会发病。故此类疾病男性多见，且多是患父通过女儿遗传给外孙。常见有色盲、血友病、葡萄糖-6-磷酸酶缺乏症等。

② X 连锁显性遗传。致病基因位于 X 染色体上，性状是显性的，故男女均可发病。由于女性有两条 X 染色体，任何一条有致病基因均可发病。男性只有一条 X 染色体，故女性发病率为男性的 2 倍。此类疾病有抗维生素 D 佝偻病、遗传性肾炎等。

③ Y 连锁遗传。致病基因位于 Y 染色体上，故系全男性遗传。如 Y 染色体上性别决定区发生基因突变或缺失，将导致睾丸发育不全。

2. 多基因病

一些遗传性状或遗传病的遗传基础不是受一对基因，而是受多对基因控制，每对基因彼此之间没有显性与隐性的区分，而是共显性。这些基因对该遗传性状形成的作用较小（微效基因），但多对基因累加起来，可以形成一个明显的表型效应，即累积效应。上述遗传性状的形成除受微效基因的影响外，也受环境的影响。这种性状的遗传方式称为多基因遗传，由这种方式传递的疾病为多基因病。多基因病的发病受遗传和环境因素双重影响，其中遗传因素所起作用大小称为遗传力，一般用百分率来表示。凡遗传力＞60%，表明遗传率高，环境作用小，此类疾病不易控制。如精神分裂症、先天性巨结肠、唇裂、腭裂等。有的遗传力不足 40%，如消化性溃疡（遗传力 37%），说明环境因素在发病中具有重要作用，易于控制。常见的多基因病（遗传力）有精神分裂症（80%）、支气管哮喘（80%）、青少年型糖尿病（75%）、冠心病（65%）、高血压病（62%）、消化性溃疡（37%）、各型先天性心脏病（35%）等。多基因病有如下特点：①发病有家族聚集倾向，患者亲属的发病率高于群体发病率。②随着亲属级别的降低，发病风险也相应降低。③多基因病再现率随妊娠次数及疾病严重程度而相应增高。④发病率有种族（民族）差异，这表明不同种族（民族）的基因库是不同的。值得指出的是，基因突变与肿瘤有密切关系，除少数肿瘤（如家族性结肠息肉症、神经纤维瘤、恶性黑色素瘤）属于单基因病外，绝大多数肿瘤属于多基因病范畴。多基因病涉及多种基因，包括癌基因、抑癌基因、凋亡调节基因、DNA 修复基因的改变等。

▶▶ 复习思考题 ◀◀

1. **解释名词**：染色体畸变、单倍体、多倍体、单体、缺体、三体、双三体、嵌合体、缺失、重复、倒位、易位、基因突变、转换、颠换。

2. 染色体畸变与基因突变有何区别与联系？

3. 无籽西瓜为什么没有种子？是否绝对没有种子？

4. 获得单倍体的方法是什么？单倍体在遗传育种中有什么利用价值？

5. 有一个同源三倍体，它的染色体数是 $3n=33$。假定减数分裂时，形成三价体，其中两条移向一极，一条移向另一极；或形成二价体与一价体，二价体分离正常，一价体随机移向任意一极，问可产生多少可育的配子？

6. 简述易位杂合体的育性。

7. 如何理解基因突变的有害性和有利性？

8. 性细胞和体细胞内基因发生突变后，有什么不同的表现？体细胞中的突变能否遗传给后代？

9. 牛群中，外貌正常的双亲产生一头矮犊的雄犊。这头矮犊是由于突变的影响，或是由于隐性矮生基因"携带者"的偶尔交配后发生的分离，还是由于非遗传（环境）的影响？你怎么判断？

第四章
群体遗传结构分析

知识目标

- 了解群体的基本概念,掌握基因频率、基因型频率的概念及二者之间的关系。
- 掌握哈迪-温伯格定律的要点及其在实践中的应用。
- 理解影响群体遗传平衡的因素,为家畜育种实践提供理论依据。

技能目标

- 能对不同类型群体的遗传结构进行分析。
- 能分析迁移和杂交对群体遗传结构的影响。

本章是以群体为研究对象,探讨分析群体遗传组成、变化规律及影响群体遗传结构变化的因素。这些内容是现代育种的理论基础。

第一节　哈迪-温伯格定律

一、基本概念

(一)群体

群体遗传学所研究的群体不是多个个体的简单集合,而是指可以相互交配并能繁殖后代的个体所构成的集群。群体可以大至一个物种,小至一个品系、品族。不管在什么地方,只要是太湖猪都属于太湖猪这个群体。但不同类群生物个体的混合不能叫群体,如马和驴组成的个体群就不是群体。

群体遗传学所指的群体一般是孟德尔群体。孟德尔群体是指具有共同的基因库,并由有性交配个体所组成的繁殖群体。个体之间能进行随机交配是孟德尔群体的最大特点。孟德尔群体对象是具有二倍体的染色体数,并限于进行有性繁殖的高等生物,无性繁殖系或群,单倍体的微生物、原核生物都不算作孟德尔群体。基因库是指一个群体中全部个体所共有的全部基因。群体在繁育过程中并不能把基因型传给子代,传给子代的是各种基因。因此,在研究群体时不仅要考虑个体的遗传结构,还要重视基因在世代繁衍中是如何传递和分配的,这对于育种实践中定向改良家畜的性状具有重要的指导意义。群体中各种基因的频率以及由不同交配方式所带来的各种基因型在数量上的分布,称为群体的遗传结构。

个体的遗传结构指个体的基因型,除发生突变外,个体的基因型终身不变。由于时空的限制,个体无论如何优秀,其遗传影响面有限,且不持久。然而群体的成员多,分布面广,而且世代延续,所以,群体不受时空限制,可以广泛而长久地发挥其遗传影响,并且群体的遗传结构可以改变。动物育种的实质就是利用各种育种手段,改变群体遗传组成,让群体的生产性能向着人类预先设计好的方向变化,使符合人类需要的基因频率上升,不符合需要的基因频率下降,从而提高品种性能,达到品种改良的目的。当品种合乎人类的要求时,又通过各种措施去稳定群体遗传结构,从而保持品种特性。

(二)基因频率和基因型频率

二维码 4-1
基因频率及基
因型频率的计算

基因频率与基因型频率决定着群体的遗传结构,它们的改变预示着群体遗传结构的改变。基因频率是群体遗传组成的基本标志,不同群体的同一基因频率往往不同。

1. 基因频率

基因频率是指在一个群体中,某一基因对其等位基因的相对比率,或者说某一基因占该位点所有基因的比例。

$$基因频率 = \frac{某基因个数}{群体中同一位点基因总数}$$

任何一个位点上的全部等位基因频率之和等于 1。基因频率是一个相对比率,以小数表示,其变动范围是 0～1,没有负值。

例如:牛角的有无是由一对等位基因控制,无角为显性,有角为隐性。如果无角基因与有角基因的比例是 90:10,则显性基因的频率 p 为 0.9,隐性基因的频率 q 为 0.1,即 $p+q=1$。

基因频率是群体遗传组成的基本标志,在同一个物种内,不同群体的同一基因频率往往不同。例如:控制猪的毛色的基因 A 为白色,a 为黑色,对于长白猪品种群体 A 基因频率 $p=1$,a 基因频率 $q=0$。而北京黑猪品种群体则 a 基因频率 $q=1$,A 基因频率 $p=0$。

2. 基因型频率

在二倍体生物的体细胞中,基因是成对存在的。一对或几对基因构成某个性状的基因型。因此,一个性状的遗传特性不仅取决于基因,更直接地决定于基因型。基因型频率是指在群体中某一性状不同基因型所占的相对比率。

$$基因型频率 = \frac{某一基因型个体数}{群体总个体数}$$

例如上述牛群中,牛角的性状可能有三种基因型,即 PP、Pp、pp。设 3 种基因型的总数为 N,显性个体(PP)数为 n_1,杂合子个体(Pp)数为 n_2,隐性个体(pp)数为 n_3,$n_1+n_2+n_3=N$,用 D、H、R 分别表示 3 种基因型的频率,即 PP 的频率为 $D=n_1/N$,Pp 的频率为 $H=n_2/N$,pp 的频率为 $R=n_3/N$。

如果已知无角牛(PP、Pp)占 99%,有角牛(pp)占 1%,则三种基因型频率之和等于 1,即 $D+H+R=1$。基因型频率以小数表示,变动范围也为 0～1,没有负值。

从遗传学的观点看,在世代传递中,随着等位基因的分离,各基因随机分配到配子中,两性配子随机结合,便形成了下一代基因型。在世代传递过程中延续的是基因,而不是基因型。

3. 基因频率与基因型频率的性质

(1)同一位点的各基因频率之和等于1,即:$p+q=1$。

(2)群体中同一性状的各种基因型频率之和等于1,即:$D+H+R=1$。

(3)基因频率的范围为大于或等于0,小于或等于1,即:$0 \leqslant p(q) \leqslant 1$。

(4)基因型频率的范围也为大于或等于0,小于或等于1,即:$0 \leqslant D(H,R) \leqslant 1$。

4. 基因频率与基因型频率的关系

(1)位于常染色体上的基因　设 A 和 a 是一对等位基因,其基因频率分别为 P 和 q,AA、Aa、aa 的三种基因型频率分别为 D、H 和 R。则在整个群体中,有 D 个 AA 基因型,每个基因型有 2 个 A 基因,因此有 $2D$ 个 A 基因;同理,还有 H 个 A 基因,H 个 a 基因,$2R$ 个 a 基因。这样,

A 基因频率:

$$p = \frac{2D+H}{2D+2H+2R} = \frac{2D+H}{2(D+H+R)}$$

因为

$$D+H+R=1$$

所以

$$p = \frac{2D+H}{2} = D + \frac{H}{2}$$

a 基因频率:

$$q = \frac{H+2R}{2D+2H+2R} = \frac{H+2R}{2(D+H+R)} = \frac{H}{2} + R$$

因此,

$$p = D + \frac{H}{2}$$

$$q = \frac{H}{2} + R$$

即:一个基因的频率等于该基因纯合体的基因型频率加上一半杂合体的基因型频率。

例如对于实验室饲养的 520 只普通果蝇的 ADH(乙醇脱氢酶)的同工酶进行调查,电泳上显示快带个体数为 188 只,慢带个体数为 83 只,居于二者之间的个体数为 249 只(表 4-1)。ADH 受第二染色体上一个基因位点所控制,已知有 F 和 S 两个等位基因。快、慢、中带的基因型分别为 FF、SS 和 FS。

表 4-1　快、慢、中带的基因型及数量

基因型	FF	FS	SS	合计
观察数	188	249	83	520
基因型频率	0.36	0.48	0.16	1.0
基因 F	376	249	—	625
基因 S	—	249	166	415

每种基因型的个数除以该位点基因型的总个数为基因型频率。如 FF 的基因型频率为：
$D=188/(188+249+83)=0.36$，依此类推，H 为 0.48，R 为 0.16。

两类基因的频率为：

$$p=D+\frac{1}{2}H=0.36+\frac{1}{2}\times0.48=0.6$$

$$q=R+\frac{1}{2}H=0.16+\frac{1}{2}\times0.48=0.4$$

（2）位于性染色体上的基因 由于性染色体具有性别差异，在 XY 型的动物中：雌性（♀）为 XX，雄性（♂）为 XY；在 ZW 型的动物中，雌性（♀）为 ZW，雄性（♂）为 ZZ。所以，应把雌雄分别计算。

对性染色体同型群体（XX，ZZ）与常染色体上基因频率和基因型频率的关系相同，即：

$$p=D+\frac{H}{2} \qquad q=\frac{H}{2}+R$$

性染色体异型的群体（XY，ZW）因为基因的数量和基因型的数量相等，所以基因频率等于基因型频率，即：

$$p=D \qquad q=R$$

这种关系在孟德尔群体（平衡或不平衡）中都是适用的。

二、哈迪-温伯格定律

（一）哈迪-温伯格定律的要点

英国数学家哈迪（G. H. Hardy）和德国医生温伯格（W. Weinberg），经过各自独立研究，于 1908 年分别发表了有关基因频率和基因型频率关系的重要规律，后人称之为哈迪-温伯格定律，又称基因平衡定律或遗传平衡定律。所谓"平衡"指的是在一个群体中，从一个世代到下一个世代没有基因频率与基因型频率的变化。这个定律的要点是：

（1）在随机交配的大群体中，若没有其他因素的影响，基因频率世代相传，始终保持不变。

$$p_0=p_1=p_2=\cdots=p_n \qquad q_0=q_1=q_2=\cdots=q_n$$

（2）任何一个大群体，无论基因频率如何，只要经过一代随机交配，一对常染色体上基因所组成的基因型频率就达到平衡状态，若没有其他因素的影响，以后一代一代随机交配下去，这种平衡状态始终保持不变。

$$D_1=D_2=\cdots=D_n \qquad H_1=H_2=\cdots=H_n \qquad R_1=R_2=\cdots=R_n$$

（3）在平衡状态下，基因型频率与基因频率的关系是：

$$D=p^2 \qquad H=2pq \qquad R=q^2$$

（二）平衡群体成立的条件

群体中基因频率稳定的条件是：

（1）必须是大群体。

（2）群体内个体间交配是随机的。

二维码 4-2
遗传平衡定律
的要点及条件

随机交配是指在一个有性繁殖的生物群体中,任何一个雌性或雄性的个体与任何一个相反性别的个体交配的概率是相同的。也就是说,任何一对雌雄个体的结合都是随机的。实行随机交配的实质是所有基因型都是由不同类型配子随机结合而形成的。随机交配不是自然交配。自然交配实际上是有选配在其中起作用的。最明显的就是身强力壮的雄性与雌性个体交配的概率高于其他雄性个体。在实际生产中,完全不加任何选择的随机交配是不多的。但是,就某一性状而言,随机交配的情况是普遍存在的。例如动物的血型、毛色、角的有无等可以看作是符合随机交配的性状。

(3)没有其他因素影响,这些因素包括突变、选择、迁移等。

只有在平衡状态下,才有 $D=p^2$,$H=2pq$,$R=q^2$。对于非平衡群体,基因频率和基因型频率无此关系。

(三)哈迪-温伯格定律的证明

设一对等位基因 A 和 a,0 世代的基因频率为 p_0 和 q_0,基因型频率为 D_0、H_0 和 R_0;1 世代的基因频率为 p_1 和 q_1,基因型频率为 D_1、H_1 和 R_1;2 世代的基因频率为 p_2 和 q_2,基因型频率为 D_2、H_2 和 R_2。

在一个大群体中,任何一个配子带有某一基因的概率就等于该基因在这个群体中的频率。因此 0 世代的个体所产生的配子,带有 A 基因的概率为 p_0,带有 a 基因的概率为 q_0。

在随机交配下,各雌雄配子随机结合,形成的 1 世代个体的基因型及频率如表 4-2 所示。

表 4-2　1 世代个体的基因型及频率

卵 子	精子	
	$A(p_0)$	$a(q_0)$
$A(p_0)$	$AA(p_0^2)$	$Aa(p_0q_0)$
$a(q_0)$	$Aa(p_0q_0)$	$aa(q_0^2)$

由此可见,1 世代的基因型频率:

$$D_1=p_0^2 \quad H_1=2p_0q_0 \quad R_1=q_0^2$$

由此计算 1 世代的基因频率:

$$p_1=D_1+\frac{1}{2}H_1=p_0^2+p_0q_0=p_0(p_0+q_0)=p_0$$

$$q_1=\frac{1}{2}H_1+R_1=p_0q_0+q_0^2=q_0(p_0+q_0)=q_0$$

同样可以证明:

$$p_2=p_1=p_0 \quad q_2=q_1=q_0$$

$$p_n=p_{n-1}=p_{n-2}=\cdots=p_0 \quad q_n=q_{n-1}=q_{n-2}=\cdots=q_0$$

也就是说,基因频率一代一代传下去始终保持不变。$p_0=p_1=p_2=\cdots=p_n$;$q_0=q_1=q_2=\cdots=q_n$。

无论 0 世代的基因型频率如何,其基因频率若是 p_0 和 q_0,那么在随机交配下,1 世代的基因型频率就是 p_0^2、$2p_0q_0$ 和 q_0^2。而一世代的基因频率仍为 p_0 和 q_0,因而 2 世代的基因型频率为 p_0^2、$2p_0q_0$ 和 q_0^2。由于 $p_0=p_1=p_2=\cdots=p_n$,$q_0=q_1=q_2=\cdots=q_n$,因此脚码可以忽略,从

1 世代开始,每个世代的基因型频率都是 p^2、$2pq$ 和 q^2,始终保持不变。即 $D_1 = D_2 = \cdots = D_n$;$H_1 = H_2 = \cdots = H_n$;$R_1 = R_2 = \cdots = R_n$。

假如 0 世代的基因型频率 $D_0 = 0.18$,$H_0 = 0.04$,$R_0 = 0.78$,那么其基因频率为:

$$p_0 = D + \frac{1}{2}H = 0.18 + \frac{1}{2} \times 0.04 = 0.2$$

$$q_0 = R + \frac{1}{2}H = 0.78 + \frac{1}{2} \times 0.04 = 0.8$$

1 世代基因型频率:

$$D_1 = p_0^2 = 0.2^2 = 0.04$$

$$H_1 = 2p_0q_0 = 2 \times 0.2 \times 0.8 = 0.32$$

$$R_1 = q_0^2 = 0.8^2 = 0.64$$

1 世代基因频率:

$$p_1 = D_1 + \frac{1}{2}H_1 = 0.04 + \frac{1}{2} \times 0.32 = 0.2$$

$$q_1 = R_1 + \frac{1}{2}H_1 = 0.64 + \frac{1}{2} \times 0.32 = 0.8$$

2 世代基因型频率:

$$D_2 = p_1^2 = 0.2^2 = 0.04$$

$$H_2 = 2p_1q_1 = 2 \times 0.2 \times 0.8 = 0.32$$

$$R_2 = q_1^2 = 0.8^2 = 0.64$$

2 世代基因频率:

$$p_2 = D_2 + \frac{1}{2}H_2 = 0.04 + \frac{1}{2} \times 0.32 = 0.2$$

$$q_2 = R_2 + \frac{1}{2}H_2 = 0.64 + \frac{1}{2} \times 0.32 = 0.8$$

由此可见,就基因型频率而言,虽然 $D_1 \neq D_0$,$H_1 \neq H_0$,$R_1 \neq R_0$,但经过一代随机交配,就有 $D_1 = D_2 = \cdots = D_n = p^2$,$H_1 = H_2 = \cdots = H_n = 2pq$,$R_1 = R_2 = \cdots = R_n = q^2$。至于基因频率,则自始至终保持不变。

这个定律不但在数学上可以证明,而且也已为生物界的遗传现象所证实。最明显的例子是人的 MN 血型。选用这个例子的原因是:①人的群体很大,因此有可能在相当大的群体中进行调查;②该性状在婚配时是不加选择的;③该性状基因型与表现型一致,基因型频率易于分辨。

通过调查 1 029 个人的 MN 血型,结果如表 4-3 所示。

表 4-3　MN 血型调查结果

项目	血型			合计
	M	MN	N	
基因型	$L^M L^M$	$L^M L^N$	$L^N L^N$	
观察数	342	500	187	1 029
基因型频率	0.332 4	0.485 9	0.181 7	1.0

则基因频率：

$$p(L^M) = 0.332\ 4 + (0.485\ 9/2) = 0.575\ 35$$

$$q(L^N) = (0.485\ 9/2) + 0.181\ 7 = 0.424\ 65$$

对于这个性状来说，群体较大，该等位基因可以认为是随机婚配，所以应该认为该群体处于平衡状态。由 $D = p^2$，$H = 2pq$，$R = q^2$ 计算出 MN 血型的理论分布（表 4-4）。

表 4-4　MN 血型的理论分布

项目	血型			合计
	M	MN	N	
理论频率	$p^2 = 0.331\ 0$	$2pq = 0.488\ 7$	$q^2 = 0.180\ 3$	1.0
理论人数	341	503	185	1 029

理论人数与实际观察数比较，$\chi^2 = \sum \dfrac{(Q-E)^2}{E} = 0.031$，远远小于 $\chi^2_{0.05}$。由此可见，实际观察数与理论人数非常符合，证明这个定律是符合生物界实际情况的，也证明人的 MN 血型群体是平衡群体。类似的例子在生物界还有很多。

哈迪-温伯格定律揭示了基因频率与基因型频率的遗传规律。正如定律所说，群体的遗传结构有其相对稳定的特点。生物的变异归根结底是基因和基因型的差异引起的。同一群体内个体间的变异是由于基因型的差异，而同物种的不同群体间的变异，则主要是由于基因频率的差异。因此，基因频率的平衡对维持群体的遗传稳定性起着保证作用，即使是由于各种影响因素改变了群体的基因频率，只要这些因素不再继续作用，经过一代的随机交配，基因频率又会保持新的平衡。

基因频率的平衡是有条件的，尤其在人工干预下，通过选择、杂交或人工引种等途径，就可以打破这种平衡，改变群体的遗传特性。这就为动物育种、选育新的类型提供了依据。在现有基因的基础上，通过改变基因频率来改变群体的遗传特性，是一个极具潜力的途径，也是目前育种工作中的主要手段之一。育种工作从根本上就是打破群体的遗传平衡，建立新的遗传平衡，以达到提高畜群品质的目的。而家畜保种工作的实质则是保持现有品种或品系中的基因始终处于平衡状态，采取一切办法克服或消除选择、突变、迁移等因素对群体遗传平衡的破坏作用。

哈迪-温伯格定律揭示了在一个随机交配的大群体中，基因型频率与基因频率之间的关系，特别是隐性纯合体的频率与隐性基因频率的关系，从而为在已知表型频率而未知基因型频率的情况下,计算群体的基因频率开辟了一个有效途径。

如涉及两对或两对以上的基因,则平衡群体不是一代而需要多代随机交配才能逐渐达到。随着基因对数的增加,达到平衡需要的世代数也随之增多。

▶▶ 第二节 群体基因频率的计算 ◀◀

一、一对等位基因频率的计算

一对等位基因频率的计算分为以下三种情况:

(一)不完全显性

这是最简单的一种情况。因为这时根据表型可以识别基因型,统计出表型的比率就可得到基因型频率,然后由基因型频率计算基因频率。即通过 $D=p^2$,$H=2pq$,$R=q^2$ 直接计算。

例如安达鲁西鸡有三种羽色:黑色、蓝色和白色。据研究它们是一对基因控制的,黑色的基因型为 BB,蓝色的基因型为 Bb,白色的基因型为 bb。对某大群安达鲁西鸡的羽色进行调查,结果显示黑色鸡占 49%,蓝色鸡占 42%,白色鸡占 9%。即 BB 的基因型频率为 0.49,Bb 的基因型频率为 0.42,bb 的基因型频率为 0.09。由此可以算出,B 的基因频率 $p_B=0.49+\dfrac{0.42}{2}=0.7$;$b$ 的基因频率 $q_b=0.09+\dfrac{0.42}{2}=0.3$。

(二)完全显性

由于显性完全,一对基因的基因型有三种,表型只有两种,显性纯合体和杂合体的表型相同,不能识别。因此,通过对表型的统计我们只能得到隐性纯合体的基因型频率 R 和另两种显性表型的基因型频率之和 $D+H$。这时,就不能用前一种方法来计算基因频率了。

如果是一个随机交配的大群体,根据哈迪-温伯格定律,它应该处于基因频率平衡状态,它的隐性纯合体的基因型频率应为:$R=q^2$,则 $q=\sqrt{R}$。而 $p=1-q$,这样很容易求得基因频率,进而也可知显性纯合体的基因型频率为 p^2,杂合体的基因型频率为 $2pq$。

例如一个随机交配的牛群中,黑色对红色为显性,黑牛(BB、Bb)占 96%,红牛(bb)占 4%,基因频率为:

$$R=0.04$$
$$q=\sqrt{R}=\sqrt{0.04}=0.2$$
$$p=1-q=1-0.2=0.8$$

基因型频率为:

$$D=p^2=0.8^2=0.64$$
$$H=2pq=2\times0.8\times0.2=0.32$$
$$R=0.04$$

(三)伴性遗传

家畜的性别决定类型是 XY 型,家禽的性别决定类型是 ZW 型。无论哪种性别决定形式,在伴性遗传的情况下,可以把雌雄看作 2 个群体:同型配子性别的群体(XX,ZZ),平衡时基因频率的计算与常染色体是一样的,即 $D=p^2$,$H=2pq$,$R=q^2$。异型配子性别的群体(XY,ZW),基因型频率等于基因频率,也等于表型频率。如某鸡群芦花母鸡(Z^BW)占 40%,那么该鸡群芦花基因频率即为 0.4。当群体达到平衡时,同型配子性别群体和异型配子性别群体的基因频率是相等的。

二、复等位基因频率的计算

遗传平衡的公式同样适用于复等位基因的频率计算,只是计算时要比一对等位基因复杂一些,现举两个例子说明最简单的复等位基因频率的计算方法。

(1)人的 ABO 血型。人的 ABO 血型取决于三个复等位基因,其中 I^A 对 i 显性,I^B 对 i 也是显性,而 I^A 与 I^B 是共显性,其中 I^AI^A、I^Ai 表型为 A 型,I^BI^B、I^Bi 表型是 B 型,I^AI^B 表型是 AB 型,ii 表型是 O 型。

设　　　　　　　　　　　$p=$基因 I^A 的频率

　　　　　　　　　　　　$q=$基因 I^B 的频率

　　　　　　　　　　　　$r=$基因 i 的频率

则　　　　　　　　　　　$p+q+r=1$

在自由婚配的情况下,人的群体足够大,可以认为控制 ABO 血型的三个复等位基因各类型配子随机结合的,它们的情况如表 4-5 所示。

表 4-5　人 ABO 血型各类型配子随机结合情况

女	男		
	I^A	I^B	i
I^A	$I^AI^A(p^2)$	$I^AI^B(pq)$	$I^Ai(pr)$
I^B	$I^AI^B(pq)$	$I^BI^B(q^2)$	$I^Bi(qr)$
i	$I^Ai(pr)$	$I^Bi(qr)$	$ii(r^2)$

各种血型的频率为:

A 血型频率　　　$A=p^2+2pr$

B 血型频率　　　$B=q^2+2qr$

AB 血型频率　　$AB=2pq$

O 血型频率　　　$O=r^2$

i 基因频率　　　$r=\sqrt{O}$

因为　　　　　　$A+O=p^2+2pr+r^2=(p+r)^2$

所以　　　　　　$p+r=\sqrt{A+O}$

　　　　　　　　$p=\sqrt{A+O}-r=\sqrt{A+O}-\sqrt{O}$

所以　　　　　　$q=1-p-r=1-(\sqrt{A+O}-\sqrt{O})-\sqrt{O}=1-\sqrt{A+O}$

例如通过群体调查发现,A 血型、B 血型、AB 血型、O 血型的频率分别为 0.45、0.13、0.06、0.36,各基因频率:

$$r = \sqrt{O} = \sqrt{0.36} = 0.6$$

$$p = \sqrt{A+O} - r = \sqrt{0.45+0.36} - 0.6 = 0.3$$

$$q = 1 - p - r = 1 - 0.3 - 0.6 = 0.1$$

(2)决定兔毛色的基因中有 3 个复等位基因,其中 C 对 c^h 和 c 都是显性,c^h 对 c 呈显性。CC、Cc^h、Cc 都表现全色,$c^h c^h$ 和 $c^h c$ 都表现为"八黑",即所谓喜马拉雅(全身白色,耳、鼻、尾、脚为黑色),cc 表现为白化。

设 C、c^h、c 的基因频率为 p、q、r;"八黑"兔的频率为 E,白化兔的频率为 F。

在随机交配的大群体中,各种配子随机结合如表 4-6 所示。

表 4-6　兔毛色各种配子随机结合情况

♀	♂		
	C	c^h	c
C	$CC(p^2)$	$Cc^h(pq)$	$Cc(pr)$
c^h	$Cc^h(pq)$	$c^h c^h(q^2)$	$c^h c(qr)$
c	$Cc(pr)$	$c^h c(qr)$	$cc(r^2)$

各种基因型频率:

$CC:p^2$　　　　　　$c^h c^h:q^2$

$Cc^h:2pq$　　　　　$c^h c:2qr$

$Cc:2pr$　　　　　　$cc:r^2$

由此可见,$E = q^2 + 2qr$,$F = r^2$

所以,白化基因频率　　$r = \sqrt{F}$

$$E + F = q^2 + 2qr + r^2 = (q+r)^2$$

$$q + r = \sqrt{E+F}$$

"八黑"基因频率　　$q = \sqrt{E+F} - r$

全色基因频率　　$p = 1 - q - r$

例如在某一随机交配的大兔群中,全色兔占 75％,"八黑"兔占 9％,白化兔占 16％。"八黑"兔和白化兔的基因型频率为:

"八黑"兔 $E = 0.09$,白化兔 $F = 0.16$

白化基因频率　　$r = \sqrt{F} = \sqrt{0.16} = 0.4$

"八黑"基因频率　　$q = \sqrt{E+F} - r = \sqrt{0.09+0.16} - 0.4 = 0.1$

全色基因频率　　$p = 1 - q - r = 1 - 0.1 - 0.4 = 0.5$

实训九　人体常见性状的统计与遗传分析

一、实训目的

1. 理解孟德尔群体遗传平衡的含义。

2．掌握平衡群体基因频率、基因型频率的计算方法。

3．理解群体遗传平衡的条件。

二、实训原理

在有性生殖的生物中，一种性别的任何一个个体都有同样的机会跟相反性别个体进行交配的有性生殖方式，称为随机交配。1908 年，英国数学家哈迪（G. H. Hardy）和德国医生温伯格（W. Weinberg）分别独立地证明了一个事实。在一个不发生突变、迁移和选择的无限大的随机交配群体中，基因频率和基因型频率在世代繁衍中将保持恒定。这就是哈迪-温伯格（Hardy-Weinberg）定律。

人类的各种性状都是由特定的基因控制形成的。由于每个人的遗传基础不同，某一特殊的性状在不同的个体会有不同的表现。通过对一个特定人群某一性状的调查与分析，可以计算出该性状的基因频率、基因型频率，并能判断这个群体是否为一个平衡群体。

三、仪器及材料

1．仪器

显微镜、双凹玻片（或普通载玻片）、采血针、青霉素小瓶、吸管、牙签或小玻棒、记号笔、胶布、棉球。

2．材料

A 型和 B 型标准血清；70％乙醇；生理盐水。

3．参与实验人员的各种相关性状

实验中要注意安全、卫生；调查分析他人的性状时，要取得对方的同意，并尊重每个人的隐私权。

四、方法与步骤

1．人类 ABO 血型检测

人类 ABO 血型是人体的一种遗传性状，它受一组复等位基因（I^A、I^B、i）控制，是红细胞血型系统的一种。人类的红细胞表面有 A 和 B 两种抗原，血清中有抗 B（β）和抗 A（α）两种天然抗体，依抗原和抗体存在的情况，可将人类的血型分为 A、B、AB、O 四种血型（表 4-7）。

表 4-7　ABO 血型遗传特征

表型	基因型	红细胞膜上的抗原	血清中的天然抗体
A	$I^A I^A$，$I^A i$	A	（β）抗 B
B	$I^B I^B$，$I^B i$	B	（α）抗 A
AB	$I^A I^B$	A、B	
O	ii		（β）抗 B、（α）抗 A

由于 A 抗原只能和抗 A 结合，B 抗原只能和抗 B 结合，因此可以利用已知的 A 型标准血清（即 A 型人的血清，又叫抗 B 血清）和 B 型标准血清（即 B 型人的血清，又叫抗 A 血清）来鉴定未知血型，两种标准血清内所含每一种抗体将凝集含有相应抗原的红细胞。因此一种血液其红细胞在 A 型标准血清中发生凝集者为 B 型，在 B 型标准血清中凝集者为 A 型，在两种标

准血清中都凝集者为 AB 型,在两种标准血清中都不凝集者为 O 型(图 4-1)。

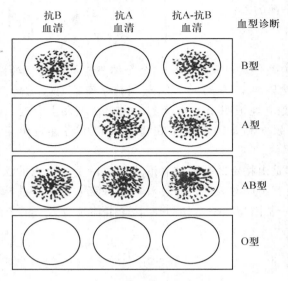

图 4-1　血型判定标准

　　一般实验室常用的方法有试管法与玻片法。试管法的优点是敏感,较少发生假凝集;玻片法则简便易行,但玻片法如控制不好,易发生不规则的凝集现象。本实验用玻片法。

　　(1)取一清洁的双凹玻片(或用普通载玻片玻璃蜡笔划出方格代替)两端上角分别用记号笔或胶布注明 A 和 B 及受试者姓名,然后分别用吸管吸取 A 型和 B 型标准血清各一滴,滴入相应凹面(或方格)内。

　　(2)采血　用 70％酒精棉球消毒受试者的耳垂或指端,待酒精干后,用无菌的采血针刺破皮肤,用吸管取 1～2 滴血放入盛有 0.3～0.5 mL 生理盐水的青霉素小瓶中,用吸管轻轻吹打成约为 5％的红细胞生理盐水悬液。

　　(3)滴片　在玻片的每一凹格(或方格)内分别滴一滴制好的红细胞悬液(注意滴管不要触及标准血清),然后立即用牙签或小玻棒分别搅拌液体,使血球和标准血清充分混匀。

　　(4)观察　在室温下每隔数分钟轻轻晃动玻片几次,以加速凝集,10～15 min 后观察有无凝集现象。凡红细胞出现凝集者为阳性,呈散在游离状态为阴性。若观察不清可在显微镜的低倍镜下观察;若室温过高,可将玻片放于加有湿棉花的培养皿中以防干涸;室温过低将玻片置于 37 ℃恒温箱中,以促其凝集。

　　(5)判断　根据 ABO 血型检查结果,判断血型。

　　实验时应注意:①标准血清必须有效;②红细胞悬液不宜过浓或过稀;③反应时间及温度要适中,应注意辨别假阴性和假阳性。

　　2. 卷舌性状的调查

　　在人群中,有的人能够卷舌,即舌的两侧能在口腔中向上卷成筒状,称为卷舌者,受显性基因(T)控制,有的人则不能(图 4-2)。列表统计本次实验所有参与者的卷舌性状调查结果,留作进一步分析之用。

　　3. 眼睑性状的调查

　　人群中的眼睑可分为单眼皮和双眼皮两种性状。假设双眼皮受显性基因(E)控制,为显性性状;单眼皮为隐性性状(图 4-3)。列表统计本次实验所有参与者的眼睑性状调查结果,留做进一步分析之用。

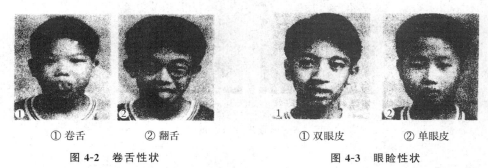

① 卷舌　② 翻舌
图 4-2　卷舌性状

① 双眼皮　② 单眼皮
图 4-3　眼睑性状

4. 耳垂性状的调查

人群中不同个体的耳朵可明显区分为有耳垂与无耳垂两种情况,该性状是受一对等位基因控制的,有耳垂(F)为显性性状,无耳垂为隐性性状(图 4-4)。列表统计本次实验所有参与者的耳垂性状调查结果,留作进一步分析之用。

5. 额前发际的调查

在人群中,有些人前额发际基本上属于平线,有些人前额正中发际向下延伸呈峰形,即明显地向前突出,形成 V 字形发际,称美人尖。美人尖(G)属显性遗传(图 4-5)。列表统计本次实验所有参与者的前额发际性状调查结果,留作进一步分析之用。

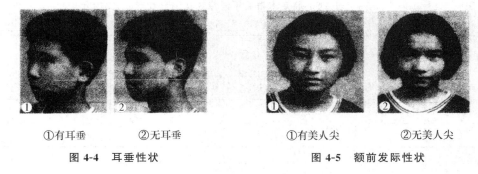

①有耳垂　②无耳垂
图 4-4　耳垂性状

①有美人尖　②无美人尖
图 4-5　额前发际性状

6. 发式和发旋的调查

人类的发式有卷发和直发之分。东方人多为直发,为隐性性状,卷发(H)则为显性性状;每个人头顶稍后方的中线处都有一个发旋(有的人不止一个),其螺旋方向受遗传因素控制,顺时针方向者(C)为显性性状,逆时针方向者为隐性性状。列表统计本次实验所有参与者的发式和发旋性状测试结果,留作进一步分析之用。

7. 拇指端关节外展的调查

在从群中,有的人拇指的最后一节能弯向指背面与拇指垂直轴线呈 $60°$ 角,性状呈隐性遗传(k),即该性状的纯合个体的拇指端可向后弯曲 $60°$(图 4-6)。列表统计本次实验所有参与者的拇指端关节外展性状调查结果,留作进一步分析之用。

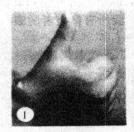 

① 挺直   ② 向指背面弯曲

图 4-6   拇指端关节外展性状

五、实训作业

1. 假定人群处于遗传平衡状态,根据本次实训所取得的 ABO 血型的调查结果,计算基因频率。查阅平衡群体资料,利用 χ^2 检验,验证所有实验参与者所组成的群体是否是平衡群体。

2. 将本次实训所取得的各单基因性状(卷舌、眼睑、耳垂、发际、发式和发旋、拇指端关节外展)的调查结果整理到"特定人群若干遗传性状调查表"(表 4-8)中,根据这套来自所有实验参与者的测试数据,计算基因频率、基因型频率;推算出显性纯合体与杂合体的比例;分析本实训人群的遗传平衡状态。

表 4-8   特定人群若干遗传性状调查表

受试群体名称＿＿＿＿＿＿＿   调查分析日期＿＿＿＿＿＿＿   调查人＿＿＿＿＿＿

姓名	卷舌		眼睑		耳垂		发际		发式		发旋		拇指端关节外展		血型			
	T	t	E	e	F	f	G	g	H	h	C	c	K	k	A 型	B 型	AB 型	O 型
总计																		

第三节   影响群体遗传结构的因素

基因频率和基因型频率的平衡是有条件的、相对的。实际上无论在自然界还是在家畜群体中,无论是动物还是植物,每一个群体的基因频率和基因型频率都处在不断变化中,研究引起它们变化的原因,对于阐明生物进化的遗传进程和加速畜禽改良都具有重要意义。引起基因频率变化的因素有突变、选择、迁移、遗传漂变和同型交配等。

二维码 4-3
突变、选择对基
因频率的影响

一、突变

突变对改变群体的遗传组成有两个作用:一是突变本身就改变了基因频

率,二是突变为自然选择提供了物质基础。

突变可分为非频发突变和频发突变。非频发突变是指在一个大群体中,无方向性、无规律性偶然发生的突变。这类突变不是改变基因频率的主要原因。因为单一突变频率非常低,而这个突变的基因在一个大群体中,遗传下去的机会很小,对群体影响不大。例如群体只有一个 Aa 个体,而其他全是 AA,这个突变基因除非是在选择上有强大优势,否则很容易消失。

频发突变是指在一个大群体中,有规律性、有一定频率的经常发生的突变。它是导致基因频率变化的一个主要因素。例如一对等位基因 A 和 a,当基因 A 突变为 a 时,由于这种突变经常发生,那么群体中基因 A 的频率将逐渐减少,而基因 a 的频率逐渐增加,最后 A 将被 a 完全代替。

自然界的突变有正向突变($A \rightarrow a$),又叫隐性突变;也有反向突变($a \rightarrow A$),又叫显性突变。由于正反突变的频率不同,群体上下代的基因频率也会有所变化。假设一对等位基因 A、a,每代 $A \rightarrow a$ 的正向突变率为 u,$a \rightarrow A$ 的反向突变率为 V,在 0 世代里 A 的基因频率为 p_0,a 的基因频率为 q_0,以符号图示为:

$$A \underset{v}{\overset{u}{\rightleftharpoons}} a$$

频率为 q_0,以符号图示为:　　　　　　　　p_0　　　　　q_0

则经历一代突变后,A 基因的频率由于正向突变减少了 $p_0 u$,又由于反向突变增加了 $q_0 v$,总体而言,1 世代 A 的基因频率 $p_1 = p_0 + q_0 v - p_0 u$,基因频率的改变 $\Delta p = p_1 - p_0 = q_0 v - p_0 u$。同理,2 世代基因频率的改变 $\Delta p = q_1 v - p_1 u$。这样,群体每代基因频率会发生一定的改变。当 $u > v$ 时,a 基因频率逐代增加;$u < v$ 时,a 基因频率逐代减少。若要群体平衡,则要 $\Delta p = 0$,即

$$qv - pu = 0$$

即:
$$pu = qv$$

因为
$$p + q = 1$$
$$u(1-q) = qv$$

所以
$$q = \frac{u}{u+v}$$

同理:
$$p = \frac{v}{u+v}$$

即群体平衡时,$p = \dfrac{v}{u+v}$,$q = \dfrac{u}{u+v}$。平衡时的基因频率与原始的 p_0、q_0 无关,只取决于突变频率的大小。

例如:

$A \underset{5 \times 10^{-7}}{\overset{10^{-6}}{\rightleftharpoons}} a$ 的基因频率逐渐增加,平衡时,代入上述公式得:$p = \dfrac{1}{3}$,$q = \dfrac{2}{3}$。即 $p = \dfrac{1}{3}$,$q = \dfrac{2}{3}$ 时,这个群体的 A 和 a 又达到了新的平衡。

若一对基因的正反突变率相等,即 $u = v$,则平衡时,$p = q = 0.5$。

若一对等位基因的正突变速率是反突变速率的 2 倍,即 $u = 2v$,则 a 的基因频率逐代增

加，到 $q=u(v+u)=\dfrac{2v}{v+2v}=\dfrac{2}{3}0.67$，$p=1-q=0.33$ 时，这个群体的 A 和 a 的基因频率又达到了新的平衡。

不过，由于突变率非常低，单靠突变使基因频率和群体的遗传结构明显地改变，就要经过很多世代，需要很长的时间。由于微生物世代间隔短，突变就可以成为改变基因频率的一个重要因素，而对高等生物来说就显得不那么重要了。

二、选择

自然选择和人工选择都是导致基因频率改变的重要原因。就家畜而言，选择在某种意义上说，就是把合乎人类要求的性状留下来，使其基因型频率逐代增加，从而使群体的遗传结构向着有利于人类需要方向改变。

如果全部淘汰显性性状，能迅速改变基因频率。若外显率为 100%，经过一代淘汰，隐性基因和隐性性状的频率就达到 1。其显性基因和显性性状就完全消除。

由于隐性基因常常受到显性基因的作用而表现不出来，所以要淘汰隐性基因相对较慢。一方面，可以通过测交彻底剔除群体中隐性基因；另一方面，可以通过淘汰群体中每个世代的隐性纯合体，使隐性基因频率逐代降低，但很难完全消失。如果从 0 世代开始每世代淘汰隐性纯合体，n 世代时隐性基因频率由 q_0 降为 q_n 的计算公式为：

$$q_n=\frac{q_0}{1+nq_0}$$

相反，如果要使群体中隐性基因频率由 q_0 降为 q_n 所需的代数 n 的计算公式为：

$$n=\frac{1}{q_n}-\frac{1}{q_0}$$

例：有一猪群有白猪和黑猪，白色对黑色为显性，已知黑色基因频率为 0.4，如果把黑猪全部淘汰，下一代黑色基因的频率是多少？还会出现多少黑猪？如果淘汰 20 代又如何？假设要使黑猪基因频率降到 0.01，供需多少代？

已知：$q_0=0.4$　$q_n=0.01$

求：$q_1=?$　$R_1=?$　$q_{20}=?$　$R_{20}=?$　$n=?$

解：

$$q_1=\frac{q_0}{1+q_0}=\frac{0.4}{1+0.4}=0.286$$

$$R_1=q_1^2=0.286^2=0.0818$$

$$q_{20}=\frac{q_0}{1+20q_0}=\frac{0.4}{1+20\times0.4}=0.0444$$

$$R_{20}=0.0444^2=0.001975=0.2\%$$

$$n=\frac{1}{q_n}-\frac{1}{q_0}=\frac{1}{0.01}-\frac{1}{0.4}=97.5（代）$$

这时　　　　$R_{97.5}=q_n^2=0.01^2=0.0001$

三、迁移

迁移实际上就是两个基因频率不同群体的混杂。迁移产生的原因有：①混群，②杂交，③迁入（引种）。那么，两个群体混杂后，基因频率会发生什么样的变化呢？如何计算呢？

第一种情况混群：设有 M 和 N 两个群体，分别以 m 和 n 个个体相混杂，M 群体的基因频率为 p_m，N 群体的基因频率为 p_n，混合群体的基因频率为 p_{mn}。

那么，混合群体的基因频率就等于两个群体基因频率以各自群体个数为权的加权平均数。即：

$$P_{mn} = \frac{mp_m + np_n}{m+n}$$

例：有一个 100 个个体的群体，某一基因 A 的频率为 0.4，另有一个 200 个个体的群体，某基因 A 的频率为 0.5，混合群体的基因频率是多少？

已知：$p_m = 0.4$，$m = 100$，$p_n = 0.5$，$n = 200$。求 $p_{mn} = ?$

解：$P_{mn} = \dfrac{mp_m + np_n}{m+n} = \dfrac{100 \times 0.4 + 200 \times 0.5}{100 + 200} = 0.467$

第二种情况杂交：如果是两个群体的雌雄个体杂交所产生的杂种群体，其基因频率为两个亲本群体基因频率的算术平均数。

设甲群体为♂，某基因频率为 P_1；乙群体为♀，某基因频率为 P_2，那么杂种群某基因频率：

$$P = (P_1 + P_2)/2$$

例：无角牛群为♂，有角基因频率为 $q_1 = 0$，有角牛群为♀，有角基因频率为 $q_2 = 1$。混合群牛群有角基因频率为：

$$q = (0+1) \div 2 = 0.5$$

例：一个 1 500 只蛋鸡群（全是母鸡），a 的频率 $q = 0.6$；另一个 500 只公鸡群，$q = 0.2$。公母鸡混群后，a 基因频率：

$$q = \frac{1\,500 \times 0.6 + 500 \times 0.2}{1\,500 + 500} = 0.5$$

公母鸡交配后，F_1 群体的基因频率：

$$q_1 = \frac{0.6 + 0.2}{2} = 0.4$$

第三种情况迁入（引种）：如果迁入个体中基因频率与原群体不同，将改变群体基因频率。在没有其他因素影响下，假设每一代中有一部分迁入者，迁入个体占迁入后整个群体的比例为迁移率，用 m 表示。则原来个体的比例将是 $1-m$，迁入个体某一基因频率为 q_m，原个体中某一基因频率是 q_0，则迁入后新群体的基因频率 q_1 为：

$$q_1 = mq_m + (1-m)q_0 = q_0 - mq_0 + mq_m$$

则由迁入引起的基因频率的变化：

$$\Delta q = q_1 - q_0 = m(q_m - q_0)$$

因此,在有迁入的群体里基因频率的变化等于迁入率同个体基因频率与本群基因频率的差异的乘积。

例如在有 1 000 个个体所组成的群体中,某一隐性基因频率 $q = 0.6$,迁入一个有 400 个个体所组成的群体,同一基因频率为 0.3,则迁入后整个群体的该基因频率为:

$$q_1 = mq_m + (1-m)q_0 = \frac{400}{1\ 400} \times 0.3 + \left(1 - \frac{400}{1400}\right) \times 0.6 = 0.514$$

迁入后新群体的基因频率介于两个群体之间。

四、遗传漂变

哈迪-温伯格定律成立的一个最基本的前提就是"在一个随机交配的大群体内",所谓大群体,理论上是无穷大的。而实际上任何一个群体大小都是有限的,由于个体数目比较少或者是随机抽样误差,造成基因频率在小群体内随机增加或减少,从而引起上下代之间基因频率的变化,称为遗传漂变。漂变在所有的群体中都会出现。不过群体愈大,漂变就愈小,可以忽略不计。群体很小时,漂变的效应就很明显,见图4-7。

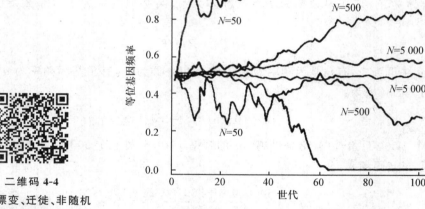

二维码 4-4
遗传漂变、迁徙、非随机
交配对基因频率的影响

图 4-7　群体大小与漂变的关系

例如:在一个存栏 1 000 头种猪的猪场中,有 20 头猪是某一隐性有害基因的携带者(表型与正常猪无区别)。这一隐性基因在该猪群中的频率为 1%。如果有两个买主来猪场购买种猪,甲买主购买的 10 头种猪中没有一头带有该隐性基因,因而该隐性基因频率由原来的 1% 一下子降到 0;若乙买主购买的 10 头种猪全部是隐性基因携带者,于是该隐性基因频率由原来的 1% 猛增到 50%。

从上述例子可以看出:由于取样误差或样本含量较少,往往使子代群体的基因频率与原群体不相同,即发生漂变。一个频率很低的基因,会因漂变在子群体中消失。相反一个频率高的基因,在子群体中也有可能消失,但概率很小,而向高频率漂变的概率很大。当群体很大时,个体间容易实现充分的随机交配,遗传漂变趋于缓和。

漂变的原因有:引种、留种、分群、建系等。遗传漂变的范围大于 0 小于 1。在基因频率 $p=1,q=0$,或 $p=0,q=1$ 的群体中是不会发生的。

五、非随机交配

哈迪-温伯格定律成立的前提必须保证随机交配。那么,如果是同型交配或近亲交配则会影响群体的遗传组成。同型交配就是选择相同基因型的个体进行交配。以一对基因为例,同型交配有三种交配类型:AA×AA、Aa×Aa、aa×aa。第一种和第三种交配类型所生后代与亲本完全相同,都是纯合体。而第二种交配类型所生后代则分离为三种基因型 AA、Aa 和 aa,它们的频率为 $\frac{1}{4}$、$\frac{1}{2}$、$\frac{1}{4}$。也就是说通过一代同型交配,杂合体的频率减少一半。

譬如原始群体的基因型频率为 $D=0,H=1,R=0$,则连续进行同型交配,各代的基因型频率变化如表 4-9 所示。

表 4-9　连续同型交配条件下各世代的基因型频率

世代	基因型频率		
	AA	Aa	aa
0	0.000 0	1.000 0	0.000 0
1	0.250 0	0.500 0	0.250 0
2	0.375 0	0.250 0	0.375 0
3	0.437 5	0.125 0	0.437 5
4	0.468 8	0.062 5	0.468 8
5	0.484 4	0.031 3	0.484 4
6	0.492 2	0.015 6	0.492 2

值得注意的是,基因型频率虽然代代变化,但基因频率却始终不变。

0 世代　$p=0+\frac{1}{2}\times1=0.5,q=\frac{1}{2}\times1+0=0.5$

1 世代　$p=0.25+\frac{1}{2}\times0.5=0.5,q=\frac{1}{2}\times0.5+0.25=0.5$

2 世代　$p=0.375+\frac{1}{2}\times0.25=0.5,q=\frac{1}{2}\times0.25+0.375=0.5$

3 世代　$p=0.4375+\frac{1}{2}\times0.125=0.5,q=\frac{1}{2}\times0.125+0.4375=0.5$

可见同型交配本身只能改变基因型频率,却不能改变基因频率。但是在畜禽近交过程中,由于近交个体有限,加上严格选择,因此,基因频率会发生显著变化,但这并不是近交本身的效应,而是遗传漂变和选择的效应。

近交和同质选配是不完全的同型交配,因此,其效应不如完全的同型交配,但其性质是相同的,能使杂合体逐代减少,纯合体逐代增加,群体趋向分化,而对基因频率则无影响。

知识链接

基因平衡的生物学意义

随机交配下的大群体可以维持不同基因频率的平衡。如果我们要改良某一群体,就必须打破这种平衡,不能让其随机交配,需要进行有效的选择与选配,促使那些有利基因的频率不断增加,不利基因频率逐渐降低。倘若要保持一个自然群体的基因库,不让任一基因丢失,应千方百计地排除其他因素的干扰,让其随机交配,维持群体平衡。

生物的遗传变异,归根结底,主要由于基因和基因型的变化。同一群体内个体之间的遗传变异一般起因于基因型差异,而同一物种内不同群体间的遗传变异,则主要在于基因频率的差异。哈迪-温伯格定律揭示了基因频率与基因型频率的遗传规律,基因频率的平衡对于群体稳定性起着直接的保证作用。这也是一个物种一旦形成就会保持长久稳定性的原因。即使由于选择、突变、迁移或杂交等因素改变了群体的基因频率,只要这些因素不再继续发挥作用,经过一代的随机交配,基因频率还会迅速度地恢复平衡,但是这种平衡是有条件的。在动物育种中利用群体内现有的基因,通过改变频率来改进群体的遗传性,其潜力还是相当大的,这就为育种工作提供了极为有利的条件。改变基因频率仍是目前动物育种工作中最主要的手段。

▶▶ 复习思考题 ◀◀

1. 解释名词:基因库、随机交配、基因频率、基因型频率、遗传漂变。

2. 简述哈迪-温伯格定律的要点及成立的条件。

3. 简述改变群体遗传结构的因素。

4. 随机统计 6 000 头短角牛的毛色,红毛牛占 48%,棕毛牛占 42.5%,白毛牛占 9.5%。红毛基因和白毛基因属于同一位点的两个等位基因,彼此并无显隐性关系,杂合时表现棕色。试计算红毛和白毛的基因频率。

5. 在一个随机交配的大群体中,如果隐性纯合体的频率为 0.81,问该群体中杂合体的频率是多少?显性纯合体的频率是多少?

6. 在人类中,大约 12 个男人中有一个为色盲患者,问女人中患色盲的概率是多少?

7. 在 10 000 人中进行 ABO 血型调查,其中 1 500 人是 B 型,400 人为 AB 型,4 900 人为 O 型,3 200 人为 A 型,试估算群体中 I^A、I^B、i 的基因频率。

8. 在南太平洋沿岸,A 岛屿白化病占 1%,B 岛屿占 4%,假定两岛屿人群数量相等,并且随机婚配,由于地质剧变,两岛屿合二为一。问联合岛屿中白化病基因频率是多少?下一代白化病的发病率是多少?

9. 如果一个群体遗传构成是 550AA、300Aa、150aa,试问这个群体平衡吗?

10. 测定人的 MN 血型样本,发现其中 M 型 360 人,MN 型 480 人,N 型 160 人。试计算该样本 L^M 和 L^N 的基因频率。

11. 基因 B 突变为 b 的突变率为 10^{-6},其反向突变率为 10^{-7},若群体达到了平衡,预期三种基因型的分布情况。

第五章
数量性状的遗传方式

知识目标

- 掌握数量性状的概念。
- 掌握数量性状的遗传特性。
- 掌握数量性状的遗传方式。
- 了解数量性状基因座。

技能目标

- 会区分数量性状与质量性状。
- 会解释数量性状的遗传机理。

生物的性状是基因和环境共同作用的结果。按生物性状的表现方式和人们对它的考察、度量手段来看,可以把生物的单位性状大致划分为两类:一类是可以用文字描述的,比如猪的耳型、羽毛的颜色、牛羊角的有无等,这些性状之间大多有显隐性关系。它们的变异是不连续的,类型之间有明显的区分,这样的性状称为质量性状。还有一类性状是可以度量的,例如产奶量、乳脂率、日增重、饲料转化率、背膘厚度、产毛量、产蛋数、蛋重等,这类表现为连续变异、性状之间界限不清楚、不易分类的性状,称为数量性状。动物中绝大多数的经济性状都属于数量性状。前面介绍的遗传规律是以质量性状为基础的,它们是受少数基因控制的,不易受环境条件的影响。数量性状由微效的多基因系统控制,容易受到环境条件的影响,遗传关系复杂。因此,深入了解数量性状的遗传规律,对进一步掌握畜禽遗传改良的原理和方法,有的放矢地开展动物育种工作具有十分重要的意义。

▶ 第一节 数量性状的特征 ◀

一、数量性状的特征

数量性状和质量性状一样都是由基因控制的,但控制数量性状的基因多且单个基因效应不明显,因此只能用称量或度量的方法,并借助于遗传参数和一定的方法手段对控制数量性状的基因的优劣进行评估。数量性状的表型值一般表现为正态分布,即属于中间程度的个体比较多,而趋向两极的个体越来越少。在群体较小时或多或少带点偏态分布。数量性状往往呈现出一系列程度上的差异,带有这种差异的个体没有质的差别,只有量的不同,其主要特征如下。

1. 变异呈连续性

数量性状的变异是连续的,属于中间类型的个体数较多,而趋向两极的个体数越来越少,呈一个钟形,性状的表型值用数字来表示,但无法明确地归类。大部分数量性状的频数分布都接近于正态分布。

2. 杂种一代往往表现出两个亲本的中间类型

数量性状的杂种一代往往表现出两个亲本的中间类型,表现部分显性或无显性,有时还会表现出超显性。

3. 易受环境影响

数量性状易受环境的作用,表型差异既有微效多基因不同所致,又有环境差异引起,这两种差异混在一起,不容易区分。

4. 决定性状的基因数目多,作用是累加的

数量性状受多个基因(一般在 10 对以上)控制,每个基因的作用微小,但其作用是可以累加的。数量性状的杂种后代基因型的分离比较复杂,需用数量统计的方法从基因的总效应上进行分析。

二、数量性状与质量性状的比较

为了更好地理解数量性状,可与质量性状作一粗略比较,见表 5-1。

表 5-1 数量性状与质量性状的比较

项目	数量性状	质量性状
性状主要类型	生产、生长性状	品种特征、外貌特征
遗传基础	微效多基因系统控制	少数主基因控制
	遗传关系复杂	遗传关系较简单
变异表现方式	连续性	间断性
考察方式	度量	描述
环境影响	敏感	不敏感
研究水平	群体	家庭
研究方法	生物统计	系谱分析、概率论

此外,质量性状和数量性状的划分不是绝对的。例如:植株高度是一个数量性状,但在有些杂交组合中,高株和矮株却表现为简单的质量性状遗传,小麦籽粒的红色和白色,在一些杂交组合中表现为一对基因的分离,而在另一些杂交组合中,F_2 的籽粒颜色呈不同程度的红色而成为连续变异,即表现数量性状的特征。

另外,在众多的生物性状中,还有一类特殊的性状,不完全等同于数量性状或质量性状,其表现呈非连续型变异,与质量性状类似,但是又不服从孟德尔遗传规律。一般认为这类性状具有一个潜在的连续型变量分布,其遗传基础是多基因控制的,与数量性状类似。通常称这类性

状为阈性状。例如家畜对某些疾病的抵抗力表现为发病或健康两个状态,单胎动物的产仔数表现单胎、双胎和稀有的多胎等。

第二节　数量性状的遗传方式

一、中间型遗传

在一定条件下,两个不同品种杂交,其杂种一代的平均表型值介于两亲本的平均表型值之间,群体足够大时,个体性状的表现呈正态分布。子二代的平均表型值与子一代平均表型值相近,但变异范围比子一代增大了。把这些变异系数值按大小排列,其中类似双亲的只占少数,基本上组成以平均数为中心的正态分布。中间型遗传是数量性状遗传最常见的遗传方式。

二、杂种优势

杂种优势是数量性状遗传中的一种常见遗传现象。它是指两个遗传组成不同的亲本杂交产生的子一代,在产量、繁殖力、抗病力等方面都超过双亲的平均值,甚至比两个亲本各自的水平都高。但是,子二代的平均值向两个亲本的平均值回归,杂种优势下降,以后各代杂种优势逐渐趋于消失。例如内江猪和北京黑猪杂交,F_1 育肥期平均日增重为 628.5 g,而双亲育肥期的平均日增重是 564.3 g。

三、超亲遗传

两个品种或品系杂交,一代杂种表现为中间类型,而在以后世代中,可能出现超过原始亲本的个体,这种现象叫作超亲遗传。例如:在鸡中有两个品种,一种叫新汉夏鸡,体格很大,另一种叫希氏赖特观赏鸡,体格很小,两者杂交产生出小于希氏赖特鸡和大于新汉夏鸡的杂种。由此,可以培育出更大或更小类型的品种。

第三节　数量性状遗传的遗传机制

一、多基因假说的要点

1909 年,瑞典植物遗传学家尼尔逊·埃尔(Nilsson-Ehle)对小麦和燕麦中籽粒颜色的遗传进行了研究,提出数量性状遗传的多基因假说。

(一)多基因假说的实验根据

尼尔逊·埃尔在对小麦和燕麦中籽粒颜色的遗传进行研究时,发现在若干个红粒与白粒的杂交组合中有如下几种情况:

A组　P　　　　红粒×白粒
　　　↓
　　　F₁　　　　　　红粒
　　　↓⊗
　　　F₂　　　3/4 红粒：1/4 白粒

B组　P　　　　红粒×白粒
　　　↓
　　　F₁　　　　　粉红粒
　　　↓⊗
　　　F₂　　15/16 红粒：1/16 白粒

C组　P　　　　红粒×白粒
　　　↓
　　　F₁　　　　　粉红粒
　　　↓⊗
　　　F₂　　63/64 红粒：1/64 白粒

进一步观察后发现：①在小麦和燕麦中，存在着 3 对与种皮颜色有关但作用相同的基因，这 3 对基因中的任何一对在单独分离时都可产生 3：1 的频率，而 3 对基因同时分离时，则产生 63/64：1/64 的比例；②上述的杂交在 F₂ 的红粒中又呈现出各种程度的差异，它们又可按红色的程度细分。在 A 组中：1/4 红粒：2/4 中等红：1/4 白粒；在 B 组中：1/16 深红：4/16 次深红：6/16 中等红：4/16 淡红：1/16 白粒；在 C 组中：1/64 极深红：6/64 深红：15/64 次深红：20/64 中等红：15/64 中淡红：6/64 淡红：1/64 白粒。③红色深浅程度的差异与所具有的决定红色的基因数目有关，而与基因的种类无关。现以 B 组实验为例，说明种皮颜色的深浅程度与基因数目的关系。如表 5-2 所示。

表 5-2　两对基因影响小麦籽粒颜色的遗传

P　　$R_1 R_1 R_2 R_2$（红粒）$\times$ $r_1 r_1 r_2 r_2$（白粒）
　　　　↓
F₁　　$R_1 r_1 R_2 r_2$（红粒）
　　　　↓⊗

表现型类别	红色				白色
	深红	次深红	中等红	淡红	
表现型比例	1/16	4/16	6/16	4/16	1/16
R 基因数目	4 R	3 R	2 R	1 R	0 R
基因型	1 $R_1 R_1 R_2 R_2$	2 $R_1 R_1 R_2 r_2$　1 $R_1 R_1 r_2 r_2$　2 $R_1 r_1 r_2 r_2$ 4 $R_1 r_1 R_2 r_2$ 2 $R_1 r_1 R_2 R_2$　1 $r_1 r_1 R_2 R_2$　2 $r_1 r_1 R_2 r_2$			1 $r_1 r_1 r_2 r_2$
红粒：白粒	15：1				

F₂

假设含 R 数目相等的个体表现型一样,得到表现型分配结果为 1∶4∶6∶4∶1,这个分布的各项系数可由杨辉三角形中得到(图 5-1)。由于我们取一对基因的基因比(1AA∶2Aa∶1aa)为底,按这个比的倍数 n 展开($n=$基因的对数)我们有 $(1∶2∶1)^n$ 或 $\left(\dfrac{1}{4}+\dfrac{2}{4}+\dfrac{1}{4}\right)^n$,当 $n=1,2,3,\cdots$,我们则可得到三角形中双数行(方框)的各项系数,如上例 2 对基因的系数为:1/16 深红∶4/16 次深红∶6/16 中等红∶4/16 淡红∶1/16 白粒。

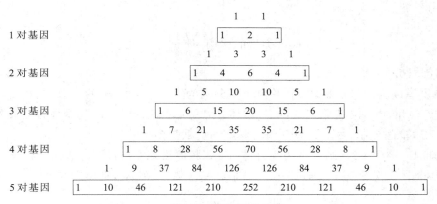

图 5-1　杨辉三角形图

对于 C 组实验的结果分析:尼尔逊·埃尔发现 F₂ 中从白色到极深红有 7 种不同的红色籽粒,中间色的麦粒最多,而白色麦粒约占总数的 1/64,他认为至少有 3 对基因同时分离。总共有 $3^3=27$ 种不同的基因型。其中 $R_1R_1R_2r_2r_3r_3$、$R_1R_1r_2r_2R_3r_3$、$r_1r_1R_2R_2R_3r_3$、$R_1r_1R_2R_2r_3r_3$、$R_1r_1r_2r_2R_3R_3$、$r_1r_1R_2r_2R_3R_3$、$R_1r_1R_2r_2R_3r_3$ 共 7 种基因型都应表现为"中等红色",因为它们同样只有 3 个 R 基因,其在 $(1∶2∶1)^3$ 的分布中占 2/64+2/64+2/64+2/64+2/64+2/64+8/64=20/64 的频率。同理可预期基因型 $R_1R_1R_2R_2R_3R_3$ 具有 6 个 R 基因,因而与亲本有相同的红色,而 $r_1r_1r_2r_2r_3r_3$ 的表现型一定为白色,因为不具有任何 R 基因,这两种亲本的表现型各占 1/64。两纯合亲本在子二代里的表现可称为极端类型。

(二)多基因假说的要点

尼尔逊·埃尔总结了上述实验分析的结果,提出了数量性状遗传的多基因假说。

多基因假说的要点:

(1)数量性状是由许多对微效基因或多基因的联合效应所控制。

(2)多基因中的每一对基因对性状表现型所产生的效应是微小的。多基因不能予以个别辨认,只能按性状的整体表现一起研究。

(3)微效基因的效应是相等而且相加的,故又可称多基因为累加基因。

(4)微效基因之间往往缺乏显性。有时用大写拉丁字母表示增效,小写字母表示减效。

(5)微效基因对环境敏感,因而数量性状的表现容易受环境因素的影响而发生变化。微效基因的作用常常被整个基因型和环境的影响所遮盖,难以识别个别基因的作用。

(6)多基因往往有多效性,多基因一方面对于某一个数量性状起微效基因的作用,同时在其他性状上可以作为修饰基因(具有改变其他基因效果的基因)而起作用,使之成为其他基因表现的遗传背景。

（7）多基因与主效基因一样都处在细胞核的染色体上，并且具有分离、重组、连锁等规律。

（三）基因数目的估计

数量性状受多基因控制，若能估算出某一数量性状大体上是受多少对基因所控制，这对数量遗传分析及育种实践显然都有指导意义。但是由于数量性状的遗传比较复杂，而且有许多问题还是悬而未决，因此，较难算出确切的基因数目。现介绍根据 F_2 分离群体内出现的极端类型（纯合基因型）出现的频率，估算基因数目的方法，但应说明，这种方法的应用也是受到许多因素的限制。

$$极端类型的比例 = \left(\frac{1}{4}\right)^n$$

式中，n 为基因对数。

例如：背膘厚度为数量性状，两个平均膘厚分别为 8 cm 与 4 cm 的猪杂交，F_1 表现一致，平均背膘厚度 6 cm，由 512 头猪组成的 F_2 群体中背膘厚为 8 cm、4 cm 的个体各 2 只。则推算背膘厚度由几对基因控制，每个有效基因对厚度的贡献是多少？

分析可知：F_1 表现一致，则亲本为纯合体；F_1 背膘厚度是 6 cm，即为 8 cm 与 4 cm 和的一半。可知亲本基因型分别为 $a_1a_1a_2a_2\cdots a_na_n$ 和 $A_1A_1A_2A_2\cdots A_nA_n$，是极端类型。

即：

$\dfrac{2}{512} = \left(\dfrac{1}{4}\right)^n$ 得：$n = 4$，厚度由 4 对基因控制。则每个有效基因对背膘厚度的贡献是 $\dfrac{8-4}{4 \times 2} = 0.5(\text{cm})$。

二、基因的非加性效应与杂种优势

数量性状的遗传同质量性状一样，都受基因的控制与环境的影响。基因对数量性状的效应可分为加性效应和非加性效应。

1. 加性效应

多基因假说指出，数量性状受许多对遗传效应微小的基因控制，这些基因共同作用于某一性状，虽然各自的效应可能不同，但具有累加的特性，基因对性状的这种累加的作用称为加性效应。具体地说，就是控制某个数量性状的各个基因对某一性状的共同效应是每个基因对该性状的单独效应的总和。

2. 非加性效应

在控制数量性状的许多对基因中，除了基因的加性效应外，还有非加性效应。它们以显性、上位作用产生非加性效应。基因的非加性效应以杂种优势的方式影响数量性状的表型值。

（1）显性效应　由等位基因之间相互作用产生的效应叫显性效应。例如：决定猪的体长基因中，A 的加性效应为 15 cm，a 的加性效应为 8 cm，则 $A_1A_1a_2a_2$ 的总长应是 46 cm，而 $A_1a_1A_2a_2$ 同样是两个 A 基因和两个 a 基因，其总的效应却可能是 56 cm，这多产生的 10 cm 效应是由于这两对基因杂合的结果，也就是由于 A_1 与 a_1、A_2 与 a_2 间的相互作用引起的，这就是显性效应。

（2）上位效应　由非等位基因之间相互作用产生的效应，称为上位效应。例如：A_1A_1 的效应是 30 cm，a_2a_2 的效应是 16 cm，而 $A_1A_1a_2a_2$ 的总效应却可能是 50 cm，这多产生的 4 cm

是由于这两对基因间的相互作用所引起的,这就是上位效应。

3. 杂种优势的理论

虽然人类很早就知道杂种优势,并已广泛利用杂种优势,但迄今为止,对于杂种优势的遗传机理尚无完善的解释。主要有"显性假说"和"超显性假说"。

(1)显性假说 由布鲁斯(A. B. Bruce)等于 1910 年率先提出。该假说认为,显性有利基因遮盖了不良(或低值)隐性基因的作用。显性基因大多对生长发育有利,隐性基因则往往对生长发育有害。在杂种中,有利的显性基因遮掩了有害的隐性基因,以长补短,从而表现出来优势。假设猪的日增重是由三对基因控制,基因有差别的两个纯合亲本杂交,假设每对隐性基因(如 aa 等)对性状发育的作用值为 180 g,每对显性基因(如 AA 等)和杂合基因(如 Aa 等)所产生的作用值相同,都为 220 g。两个亲本杂交产生杂种优势可以表示如下:

$$
\begin{array}{ccc}
\text{P} & \text{AAbbCC} & \times & \text{aaBBcc} \\
& 220+180+220 & & 180+220+180 \\
& =620 & \downarrow & =580 \\
\text{F}_1 & & \text{AaBbCc} & \\
& & 220+220+220 & \\
& & =660 &
\end{array}
$$

(2)超显性假说 最初是由肖尔(G. H. Shull)和伊斯特(E. M. East)分别提出。该假说认为,如果等位基因之间没有显隐性关系,杂种生活力的提高来自等位基因的异质结合,等位基因的异质结合能够产生基因之间的互作。即杂合子(a_1a_2)优于任何纯合子(a_1a_1 或 a_2a_2)。杂合子越多,杂种优势则越明显。以猪的日增重为例,假设纯合体 a_1a_1、a_2a_2、b_1b_1、b_2b_2、c_1c_1、c_2c_2 的表型效应为 200 g,杂合体 a_1a_2、b_1b_2、c_1c_2 的表型效应为 220 g,F_1 产生杂种优势可表示如下:

$$
\begin{array}{ccc}
\text{P} & a_1a_1b_1b_1c_1c_1 & \times & a_2a_2b_2b_2c_2c_2 \\
& 200+200+200 & & 200+200+200 \\
& =600 & \downarrow & =600 \\
\text{F}_1 & & a_1a_2b_1b_2c_1c_2 & \\
& & 220+220+220 & \\
& & =660 &
\end{array}
$$

显性假说和超显性假说都能对杂种优势做出解释,它们的侧重点不同,显性说比较强调显性基因的累加和互补,而超显性假说则强调异质结合的等位基因之间的互作。这两种假说在解释杂种优势现象时是相辅相成的,不是对立的。需要补充的是,两个假说最初都忽略了细胞质基因的作用,忽略了核质基因的互作。而近代的遗传研究表明,细胞质基因的作用和核质基因的互作效应在杂种优势形成中占有重要的位置,不可忽视。另外,分子水平上的研究将进一步深入解释杂种优势的机理。

三、越亲遗传现象的解释

越亲遗传主要是基因分离和重组的结果。当原始杂交的两个亲本都不是极端类型时,在杂种二代或三代会出现超过原始杂交亲本的类型。例如有两个猪的品种,其体长的基因型是纯合的,等位基因无显隐性关系:

$$P \qquad A_1A_1A_2A_2a_3a_3 \qquad \times \qquad a_1a_1a_2a_2A_3A_3$$

$$\downarrow$$

$$F_1 \qquad\qquad A_1a_1A_2a_2A_3a_3$$

$$\downarrow$$

$$F_2 \qquad A_1A_1A_2A_2A_3A_3 \qquad\qquad a_1a_1a_2a_2a_3a_3$$

体长大于亲本的个体　　　　体长小于亲本的个体

四、数量性状遗传机制的发展

随着遗传学研究的深入,对由多基因控制的数量性状的遗传机制的认识也有所发展,目前普遍认为:

(1)控制数量性状的基因除了微效基因,也可以有主效基因;

(2)决定数量性状的基因有加性效应,也有显性效应和上位效应,更多情况是几种基因效应同时存在;

(3)应用现代生物技术和统计方法,可以对控制数量性状的基因从整体到局部进行研究,如 QTL。

主效基因:到了 20 世纪 80 年代,人们发现有些动物的数量性状不但受微效多基因控制,而且也受控于一个或几个主效基因。数量性状的主效基因是在众多微效基因中产生巨大效应的一个及几个基因,当一个基因位点的效应在一个标准差以上时,则可当作主效基因;控制质量性状的一对或多对效应明显的基因,可根据表型对基因型做出推断。

绵羊布鲁拉基因:蒙哥马利(G. W. Montgomerry)等(1994)报道,已定位于绵羊第 6 号染色体上的名为布鲁拉的基因与绵羊的产羔数有关。带有该基因的纯合体母羊,产羔数比不带该基因的母羊平均多产羔 1.1~1.7 头,杂合体母羊也要多产羔 0.9~1.2 头。

猪氟烷敏感基因:该基因的隐性纯合体(nn)的猪易患应激综合征,当患猪在饥饿、咬斗、驱赶等情况下容易发生突然死亡。但是带有该基因的猪在生长速度、瘦肉率等数量性状方面却表现出明显优势。目前,这一主效基因已被定位在猪的第 6 号染色体上。

数量性状的基因座(QTL)定位与遗传作图:随着基因分离、克隆、遗传标记等现代分子生物学技术的发展,不仅可以对数量性状的基因座(QTL)进行定位作图,而且可以直接测量过去不能鉴别的各染色体区段的效应,制作分子图谱和物理图谱。

随着遗传学理论研究的不断深入和生物学新技术新方法的广泛应用,将会使多基因假说不断完善,从而对数量性状的遗传现象做出更加科学合理的解释。

》 第四节　数量性状基因座 《

一、数量性状基因座(quantitative trait loci,QTL)的概念

数量性状的遗传基础是多基因,事实上,它的理论和分析方法是将这些基因当作一个整体来研究的。所谓基因型值也是作为基因的综合效应来分析的,无法阐明单个基因的作用。对控制数量性状的基因的数目也只是一个估计值,不能提供基因的实际位置和功能上的信息。到 20 世纪 80 年代后,随着分子遗传学的发展,一些相关技术特别是分子标记技术被应用到数

量性状分析上,这使得一些涉及基因的数目、位置、效应甚至 DNA 分子序列等数量性状的实质问题有了深入的认识,发展了数量遗传学的基因理论,并形成了又一个遗传学的分支科学——分子数量遗传学。

目前认为,一个 QTL 是控制数量性状的基因座,为染色体的一个片段,而不一定是单个基因。

二、QTL 的定位

QTL 定位又称 QTL 作图(QTL mapping),是研究数量性状基因的重要手段。一个数量性状往往受多个 QTL 控制,这些 QTL 可能分布于不同染色体或同一染色体的不同位置。利用特定的遗传标记(genetic marker)信息,可推断影响某一数量性状的 QTL 在染色体上的数目和位置,这就是 QTL 定位。QTL 定位对于分子标记辅助选择育种、杂种优势机制探讨、种质资源遗传多样性研究以及数量性状基因的分离与克隆等方面都有重要意义。

1. 作图原理

QTL 作图的基本原理,是利用特定遗传分离群体中的遗传标记,及相应的数量性状观察值,分析遗传标记和性状之间的连锁关系。如果分析结果证明某个遗传标记与性状连锁,则可认定在该标记附近存在一个或几个 QTL。分析一个性状与已知连锁图的一系列标记之间的连锁关系,即可确定存在多少个 QTL 及这些 QTL 在标记图谱上的位置。需要注意的是,QTL 作图中的连锁分析与质量性状不同,需用统计学的方法计算它们之间连锁的可能性,根据这种可能性是否达到某个阈值,来判断遗传标记和 QTL 是否连锁,并进而确定其位置和效应。

2. 作图的过程

(1)构建作图群体 适于 QTL 作图的群体应该是待测数量性状存在广泛变异,多个标记位点处于分离状态的群体。这样的群体,一般是由亲缘关系较远的亲本间杂交,再经 F_1 自交、回交等方法进行人工构建的。常用的群体有 F_1 群体、回交(BC)群体;在植物中还有双单倍体(doubled haploids,DH)群体,即加倍的单倍体群体,重组近交系(recombinant inbred lines,RIL,由 F_2 连续多代自交产生)群体等。其中 DH 群体和 RIL 群体的分离单位是品系,品系间存在遗传差异,而品系内个体间基因型相同,自交不分离,可以长期使用。

(2)确定和筛选遗传标记 遗传标记是指一些可以直接或间接观察到的,反映个体遗传组成差异的一些特性特征,包括形态标记、细胞学标记、蛋白质(酶)分子标记和 DNA 分子标记。分子标记通常都是指 DNA 分子标记。

理想的作图标记应具有 4 个方面的特征。第一,数量丰富,以保证足够的标记覆盖整个基因组;第二,多态性好,保证个体或亲子间有不同的基因组合;第三,中性,涉及某一标记位点的各种基因组合都有相同的适应性,以避免不同基因型间的生存能力差异引起的试验误差;第四,共显性,保证直接区分同一基因座上的各种基因型。在各种遗传标记中,形态标记数量有限,通常不表现中性和共显性;蛋白质标记可以满足中性和共显性,但它们又有数量不足或多态性不好的缺点;而 DNA 分子标记容易具备如上 4 个特征,因此已成为目前应用最广泛的作图标记。常用的分子标记有限制性片段长度多态性(restriction fragment length polymorphism,RFLP)、扩增片段长度多态性(amplified fragment length polymorphism,AFLP)、随机扩增多态 DNA(randomly amplified polymorphic DNA,RAPD)、可变数目串联重复(variable number of tandem repeats，VNTRs)、简单序列重复(simple repeated sequence，SRS)等。

（3）检测和记录标记基因型，制作标记遗传图谱　从作图样本群体中抽样提取 DNA 做分子标记检测，记录每个被测个体的标记基因型。若标记的遗传图谱未知，还需要先依据各标记基因型分离资料制作标记的连锁图。由于各种分子标记最后显示的都是电泳分离的带谱。所以个体的标记基因型需要将每个标记的带纹与亲本比较并赋值来记录，例如在共显性情况下，2 个纯合亲本各显示 1 条带，杂合体同时显示双亲的 2 条带。作图群体中应含有 P_1、P_2 和杂合型 3 种带型，这 3 种带型即代表某一分子标记的 3 种基因型。如果将含有 P_1 带型的个体赋值为 1，P_2 带型赋值为 3，杂合体赋值为 2，即可得到数据化的分子标记基因型（值）。在此基础上才能进行分子标记遗传图谱的制作和 QTL 定位。

（4）测定数量性状　对作图群体的同一样本的每个个体在做遗传标记检测的同时，测定其数量性状值。将每个个体的数量性状表型值和分子标记基因型值对应排列作为后续分析的基本数据。

（5）统计分析　用统计方法分析数量性状值与标记基因型值之间是否存在关联，判断 QTL 与标记之间是否存在连锁，确定 QTL 在标记遗传图谱上的数目和位置，并估计 QTL 的效应。

三、QTL 作图的统计方法

QTL 作图统计方法的运算过程都比较复杂，实际应用中需要相应计算软件由计算机来完成，现简要介绍几种分析方法的基本原理。

1. 单标记分析

单标记分析就是检测一个标记与性状是否连锁，并估计两者重组率，分析其遗传效应。若分子标记与性状完全连锁或部分连锁，就意味着标记本身就是 QTL，或在标记附近存在 QTL。在这种情况下，分离群体中不同标记基因型的个体携有某种 QTL 基因型的概率就不相等，因此不同标记基因型个体的表型值就会有差异，按标记基因型分组去比较组间表型值差异是否显著即可判断连锁是否存在。单标记分析一次只能分析一个标记，需要经多个标记的多次分析才能确定 QTL 的位置。

2. 双分子标记分析

双分子标记一次分析两个相邻标记，以确定两个标记之间是否存在 QTL。主要是 Lander 和 Botstein(1989)提出的区间估计作图法。区间估计作图法检测 QTL 存在与否的可靠性有赖于标记基因的密度，因为标记之间距离较大时有可能存在不止一个 QTL。不仅如此，由于双分子标记一次用到的标记数少，在标记区外附近存在 QTL，或一条染色体上存在两个 QTL，都会影响被测区间的检测结果。多标记分析可以克服这一缺陷。

3. 多分子标记分析

多分子标记分析是同时用多个标记进行 QTL 分析。由于同时在多个标记位置检测 QTL 涉及多维空间，在数学上不易实现，所以可行的方法是在分析一个标记区间时利用其他标记信息。有代表性的是 Zeng(1994)提出的复合区间作图法。这种方法是区间作图法的改进，是在作双标记区间分析时，利用多元回归控制其他区间内可能存在的 QTL 的影响，从而提高 QTL 位置和效应估计的准确性。

四、有关 QTL 的几个问题

1. 遗传标记与 QTL

遗传标记(genetic marker)多态性是 QTL 定位的基础。通常把可识别某个数量性状的基因称作遗传标记。由于可识别的层次和手段不同,遗传标记有多种类型,一般可分为 4 种:①形态学标记。②细胞学标记,这是可以直观地区分基因型的遗传标记。③同工酶标记,这是采用生化手段在蛋白质水平上可区分基因型的遗传标记。这三种标记都是以基因表达的结果(表型)为基础,是对基因的间接反映。④分子标记,这是在 DNA 水平上可直接区分基因型的标记。因此,遗传标记是一些可以直接或间接探测基因型所决定性状的标志物。

那么,遗传标记和 QTL 之间有怎样的关系呢?这就要看它和所标记的数量性状的连锁程度。严格地说,标记和 QTL 是有所区别的,只有当标记和所标记的数量性状 100% 连锁时,标记才可以代表该数量性状的 QTL。

2. 主效基因与 QTL

数量性状主要是受微效基因(minorgene)或多基因(polygene)影响,但也有不少例子表明数量性状也受主效基因的影响,表 5-3 就是畜禽中一些数量性状受主效基因影响的例子。

表 5-3　影响数量性状的主效基因

动物	性状	基因	参考文献
猪	瘦肉,PSS	氟烷敏感	Smith 和 Bampton(1977)
牛	瘦肉,肌肉肥大	双肌	Rollins 等(1972)
绵羊	多产性	布鲁拉,$FecX$	Piper 和 Bindon(1982)
禽	身体大小	矮小	Merat 和 Ricard(1974)

如果把上述这些主效基因也看成是 QTL。那么,QTL 是主效基因还是微效基因中对某个数量性状有较大影响的基因呢?一般认为,对数量性状表型值的影响超过 0.5 个表型标准差的基因,就可以看成是一个 QTL。所以影响数量性状的基因数很多,其中少数是主效基因,更多的是微效基因。主效基因和对数量性状有较大影响的微效基因都是 QTL。

3. 为什么已定位的 QTL 很多,但在育种中能应用的(除了已知的主效基因)却很少

下面是几种畜禽重要经济性状 QTL 的已定位数目情况(数据截至 2021 年 6 月),见表 5-4。

表 5-4　几种畜禽重要经济性状已定位的 QTL 数目

性状	畜种	已定位的 QTL 数
产奶量	牛	67 693
肉质和胴体性状	猪	17 193
	牛	9 218
	绵羊	513
生产性状	鸡	9 472
产毛量	绵羊	125

在动物生产实践或人的医疗实践中真正用到的 QTL 并不多,主要有以下几个方面的原因。

（1）QTL 或标记与性状的连锁程度不紧密　QTL 是通过连锁检验确定位于遗传标记附近的染色体区域。这一区域涉及的 DNA 实际长度可能很长，也可能较短，因此，发现的 QTL 可能是一个基因，也可能包含多个基因，它（它们）和所标记的数量性状间的连锁程度也不确切。

（2）QTL 群体特征　不同群体由于遗传背景不一样，同一性状的 QTL 在其中发生分离的位置和数目不完全相同，根据不同群体确定的 QTL 会有差异。因此，实际应用中要把 QTL 与具体的群体相联系。

（3）QTL 有统计学特征　QTL 的位置和效应是通过抽样测量和统计估计获得的，受试验误差、抽样误差及检验方法和检验标准的影响，统计分析确定的 QTL 的位置也并非物理上的位置。所以 QTL 位置与效应均有概率上的差异。

（4）QTL 研究离目标还很远　一个数量性状往往受多个 QTL 控制。控制数量性状的 QTL 可能分布于不同染色体或同一染色体上的不同位置。利用特定的遗传标记信息，可推断影响某一性状的 QTL 在染色体上的数目和位置，这就是 QTL 定位。定位的同时，还可对各 QTL 的效应及其相互关系进行分析。因此，QTL 定位的目标有四个：①明确一个数量性状究竟受多少个 QTL 控制；②这些 QTL 位于哪条染色体上的什么位置；③各个 QTL 的效应和联合效应是什么；④用 QTL 对数量性状做标记辅助选择（marker assisted selection，MAS）。

但是从现在对 QTL 研究来看，这些目的还远未达到。这就有必要对 QTL 研究的指导思想和技术路线作重新考虑。可以这样说，"30 年来对 QTL 研究的最大收获是在分子水平上证明了决定数量性状遗传的是多基因"。

知识链接

数量遗传学理论的奠定

数量遗传学就是研究数量性状遗传规律的科学。

早在 20 世纪下半叶，英国学者高尔登（F. Golton）就开始运用统计方法来研究数量性状的遗传，他在研究人类体高的遗传中发现了"回归现象"，即子女的平均体高总要比其父母的平均体高更接近群体平均体高，也就是说，体高的遗传中有向群体平均数"回归"的现象。高尔登是生物统计学的创始人，也是研究数量遗传的先驱者，但是由于时代的局限性，他并未对"回归现象"做出科学的解释。

1900 年，孟德尔的"植物杂交的试验"论文被重新发现并引起世界的普遍关注，许多学者用不同的动植物做了大量的验证工作。英国遗传学家贝特逊（W. Bateson）对鸡冠的形状遗传进行了大量的试验研究，并与 Saunders 合作发表了关于牛角遗传的论文，第一个证明家畜性状遗传同样符合孟德尔遗传定律。以贝特逊（W. Bateson）和德弗里斯（H. deVries）为代表的孟德尔学派进而认为孟德尔原理可以普遍用于遗传变异的研究，而连续变异之所以不符合这些规律是因为它是不能遗传的。但以皮尔逊（K. Pearson）和威尔登（W. F. R. Weldon）为代表的统计学派则认为只有简单的不连续变异性状才符合孟德尔定律，连续变异的性状其遗传规律只能采用统计学的方法进行研究。这一争论持续约十年之久，争论的焦点在于连续变异是否遗传，也就是说连续变异是受遗传因子制约的，还是由环境效应造成的。到了 1908 年，瑞典植物遗传学家 Nilsson-Ehle 在小麦种皮颜色的遗传试验中发现，红皮小麦与白皮小麦杂交，F_1 的种皮颜色介于两亲本之间，呈中红色。F_2 的种皮红色与白色呈 3∶1 比例，符合孟德尔一对基因遗传定律。但在 3/4 的红色中,红色的深浅程度不一,有些红色类似亲本,有些则类似 F_1 呈中红色。在另一组试验中发现,F_2 的红色与白色呈 15:1 的比例,符合两对因子的分离定律。但按红色深浅分类时,有 1/16 象红皮亲本,1/16 象白皮亲本,4/16 比 F_1 稍深,4/16 比 F_1 稍浅,6/16 与 F_1 相同。在第三组试验中又发现,种皮颜色红白的比例为 63:1,而按颜色深浅程度则形成近乎连续的系列,符合三对因子分离定律。作者认为,随着涉及遗传因子对数的增加,各种变异逐渐从间断分布趋向连续分布,从而认为连续变异也是遗传的,符合孟德尔遗传定律,只是涉及的因子对数较多。

经过综合分析,Nilsson-Ehle 提出了多因子假说,其主要论点是:

① 数量性状的遗传是受一系列遗传因子支配的;

② 这种因子单个的效应是微小的,其作用可以累加;

③ 相对因子间的显隐性关系通常不存在。

East 在玉米穗长杂交试验中证实了上述观点,并发展了这一假说。

后来许多学者对一些"典型"数量性状的遗传进行大量研究以后又总结出微效基因具有以下特点:

① 微效基因是等效的,作用是累加的;

② 微效基因的等位基因只有增效和减效之别,没有显性抑制或掩盖隐性的现象;

③ 由于效应微小,不能予以个别辨认,只能研究性状的总体表现,对涉及的基因对数作大致估计。

以后的研究又对多因子假说进行了某些修正。例如图代(J. M. Thoday)(1963)对果蝇背部刚毛数的研究证明,有时多基因也可以进行个别地辨认,并且表现分离和重组,连锁和交换,可以确定在染色体上的准确位置。麦克阿瑟(J. W. McArthur)等(1941)发现影响番茄果实重的基因的作用不是累加的,而是累积的。更进一步的研究对多基因不存在显性的观点也予以修正,发现在有些情况下,显性与上位效应也是存在的。

Nilsson-Ehle 的多因子假说得到了遗传学界的普遍承认,结束了孟德尔学派与统计学派关于连续变异是否遗传和是否符合孟德尔定律的长期争论,为数量遗传学奠定了重要的理论基础。

丹麦生物学家约翰逊(W. Johannsen)通过对菜豆进行一系列的研究,于 1909 年提出了纯系学说,对连续变异的原因做了重要补充,对数量遗传学的诞生具有重要作用。

数量性状的特征,决定了对其遗传变异的研究必然具有以下特点:

① 性状必须进行度量,而不是简单的区分;

② 必须运用生物统计方法进行分析归纳和比较;

③ 必须要以群体作为研究对象,不能局限于个体水平或家庭水平。

其实这些特点早已为从事数量遗传研究的先驱者们所掌握,但是为什么他们没有取得决定性的成果呢?总结一下遗传学发展中的正反两方面的经验教训是非常有益的。对于孟德尔的成功关键有许多说法,但是应该看到,孟德尔之所以取得成功首先在于他第一个具备了区分表现型与遗传型的思想,也就是区分现象与实质的思想。千百年来,人们只看到表面的相似与不相似,没有人怀疑相同的现象可能隐藏着不同的实质。孟德尔大胆地设想杂种与其亲本之一虽然表现相同,但其遗传实质不同,一个是杂的,一个是纯的,所以杂种的后代才能分离出两个亲本的性状,这就产生了孟德尔最基本的定律——分离定律。粒子遗传和自由组合都是由此派生出来的。

Lush 等把环境效应值从性状的表型值中剖分出来以后,就找到了性状的遗传值对其表型值的决定程度,这就是他所提出来的遗传力概念。

虽然遗传力就等于高尔登早已提出的子女对双亲均值的回归系数,但是 Lush 的解释已完全不同。遗传力之所以总是小于 1,即子女均值总是要向群体均值"回归",Lush 认为其原因在于性状表型值中总包含有不能遗传的环境效应值。所以,通过遗传力就可以估计性状的遗传值,就可以掌握数量性状的遗传规律。

Lush 和其学生黑兹尔(L. N. Hazel)提出的重复力、遗传力和性状间遗传相关三个遗传参数构成了数量遗传学的核心,特别是遗传力这一参数,不但贯穿整门学科,而且具有超学科范围的意义。艾克曼(D. C. Acker)(1987)甚至将遗传力的概念及其应用列为近百年畜牧科学的五项最大成就之一。

动物数量遗传学一开始就是应动物育种工作的需要而产生的,由于研究对象和研究领域的不同,它采用统计学方法作为研究手段,这也像生化遗传学采用生物化学手段一样是必然的,这不但不排斥采用其他研究手段对数量性状进行研究,而且与其他遗传学分支的有机结合正是数量遗传学发展的重要方向。在发展过程中,它吸纳了不少现代数学理论和方法。为了适应育种工作的要求,它还引入了不少经济学的内容。数量遗传学是一门朝气蓬勃的现代学科,它的特点就是兼各家之长来发展自己,在短短半个世纪中,已经成为一门影响很大、充满活力、日渐成熟的学科。

▶▶ 复习思考题 ◀◀

1. 解释名词:数量性状、主效基因、微效基因、数量性状位点。
2. 畜牧生产中畜禽的主要数量性状有哪些?
3. 数量性状的特征有哪些?
4. 什么是"多基因假说"? 目前对多基因假说有哪些新的认识?
5. 简述数量性状的遗传方式。
6. 如果一个数量性状,虽经长期选择,但无明显进展,可能是什么原因?
7. 什么是 QTL? 为什么找到的(已发表的)QTL 很多,但真正有实际应用意义的又很少?

下篇　动物选育技术

第六章
品种资源及保护

知识目标

- 了解品种的起源，掌握品种的概念、特征及分类。
- 了解品种资源保护的意义和任务，掌握保种的原理和方法。
- 掌握引种注意事项及引入品种的选育措施。

技能目标

- 会识别生产中的常见畜禽品种，掌握其主要性能特点。
- 能制订引种及保种方案。

在近代，人们应用不断完善的遗传育种理论和技术，在现有丰富的品种资源的基础上，培育出了大量优良的地方品种和品系，从 40 多个野生动物种类培育成了大约 4 500 个畜禽品种，较好地满足了人类社会的需要。但与此同时，由于高产品种对低产品种的排挤、地方品种的盲目杂交和掠夺性开发利用等原因，致使品种资源的危机也日益严重。因此，如何合理保存畜禽品种资源，科学开发利用当代畜禽品种，是有效开展畜禽育种工作和充分满足未来人类生活需求的重要保障。

▶ 第一节　品种概述 ◀

一、品种的概念

动物的"种"是具有一定形态、生理特征和自然分布区域的生物类群，是生物分类系统的基本单位。一个种中的个体一般不与其他种中的个体交配，即使交配也不能产生有繁殖能力的后代。种是生物进化过程中由量变到质变的结果，是自然选择的产物。而品种是畜牧学上的概念，是人工选择的结果，是人类从事农业生产的资料。品种是人们为了某种经济目的，在一定的自然和经济条件下，通过长期的选育而形成的、具有某种经济价值的动物类群。作为一个畜禽品种应具备以下条件：

(一)来源相同

凡属同一品种的畜禽，应具有基本相同的血统来源。如新疆细毛羊的共同祖先是哈萨克羊、蒙古羊、高加索细毛羊及泊列考斯细毛羊等 4 个品种。也就是说,同一品种的畜禽,个体彼此间有着血统上的联系,故其遗传基础也非常相似。

(二)外貌及适应性相似

作为同一个品种的畜禽,在外貌特征、体形结构、生理机能、重要经济性状、对自然环境条件的适应性等方面都很相似,它们构成了该品种的基本特征,很容易与其他品种相区别。没有这些特征也就谈不上是一个品种。

(三)遗传稳定,种用价值高

品种必须具有稳定的遗传性,才能将其典型的特征遗传给后代,这不仅使品种得以保持下去,而且当它与其他品种杂交时能起到改良作用,即具有较高的种用价值,这是纯种畜禽与杂种畜禽最根本的区别。

(四)有一定的结构

在具备基本共同特征的前提下,一个品种的个体可以分为若干各具特点的类群,如品系或亲缘群。这些类群可以是自然隔离形成的,也可以是育种者有意识培育而成的,它们构成了品种内的遗传异质性,这种异质性为品种的遗传改良和畜产品的丰富多样提供了条件。正是由于有这种异质性,才能使一个品种在纯种繁育条件下仍能得到改进和提高。品种内的类群,由于产地或者所在育种场的不同,可细分为不同类型:同一品种由于分布地区条件不同,形成若干互有差异的类群叫作地方类型;同一品种由于所在牧场的饲养管理条件和选种选配方法不同,所形成的不同类型叫作育种场类型。例如同是东北细毛羊,在辽宁的小东种畜场、吉林的双辽种羊场和黑龙江的银浪羊场,就别具一格,各成一型。

(五)有足够的数量

数量是决定能否维持品种结构、保持品种特性、不断提高品种质量的重要条件,个体数不足就不能成为一个品种。只有当个体数量足够多时,才能避免过早和过高的近亲交配,才能保持个体足够的适应性、生命力和繁殖力,并保持品种内的异质性和广泛的利用价值。作为 1 个品种究竟应拥有多少个体数才能符合要求呢?我国近年来各畜禽选育协作组根据各地实际情况,分别提出了一些数量标准,例如:规定新品种猪至少应有分属 5 个以上不同亲缘系统的50 头以上生产公猪和 1 000 头以上生产母猪;绵羊、山羊新品种的特级、一级母羊数应在3 000 只以上。

(六)被政府或品种协会所承认

作为一个品种必须经过政府或品种协会等权威机构的审定,确定其是否满足以上条件,并予以命名,只有这样才能正式称为品种。

二、品种的演变

一个品种不是固定不变的,人类对畜禽的饲养管理和育种工作对畜禽品种的形成产生了重要影响。但品种的形成,并不完全取决于人类的主观意愿,还要受社会经济条件和自然环境条件两个重要客观因素的制约。

(一)社会经济条件

社会需求是形成不同用途培育品种的主要因素。例如:在工业革命之前,由于农业、军事的需要,养马业受到特别的重视,根据用途培育出许多骑乘型、役用型品种。在机械工业充分发展以后,马在社会经济中的作用越来越小,用途也越来越有限。工业化所产生的大量城市人口,对乳、肉、蛋、绒、裘、革的需求越来越大,于是人类又定向地培育出了乳用、肉用、蛋用、毛用、绒用、裘皮用以及兼用型的畜禽品种。

社会经济因素是影响品种形成和发展的首要因素,在品种的形成和发展过程中,它比自然环境条件更占据主导性地位。市场需求、生产性能水平、集约化程度等无不影响着品种的形成和发展,任何一个品种的"变"是绝对的,都有一个形成、发展和消亡的过程。

(二)自然环境条件

任何生命对生存环境都有一定的适应能力,这是生命在自然选择压力下逐渐积累的特性,人工选择产生的品种也不例外。影响品种形成的自然环境因素包括光照、海拔、温度、湿度、空气、水质、土质、植被、食物结构等。例如:高温干燥、植被稀疏的中东地区培育出了体型修长的轻型马(如阿拉伯马);而低温湿润、植被茂盛的欧洲则多育成体型粗壮的重型马(如比利时重挽马、俄罗斯重挽马、法国阿尔登马和泼雪龙马等)。另外,牛的品种像温带的黄牛、热带的瘤牛、青藏高原的牦牛、湿热河湖地区的水牛等,都是在当地自然环境条件下育成的,有明显的地域适应性,如果人为地强行改变其生活环境,往往会因不适应新环境而患病或死亡。

三、品种的特性及分类

(一)按培育程度分类

1. 原始品种

原始品种是在农业生产水平较低,长期选种选配水平不高,饲养管理粗放的条件下所形成的品种。例如蒙古马和蒙古牛,它们终年放牧,气候恶劣,夏季酷暑,冬季严寒又缺草料,在这种情况下,所受自然选择的作用较大。鉴于原始品种形成的条件,它具有以下特点:

(1)晚熟,个体一般相对较小。

(2)体格协调,生产力低但全面。

(3)体质粗壮,耐粗饲,适应性好,抗病力强(如我国黄牛很少患肺结核病、牛瘟等)。

由此可见,原始品种虽有不少缺点,但也有它的长处,特别是对当地条件的良好适应性是非常宝贵的,这是培育能适应当地条件而又高产的新品种所必需的原始素材。在改良提高原始品种时,首先要从改善饲养管理着手,然后再进行适当的选种、选配或杂交,以改善其生产性能。

2. 培育品种

它是人们经过有明确目标选择和培育出来的品种。由于人们对它的育成付出了巨大的劳动,因此,其生产力和育种价值都较高。这类品种是在人类经济和科技水平较发达的社会阶段形成的,对畜牧业生产力的提高起着重要作用。培育品种大多具有以下特点:

(1)生产力高,而且专门化。

(2)早熟,即能在较短时期内达到经济成熟。

(3)要求的饲养管理条件高,同时也要求较高的选种选配等技术条件。

(4)分布地区往往超出原产地范围。由于生产性能好,人们喜欢,也就保证了它的广泛分布。如荷斯坦奶牛、约克夏猪、长白猪、来航鸡等已遍布世界大部分地区。

(5)品种结构复杂。一般来说,原始品种的结构只有地方类型,而育成品种因受到细致的人工选择,除地方类型和育种场类型外,还育成了许多品系。

(6)育种价值高,与其他品种杂交时,杂种优势明显,能起到改良作用。

3. 过渡品种

有些品种虽然尚未成为培育品种,但比原始品种的培育程度高,人们称这一类品种为过渡品种。过渡品种往往很不稳定,如能加强选育,就可进一步发展为培育品种。

(二)按生产力类型分类

1. 专用品种

由于人们长期的选择和培育,使品种的某些特性获得显著发展,或某些组织器官产生了突出的变化,从而出现了专门的生产力类型。根据这个标准,可将马分为骑乘品种(如英纯血马)、挽用品种(如阿尔登马)等。牛分成乳用品种(如荷斯坦牛)、肉用品种(如海福特牛)等。羊分为细毛品种(如美利奴羊)、半细毛品种(如考力代羊)、羔皮品种(如湖羊、卡拉库尔羊)、裘皮品种(如滩羊)、肉用品种(如南丘羊)等。猪分为脂肪型品种(如陆川猪)、腌肉型品种和瘦肉型猪(如长白猪)等。鸡分为蛋用品种(如来航鸡)、肉用品种(如科尼什鸡)等。

2. 兼用品种

这类品种有两种:一是在农业生产水平较低的情况下形成的原始品种,它们的生产力虽然全面但较低;二是专门培育的兼用品种,如肉乳兼用牛(如短角牛)、毛肉兼用羊(如新疆细毛肉用羊)、蛋肉兼用鸡(如洛岛红鸡)等。这些兼用品种,体质一般较健康结实,对地区的适应性较强,但生产力低于专用品种。

应用这种分类法划分品种也不是绝对的,因为有些品种随着时代的变迁,其生产力类型会有变化。如短角牛本以肉用著称,但以后有些地方又形成了乳用短角牛和兼用短角牛品种。

(三)按体型和外貌特征分类

这种分类方法历史悠久,简单而实用,一直沿用至今。

(1)按体型大小　可将家畜分为大型、中型、小型 3 种。例如马有大型(重挽马)、中型(蒙古马)、小型或矮马(云南的矮马、阿根廷的微型马等)。家兔也有大型品种(成年体重 5 kg 以上)、中型品种(成年体重 3～5 kg)、小型品种(成年体重 3 kg 以下)。猪也有小型猪(如中国的香猪)。

(2)按角的有无　牛、绵羊中根据角的有无分为有角品种和无角品种。绵羊还有公羊有角、母羊无角的品种。

(3)按尾的大小或长短　绵羊有大尾品种(大尾寒羊)、小尾品种(小尾寒羊)以及脂尾品种(如乌珠穆沁羊)等。

(4)按毛色或羽色　猪有黑、白、花斑、红等品种,某些绵羊品种的黑头、喜马拉雅兔的"八黑"等都是典型的品种特征。鸡的芦花羽、红羽、白羽等也是重要的品种特征。

(5)按鸡的蛋壳颜色　有褐壳(红壳)品种、白壳品种、粉壳品种等。

在实践中,人们常常根据需要将这 3 个分类方法结合起来使用,究竟用哪种更合适,要视畜种和有关情况而定。

》 第二节　品种资源的保存利用 《

一、我国丰富的品种资源

我国幅员辽阔、自然生态条件复杂多变,历史上形成了丰富多彩的家畜品种资源。

在猪的品种方面,经过多次的资源普查和综合分析,根据来源、分布及其形态和性能特点等,将我国的地方猪种分为 6 个类型:即华北、华中、华南、西南、江海和高原型。每一类型中又有许多具有独特性能的品种,例如高繁殖性能的太湖猪、耐寒体大的东北民猪、瘦肉率高的荣昌猪、适于腌制优质火腿的金华猪、体型特小的香猪、体型长的里岔黑猪等。列入品种志的猪种有 104 个地方品种、18 个培育品种和 6 个引入品种。

在牛的品种方面,目前我国饲养的 1 亿多头牛中,按牛种和生产方向可以分为 6 个类型:乳用牛、肉用牛、乳肉兼用牛、黄牛、水牛和牦牛。其中牦牛、黄牛、水牛等是不同种属的家畜,拥有许多著名的地方品种或类型,例如,产于呼伦贝尔的以乳肉兼用著称的三河牛,体高力大、步伐轻快、性情温顺的南阳牛,行动迅速、水旱两用的延边牛,以及产于湖南、江苏、四川等地的大型役用水牛等。在众多牛品种中,中国黄牛属于一种独立的类型,在全国牛存栏总数中占一半以上,几乎遍布全国,可以进一步分为北方牛、中原牛和南方牛三大类。列入品种志的普通牛种有 53 个地方品种、8 个培育品种和 11 个引入品种;水牛种有 26 个地方品种和 2 个引入品种;牦牛种有 11 个地方品种和 2 个培育品种。

在绵羊和山羊品种方面,我国拥有很多世界著名的品种资源,一般根据用途将绵羊分为细毛羊、半细毛羊、粗毛羊、裘皮羊和羔皮羊,将山羊分为肉用山羊、乳用山羊、毛用山羊、绒用山羊和皮用山羊。在这些品种中,有生态适应性特别良好的蒙古羊、哈萨克羊和藏羊,以快长速肥和"大尾"著称的乌珠穆沁羊,以独特二毛裘皮闻名的滩羊,繁殖力高、适于舍饲、羔皮品质优良的湖羊,以及著名的辽宁绒山羊和内蒙古绒山羊等。列入品种志的绵羊有 42 个地方品种、21 个培育品种和 8 个引入品种;山羊有 58 个地方品种、8 个培育品种和 3 个引入品种。

在家禽品种方面,列入品种志的家禽遗传资源共 189 个,其中地方品种就有鸡 107 个、鸭 32 个、鹅 30 个,主要有蛋用型、肉用型、兼用型、观赏型、药用型等。其中有蛋大、壳厚、体型较大的成都黄鸡、内蒙古边鸡、辽宁大骨鸡,骨细、肉嫩、味鲜的北京油鸡、惠阳三黄胡须鸡、清远麻鸡,体小、省料、年产蛋量 200 枚左右的浙江仙居鸡,丝毛、乌骨、名贵药用的泰和鸡,体小、胸肌发达、能够飞翔的藏鸡,以及狼山鸡、寿光鸡、固始鸡等兼用型鸡种。还有生长快、产蛋多的北京鸭,体躯宽、生长快、产肥肝著称的建昌鸭,体型特大的狮头鹅等。这些品种大多是世界闻名的。列入品种志的家禽品种中,鸡品种中包括 107 个地方品种、4 个培育品种和 5 个引进品种;鸭品种中包括 32 个地方品种和 2 个引进品种;鹅品种中包括 30 个地方品种和 1 个培育品种;鸽品种中包括 2 个地方品种和 1 个引进品种;火鸡品种中包括 1 个地方品种和 2 个引进品种;鹌鹑为引进品种 2 个。

在马和驴品种中也有不少名贵品种,例如,具有抗严寒、耐粗饲、持久力和适应性强等优点的蒙古马,体格短小、精悍、灵活、善于登山涉水的建昌马,乘挽兼用的伊犁马,体型高大、良好的关中驴等。列入品种志的马品种有 29 个地方品种、13 个培育品种和 9 个引入品种,驴地方品种 24 个。此外,还有一些其他优良的畜禽品种,如以"王府驼绒"著称的阿拉善骆驼等。列入品种志的骆驼地方品种有 5 个,引入品种有 1 个。

此外,还有一些其他优良的畜禽品种,称为特种经济动物,如举世公认的最古老、最稀有的犬种藏獒等。然而,由于外来种的引进、高产品种的培育、社会经济生产的变革以及环境污染等因素,再加上人们对遗传资源保存的重视不够,措施不力,使得具有丰富遗传资源的地方家养畜禽逐渐减少,许多处于濒危状态,乃至消失。从第二次全国畜禽遗传资源调查统计显示,近 30 年来我国已灭绝的地方猪种 9 个,濒临灭绝的 30 个;灭绝地方鸡种 4 个,濒临灭绝的

11 个。还有牛、羊、鸭、鹅等一批地方品种都面临着灭绝或濒临灭绝的情况。如已灭绝的畜禽资源品种有项城猪、深县猪、豪杆嘴型内江猪、大普吉猪、太平鸡、临洮鸡、威武斗鸡、九斤黄鸡、萧山鸡、溧阳鸡、塘脚牛、阳坝牛、高台牛、草海鹅、文山鹅、思茅鹅、枣北大尾羊、昆山麻鸭等,而五指山猪、版纳微型猪、巴马香猪、金华猪、蓝塘猪、武夷黑猪、浦东白猪、北京油鸡、狼山鸡、金阳丝毛鸡、西双版纳斗鸡、矮脚鸡、三江黄牛、大额牛、晋江马、兰州大尾羊、亚东山羊等品种正受到严重威胁。随着畜牧业经济的快速发展,更多的性能一般的地方品种逐渐被一些性能优秀的外来品种和培育品种替代,这些珍贵的遗传资源面临更加严重的威胁,亟须采取有效的保护措施和行动。

二、保种的意义和任务

保种就是要尽量全面、妥善地保护现有的家畜遗传资源,使之免遭混杂和灭绝,其实质就是使现有的畜禽基因库中的基因资源尽量得到全面的保存,无论这些基因目前看来是否有利用价值。

广义而言,保种是指人类管理和利用这些现有资源以获得最大的持续利益,并保持满足未来需求的潜力,它是对自然资源进行保存、维持、持续利用、恢复和改善的积极措施。狭义而言保种是通过维持一个免受人为影响而导致遗传变化的保种群来实现,可以是原位保存,即在自然环境条件下维持一个活体家畜群体;也可以是易位保存,即利用冷冻保存胚胎、精液、卵子、体细胞以及 DNA 文库等。

经过高度选育的家畜品种是现代商品畜牧业的基础,很大程度上依赖于少数几个性能优良的品种或类型,对大多数具有一定特色的地方品种和类型形成了极大的威胁。然而,随着人口的增长,人们生活水平的不断改善和对自然资源需求的日益提高,对家畜多样性的要求也越来越迫切,如果家畜遗传多样性大幅度下降,就会严重影响到未来的畜禽改良,对满足人类社会各种不可预见的需求会带来很大的限制。有许多这种不可预见的因素会改变人们对畜产品的需求,进而引起畜禽生产方式的改变。例如,曾经很受欢迎的脂肪型猪,随着消费者要求瘦肉多、脂肪少的食品,已被更适应市场需求的现代瘦肉型品种和杂交配套系所取代,其销售价格也随瘦肉量的多少而定。但是,近年来人们对肉质的要求越来越高,因此,在注重瘦肉率提高的同时,对肌内脂肪含量等肉质性状也更加重视,有可能成为新的重点改良性状。

为了满足培育新品种和杂种优势利用的需要,无论是地方品种、引入品种或新育成品种都需要认真加以保护。一些生产性能低,但抗逆性强、能适应某些特殊生态类型的原始品种,也应当妥善保存。例如菲律宾一种本地猪,6 月龄体重仅 10 kg,但能够耐热、抗病,用长白和大白猪与之杂交后培育的新品种(定名为阿泊加),6 月龄体重可以达到 90 kg,而且抗病和耐热能力都超过外来品种。此外,基因的优劣是相对的,有些目前认为是没有用的基因,也许将来是有用的,最突出的例子就是鸡的矮小基因,目前广泛运用于肉鸡生产。随着人类社会经济的发展,人们对畜产品的要求是不断变化的,为了满足将来的需要,应当尽可能地保存现有的畜禽遗传资源。

三、保种的原理和方法

(一)保种的原理

保种的任务是使基因库中每一种基因都不丢失。要达到这一要求,首要的条件是要有大的群体,并且实行随机交配,使之不受突变、选择、迁移、遗传漂变等影响。然而,在畜牧业中,作为一个保种群,往往是闭锁的有限群体,这时即使没有突变、选择、迁移等的作用,也可因群体较小而存在的抽样误差,造成基因频率的随机漂变,使任何一对等位基因都有可能固定为纯合体,而另一个消失,致使群体中的纯合体频率增高,杂合体频率降低。这种作用与近亲繁殖的作用基本相同。我们知道,近交不但能引起衰退,而且还有使基因型趋向纯合的作用,近交使基因型纯合(近交系数增长)的速度,与群体规模的大小有直接关系。

　　群体规模的大小,在生产中多采用总个体数或有繁殖能力的个体数来表示。但这种表示方法即使在总头数相同的前提下,也可因公母比例的不同,使其在遗传上的影响相差甚大。为了便于相互比较,群体遗传学中,则是采用有繁殖能力的有效个体数(N_e),即群体有效含量来表示。它是指实际群体的随机漂变程度和近交速率,相当于理想群体(规模恒定、公母各半、随机交配、小群间无迁移、世代间无交叉等)的成员数。当留种方式和公母比例不同时,群体有效含量的计算方法也不相同。

　　1. 随机留种

　　将群体所有的公畜的后代放在一起,根据表型值的高低来选留后备种畜,选留公畜数一般少于母畜数,采用随机留种计算群体有效含量的公式是:

$$N_e = \frac{4N_S \cdot N_D}{N_S + N_D}$$

式中,N_e 为群体有效含量,N_S 和 N_D 分别为繁殖公畜数和繁殖母畜数。

　　此时每一代近交系数的增量为:

$$\Delta F = \frac{1}{2N_e} = \frac{1}{8N_S} + \frac{1}{8N_D}$$

t 世代时的近交系数为:

$$F_t = 1 - (1 - \Delta F)^t$$

　　2. 在连续世代中,繁殖个体数量不等

　　由于种种原因,每代参加繁殖的家畜数不相同时,这时 t 世代的平均群体有效含量,为各世代有效数的调和均数:

$$\frac{1}{N_e} = \frac{1}{t}\left(\frac{1}{N_1} + \frac{1}{N_2} + \cdots + \frac{1}{N_t}\right)$$

式中,t 为世代数;N_t 为 t 世代的群体有效含量。由公式可见,平均有效含量更偏向于个体少的世代。如 4 个世代的群体有效含量分别为 20、100、800、5 000 时,可算得其平均群体有效含量为 65。

　　3. 家系等量留种

　　实行这种留种方式,就是在每个世代中,各家系选留的数量相等,同时保持公母比例不变,这时群体的有效含量为:

$$\frac{1}{N_e} = \frac{3}{16N_S} + \frac{1}{16N_D}$$

即：

$$N_e = \frac{16N_S \cdot N_D}{N_S + 3N_D}$$

此时每一代近交系数的增量为：

$$\Delta F = \frac{1}{2N_e} = \frac{3}{32N_S} + \frac{1}{32N_D}$$

例如：设某品种每世代都留 50 头母畜和 10 头公畜，其中每头公畜的父亲、每头母畜的母亲都不同，代入上式算得 $N_e = 50$；如采用随机留种法，则群体有效含量用公式算得 $N_e = 33.3$，只及前者的 2/3，因而近交系数随世代上升的速度也要加快 50％。可见在公母畜留种不等的情况下，随机留种法在保种上不及家系等量留种法。

由家系等量留种的群体有效含量还可看出，如母畜数由 50 头增加到 100 头，公母比例为 1∶10，则其 $N_e = 51.6$，比原来的公母比例 1∶5 时，N_e 只增加 1.6；母畜数增加到 300 头，公母比例为 1∶30，则 N_e 为 52.7，与公母比例为 1∶5 时，相差仍然不大；而母畜数从 50 头降到 10 头，与公畜数相等时，则 $N_e = 40$，可见母畜虽减少 80％，N_e 却只减少 10，对近交系数增量不致有很大影响。这些例子都说明了近交系数的增量或基因丢失的概率，主要决定于数目较少的性别（公畜）。这个道理对于当前家畜的保种工作，意义十分重大。

根据以上原理，为了保存 1 个品种，一般应采用以下措施：

(1)划定良种基地　在良种基地中禁止引进其他品种的种畜，严防群体混杂，这是保种的一项首要措施。

(2)建立保种群　在良种基地中应建立足够数量的保种群。保种群的规模视畜种、资金、栏舍等条件而异。一般来说，如要求保种群在 100 年内近交系数不超过 0.1，则猪、羊、禽等小家畜的群体有效含量 N_e 应为 200 头（设世代间隔为 2.5 年），牛、马等大家畜的群体有效含量应为 100 头（设世代间隔为 5 年）。

(3)实行各家系等量留种　即在每一世代留种时，实行每 1 公畜后代中选留 1 头公畜，每一母畜的后代中选留等数母畜。

(4)制定合理的交配制度　前面的公式都是在随机交配的前提下推算的，如能在保种群中实行避开全同胞、半同胞交配的不完全随机交配制度，或采取非近交的公畜轮回配种制度，可望使近交率比公式推算的估计值，能有进一步的降低。

(5)适当延长世代间隔　以延缓近交系数的增长。

(6)外界环境条件相对稳定　控制污染源，防止基因突变。

(7)一般不实行选择　在不得已的情况下，才实行保种与选育相结合的所谓"动态保种"。

(二)保种群规模的确定

要保持一个优良品种的特性，必须有一个规模合适的保种群体。规模越大，越容易保存品种。但是从管理角度讲，群体越大保种的成本越高。保种究竟需要多大的群体，才不致因近交出现衰退现象，就是怎样用最低的成本来完成保种的任务？育种实践告诉我们，保种群体含量的大小与群体的公母比例、留种方式、每世代近交系数增量密切相关。确定基础群最低含量的方式如下：

1. 确定每世代近交系数的增量

基础群在繁殖过程中，必须使其中每一世代的近交系数增量，不要超过使畜群可能出现衰退现象的危险界限。一般认为,家畜每世代近交系数的增量为 0.5%~1%;家禽则为 0.25%~0.5%。否则,就有可能出现不良现象。

2. 确定群体公母比例

群体中公畜数过少,比如只留 2~3 头,是难以保持品种不因近交而造成退化的。群体必须有适当的公母比例。根据实际情况,各种家畜的保种公母适宜比例是:猪、鸡为 1:5,牛、羊为 1:8。

3. 计算最低需要的公母数量

确定了群体的适宜近交系数增量和公母比例后。可按下列公式计算一个基础群所需的最低公畜数量,然后再按比例求母畜数。

在随机留种时,计算需要公畜数的公式是:

$$N_s = \frac{n+1}{\Delta F \times 8n}$$

在家系等量留种时,计算公畜数公式是:

$$N_s = \frac{3n+1}{\Delta F \times 32n}$$

式中:N_s 为最低需要的公畜数,n 为公母比例中的母畜数,ΔF 为每世代适宜的近交系数增量。

【例 6-1】某一品种猪群,在保种过程中,确定每世代近交系数增量为 0.5%,公母比例为 1:5。试问(1)实行随机留种群体需要多大?(2)实行家系等量留种群体又应有多大?

解:

(1)已知 $\Delta F = 0.005$,$n = 5$,将数据代入随机留种计算公畜数的公式。

$$N_s = \frac{5+1}{0.005 \times 8 \times 5} = 30(\text{头})$$

这就是说,基础群至少需要有 30 头公猪;按公母比例为 1:5 的情况,还需要有 150 头母猪。

(2)将已知 ΔF 和 n 的数据,代入家系等量留种计算公畜数的公式。

$$N_s = \frac{3 \times 5 + 1}{0.005 \times 32 \times 5} = 20(\text{头})$$

即按家系等量留种,基础群需要 20 头公猪和 100 头母猪。

(三)保种的方法

畜禽遗传资源保存不同于植物的种质保存,传统的保种方法分为两大类:原位保种和易位保种。现今的保种方法发展为三大类:活体保种、冷冻保种和生物技术保种。前两种方法运用得最多,第三种技术也已经日趋成熟,有着很好的应用前景。目前活体保种与冷冻保种相结合是最有效的保种方法。

活体保种是目前最实用的方法,可以动态地保存品种资源,但是其弊端在于需要设立专门的保种群体,维持成本很高,同时管理问题以及畜群会受到各种有害因素的侵扰,例如疾病、近交、其他畜群的污染、自然选择带来的群体遗传结构变化等。活体保种通常在资源原产地建立保种场或保护区进行保存,即原位保种,保护的对象是整个群体而不是个别性状或基因。

　　随着生物技术的发展,保种方式逐渐趋于多元化。目前,超低温冷冻方法保种尽管还不能完全替代活体保种,但作为一种补充方式,仍具有很大的实用价值,特别是对稀有品种或品系,利用这种保存方法可以较长时期地保存大量的基因型,免除畜群对外界环境条件变化的适应性改变。生殖细胞和胚胎的冷冻技术包括超低温保存配子法和超低温保存胚胎法两种。冻精冻卵保种实质上相当于延长畜禽的配种年龄,而冻胚保种则延长了双亲的配种年龄和世代间隔。生殖细胞和胚胎的冷冻保存技术、费用和可靠性在不同的家畜有所不同,一般情况下,超低温冷冻保存的样本收集和处理费用并不是很高,特别是精液的采集和处理是相对容易和低廉的,而且冷冻保存的样本也便于长途运输。对生产性能低的地方品种而言,这种方式的总费用要低于活体保存。利用这种方式保存遗传资源,必须对供体样本的健康状况进行严格检查,同时做好有关的系谱和生产性能记录。

　　构建 DNA 文库和基因定位是一种新型的遗传资源保存方法,随着现代分子生物技术和信息技术的迅猛发展,动物基因组计划和动物分子遗传学研究取得大量突破性进展。目前,动物育种已经逐渐进入分子水平,动物分子育种将对 21 世纪世界畜牧业产生巨大影响。对畜禽遗传图谱的深入研究,可将一些基因固定于特定的染色体位点上,并测定它在染色体上的排列顺序及距离。畜禽遗传图谱技术随着人类基因组计划实施得到了进一步发展,人们借助各种分子遗传标记构建畜禽的连锁图谱,再加上构建的物理图谱,两种图谱密切结合使得 DNA 文库建立和基因定位得以实现。构建 DNA 文库和基因定位这种基因保存技术,是安全、可靠、维持费用低的动物遗传资源保存方法。应用该技术可长期保存畜禽某些特有的优良基因,并在需要时可随时取用。如果将来需要该物种的某种优良性状时,可以克隆特色基因和不同物种间进行基因转移,从而使所需的理想性能重新在活体畜群中表现。

　　体细胞的冷冻保存可能是成本最低廉的一种方式,但是需要克隆技术作为保障。1996 年英国报道成功的克隆羊"多利",以及随后相继报道的鼠、兔、猴等动物的体细胞克隆成功事例,至少为畜禽遗传资源保存提供了一条新的途径,即利用体细胞可以长期保存现有动物的全套染色体,并且将来可以利用克隆技术完整地复制出与现有遗传组成完全一致的个体,即使现有的特定类型完全灭绝,将来也可以利用同类甚至非同类动物个体作为"载体",来重新恢复。近年来,利用冷冻干细胞作为核供体迅速扩增胚胎,生产克隆动物,也即以干细胞的方式保存遗传资源,作为一种创新的保种方式悄然兴起。然而,到目前为止,克隆动物的方式还不能真正用于畜禽遗传资源的保存。

　　构建细胞库也是一种保种方法。自 2001 年以来,中国农业科学院北京畜牧兽医研究所的科研人员建立了重要、濒危畜禽遗传资源体细胞库技术平台和体外培养细胞生物学特性检测与研究技术平台,开辟了畜禽种质资源收集、整理、保存和利用的新途径。这将以体细胞培养的形式为生命科学研究提供宝贵素材,并实现相关研究领域内的实物共享。

四、品种资源的开发利用

(一)直接用于生产

　　我国的地方良种及新育成的品种,大多具有较高的生产性能,或在某一方面有突出的生产用途,它们对当地自然条件及饲养管理条件又有良好的适应性,因此,可直接用于生产畜产品。引入的外来良种,生产性能一般较高,若这些品种的适应性也较好,可直接利用。

（二）间接利用

（1）作为杂种优势利用的原始材料　在开展杂种优势利用时，对母本的要求主要是繁殖性能好，母性强，泌乳力高，对当地条件的适应性强。我国地方良种，大多都具备这些优点。对于父本的要求，主要是有较高的增重速度及饲料利用率，以及良好的产品品质，因此外来品种一般常用作父系。当然，不同品种间的杂交效果是不一样的，应从中找出最有效的杂交组合，供推广使用。

（2）作为培育新品种的原始材料　培育新品种时，为了使新育成的品种对当地的气候条件和饲养管理条件具有良好的适应性，通常都利用当地优良品种或类型与外来品种杂交，例如培育三江白猪就是采用长白猪与东北民猪杂交，培育草原红牛是采用短角牛与蒙古牛杂交。

第三节　引种与风土驯化

一、引种与风土驯化的意义

从动物的生态分布情况可以看到，各种动物都有其特定的分布范围，它们只能在特定的自然环境条件下生活。当野生动物驯化成家畜以后，在人类的积极干预下，其分布范围扩大了。尽管如此，各种家畜的分布还是很不平衡。随着国民经济的发展，为了迅速改变当地原有的家畜，常常需要从外地引入优良品种，有时还需引入新的家畜种类，来满足人类日益增长的美好生活需要。这种把外地或外国的优良品种、品系或类型引进当地，直接推广或作为育种材料的工作，叫作引种。引种时可以直接引入种畜，也可以引入优良种公畜的精液或优良种畜的胚胎。

新中国成立以来，我国从国外引入各种家畜、家禽品种不少，国内良种调运也较频繁，对我国畜牧业发展起了很大作用。但由于某些地区和部门，对于引种工作的一些规律缺乏认识，盲目进行引种，结果也造成了一些不应有的损失。因此，认真研究引入家畜的风土驯化，对于进一步发展我国畜牧业具有十分重要的意义。

风土驯化是指家畜适应新环境条件的复杂过程。其标准是品种在新的环境条件下，不但能生存、繁殖、正常地生长发育，并且能够保持其原有的基本特征和特性。这不仅包括育成品种对于不良的生活条件的适应能力，还包括原始品种对于丰富的饲料和良好的管理条件的反应，还包括家畜对某些疾病的免疫能力。家畜的风土驯化主要通过以下两种途径。

1. 直接适应

在新环境条件下，从引入个体本身直接适应开始，经过后代每一世代个体发育过程中不断适应，直到基本适应新环境条件为止。这种情况是当新迁入地区的环境条件，在该品种家畜的适应范围内，所以通过直接适应就能达到风土驯化的目的。

2. 定向地改变遗传基础

当新迁入地区环境条件与原产地条件差异很大，超越了品种家畜的反应范围，导致引入家畜发生不能很好地适应此种新环境条件的种种反应。此时通过人工选择和交配制度的改变，淘汰不适应的个体，留下适应的个体繁殖，从而逐渐地改变群体中的基因频率和基因型频率，使引入品种家畜在基本保持原有特性的前提下，定向地改变遗传基础。

应该指出的是,上述两种途径不是彼此孤立、互不相关的,往往最初是通过直接适应,以后由于选择的作用和交配制度的改变,定向地改变遗传基础。

二、引种时应注意的问题

鉴于自然条件对品种特性有着持久的和多方面的影响,在引种工作中必须采取慎重态度。在引种前,首先应认真研究引种的必要性,必须切实防止盲目引种。在确定需要引种以后,必须做好以下几方面的工作。

(一)正确选择引入品种

选择引入品种,首先必须考虑国民经济的需要和当地品种区域规划的要求。选择引入品种的主要依据是该品种具有良好的经济价值和育种价值,并有良好的适应性。前者反映引种的必要性,后者说明引种的可能性。

适应性是由许多性状构成的一个复合性状。它包括人们日常所说的抗寒、耐热、耐粗饲、耐粗放管理以及抗病力等性状。它本身不是一个经济性状,但可直接影响生产力的发挥。

每个品种都有一定的适应范围。一个品种的适应范围大小和适应性强弱,大体可从品种育成历史和原产地条件等方面判断,育成历史悠久、分布地区广的品种,如约克夏猪、荷斯坦牛、美利奴羊、来航鸡等,都具有悠久的历史,而且几乎遍及世界各地,它们都具有较广泛的适应性。一般来说,新引入地与原产地纬度、海拔、气候、饲养管理等方面相差不远,那么引种通常都易成功;如果原产地的环境条件与新引入地相差较大,引种比较困难,但只要适当注意引入后的风土驯化措施,不少也能成功。例如摩拉水牛原产于炎热的印度、巴基斯坦,引入我国广西、湖北等地区后,均表现良好。原产于比较炎热地区的品种迁移到较寒冷地区比较容易成功的原因是:家畜在生理上适应低温的能力较大;人工防寒设备比防高温设备简单、经济;一般热带品种的饲养管理比较粗放。相反,将生产力高的温带家畜品种引入热带或亚热带地区则难以成功。例如一些原产于英国或欧洲大陆的品种,如短角牛、海福特牛、西门塔尔牛等品种,引入我国南方地区虽已多年,但在夏天仍表现出性欲衰退或暂时丧失配种能力。

有些品种在长期受某种生态条件影响下,形成了某些特殊的适应性,在引种时要特别注意。我国滩羊的优质二毛裘皮,是在宁夏气候干旱、冬季温度不太低、植被质量较好的条件下形成的。将滩羊引入冬季严寒地区,则皮板变厚,绒毛增多,花穗散乱,即失去了原有特性。

为了正确判断一个品种是否适宜引入,最可靠的办法是首先引入少量个体进行引种试验观察,经实践证明其经济价值及育种价值良好,又能适应当地的自然条件和饲养管理条件后,再大量引种。

(二)慎重选择个体

在引种时对个体的挑选,除注意品种特性、体质外形以及健康、发育状况外,还应特别加强系谱的审查,注意亲代或同胞的生产力高低,防止带入有害基因和遗传疾病。引入个体间一般不宜有亲缘关系,公畜最好来自不同品系。此外,年龄也是需要考虑的因素,由于幼年有机体在其发育的过程中比较容易适应新环境,因此,从引种角度考虑,选择幼年健壮个体,有利于引种的成功。

随着冷冻精液及胚胎移植技术的推广,采用引入优良种公畜精液以及优良种畜胚胎(受精卵)的办法,既可节省引种成本和运输费用,又利于引种的成功。

（三）妥善安排调运季节

为了使引入家畜在生活环境上的变化不过于突然，使有机体有一个逐步适应的过程，在引入家畜调运时间上应注意原产地与引入地的季节差异。如由温暖地区引至寒冷地区，宜于夏季抵达；而由寒冷地区将家畜引至温暖地区则宜于冬季抵达，以使家畜逐渐适应气候的变化。

（四）严格执行检疫制度

切实加强种畜检疫，严格实行隔离观察制度，防止疾病传入，是引种工作中必须认真重视的一环。如检疫制度不严，常会带进当地原先没有的传染病，给生产带来巨大损失。

（五）加强饲养管理和适应性锻炼

引种后的第一年是关键性的一年，为了避免不必要的损失，必须加强饲养管理。为此，要做好引入家畜的接运工作，并根据原来的饲养习惯，创造良好的饲养管理条件，选用适宜的日粮类型和饲养方法。在运输过程中，为预防水土不服，应携带原产地饲料，供途中和初到新地区时饲喂。要根据家畜对环境的要求，采取必要的防寒或降温措施。实践证明，植树、搭棚、改变栏舍建筑，有助于改变局部小气候。将喂料时间安排在清晨或傍晚，尽量利用夜间放牧，有助于减轻家畜在炎热季节的热负荷。喷淋是夏季降温的有效措施。积极预防地方性的寄生虫病和传染病，也是有利外来品种风土驯化的积极措施之一。

加强适应性锻炼和改善饲养条件，二者不可偏废。单纯注意改善饲养管理条件而不加强适应性锻炼，其效果有时适得其反。有些牧场为了使南方猪种落户北方，在改善饲养管理条件的同时，加强适应性锻炼，采取栏内加铺垫草，清晨赶猪放牧运动，夜间不喂过稀食物等措施，逐渐增强有机体对寒冷的抵抗能力，有效地使南方猪种适应北方气候。

三、引种后的管理和选育

根据我国各地经验，在引入品种管理和选育中，应采取以下措施。

（一）集中饲养

同一品种的引入种畜，应相对集中饲养，建立以繁育该品种为主要任务的良种场，以利于风土驯化和开展选育工作。这是引入品种管理和选育工作中极为重要的一点。只有改变过于分散的状况，才能提高它们的饲养管理水平和繁育技术水平，才能提高利用率，充分发挥它们的作用。种群的大小，可因畜种而异。根据闭锁繁育条件下近交系数增长速度的计算，一般在种群中需经常保持50头以上的母畜和3头以上的公畜，才不致由于其近交系数的增长过快而引起有害影响。在良种场中要破"见纯就留"的观点，要严格制定和执行选种选配制度，以质量保证出场种畜的等级。

（二）慎重过渡

对于引入品种的饲养管理，应采取慎重过渡的办法，使之逐步适应。要尽量创造有利于引入品种性能发展的饲养管理条件，进行科学饲养。例如从国外引进的良种猪，其原产地的饲料多为精料型，而且蛋白质含量较高，因此应慢慢增加青料比例，使之逐渐适应我国的饲料类型。同时，还应逐渐加强其适应性锻炼，提高其耐粗性、耐热性和抗病力。对发现有特异性传染病的畜群，要采取应急措施。

（三）逐步推广

在集中饲养过程中要详细观察引入品种的特性，研究其生长繁殖、采食习性、放牧及舍饲行为和生理反应等方面的特点。要详细做好观察记载，为饲养和繁殖提供必要的依据。在经过一段时间风土驯化，摸清了引入品种的特性后，才能逐渐推广到生产场饲养。良种场应做好良种推广的饲养管理、繁育技术等指导工作。

（四）采取必要的育种措施

对新环境的适应性不仅品种间存在着差异，而且个体间也有不同。因此，在选种时应注意选择适应性强的个体，淘汰那些不适应的个体。在选配时，为了防止生活力下降和退化，应避免近亲交配。

品系繁育是引入品种选育中的一项重要措施。通过品系繁育除可达到一般目的外，还可改进引入品种的某些缺点，使之更符合当地的要求；通过品系间交流种畜，可以防止过度近交；通过综合不同品系（如长白猪的英系、法系、日系等）的特点，还可建立我国的综合品系。湖北省畜牧研究所对大约克夏、杭州市种猪试验场对长白猪的引种实践表明，品系繁育对提高引入品种的瘦肉率及生长速度起了良好的作用。

此外，在开展引入品种选育过程中，也必须建立相应的选育协作机构或品种协会，加强组织领导，及时交流经验，做好种畜的调剂和利用工作等。

知识链接

品种资源管理组织

世界各国及国际组织尽管在品种资源管理的方法、方式上有所差别，但都无一例外地把品种资源多样性的收集和保存工作放到战略高度来对待。

在家畜遗传资源保护行动中，联合国粮食及农业组织（FAO）（简称"粮农组织"），承担了重要的角色，联合国环境规划署（UNEP）给予了大力的支持。此外，联合国教科文组织、国际自然与自然资源保护联合会、世界资源协会等也做出了很大的贡献。

联合国粮农组织的粮食和农业遗传资源委员会（CGRFA）是负责品种资源国际条约和行为守则谈判、协调粮农遗传资源保存和可持续利用政策的一个政府间长期论坛。该委员会最初由粮农组织大会（第 9/83 号决议）批准设立。1995 年（第 3/95 号决议）该委员会的职责进一步扩大到包括有关粮食和农业生物的所有遗传资源，同时更为现名。CGRFA 制订和监测全球农畜遗传资源战略和全球植物遗传资源系统。委员会下设两个附属机构：政府间动物遗传资源技术性工作组（ITWG-AnGR）和政府间植物遗传资源技术性工作组（ITWG-PGR）。CGRFA 协助和领导联合国粮农组织与其他有关的政府间和非政府机构之间的合作，其中包括生物多样性公约（CBD）缔约方会议、国际植物遗传资源研究所（IPGRI）和联合国可持续发展委员会（CSD）。

一些地区性组织也积极开展这一领域的工作，例如 1991 年由 30 个会员国建立的国际稀有品种研究会（RBI），美国稀有品种保护组织（AMBC），英国的稀有品种信托保护组织（RBST），亚太地区育种研究促进会（SABRAO），拉丁美洲动物生产协会（ALPA），欧洲动物生产协会（EAAP）等。这些组织对区域性和全球家畜遗传资源保护工作起了重要作用。

目前，已有 60 余个国家设立了国家遗传资源委员会，有些发达国家和发展中国家已经制定了完整的保护遗传资源的国家行动计划或系统，形成了较完善的国家品种资源管理体系。1990 年，美国国会授权启动国家遗传资源计划（NGRP），负责收集、鉴定、保存、编目、分发各种对农业和食品生产具有重要价值的品种资源。国家遗传资源顾问委员会（NGRAC）负责向国家遗传资源项目主任及其秘书处提供建议和意见。国家品种资源信息工作网络（GRIN）负责动植物、微生物品种资源的相关信息。整个项目的运作和协调单位为美国农业部农业研究服务局(USDA-ARS),其成员包括美国联邦和州政府的有关部门和研究机构,以及私人组织和机构。1996年我国成立国家畜禽遗传资源管理委员会,统一组织协调家畜、家禽品种资源的保护管理工作。

国家家养动物种质资源平台(http://www.cdad-is.org.cn/)是中国农业科学院北京畜牧兽医研究所牵头建立的,可通过这个平台进一步详细了解我国丰富的畜禽品种资源。

▶▶ 复习思考题 ◀◀

1. 解释名词:种、品种、引种、风土驯化。

2. 品种应具备哪些条件? 畜禽品种分类的主要方法有哪些?

3. 保种的主要任务是什么? 试查阅有关资料,制订一套当地主要畜禽品种的保种及选育规划。

4. 今有一个由1000头母牛和10头公牛组成的封闭牛群。试计算:

(1) 当10头公牛都用于自然交配时的牛群有效含量。

(2) 采用人工授精后,配种公牛减至5头时的牛群有效含量。

(3) 采用自然交配和采用人工授精时的群体近交系数增量。

5. 简述决定品种演变的主要因素。

6. 在引种时应注意哪些问题?

7. 如果要使一个鸡群每世代近交系数增量不超过0.25%,并确定公母比例为1:5,实行家系等量留种,试问保种的基础群应有多少只公鸡和多少只母鸡?

8. 对新引入的品种如何合理利用?

9. 保种的方法有哪些?

10. 如果需要控制一个保种群中的年度近交系数增长率不超过1.5%,假设世代间隔为2年,种公母畜比例为1:10。若采用随机留种和家系等量留种,群体的有效含量是多大? 如果初始群体的平均近交系数是0,20年后是多少?

第七章
性状选择的原理

知识目标

- 掌握畜禽性状选择的原理。
- 掌握不同性状(质量性状、数量性状)的选择方法,了解影响数量性状选择效果的主要因素。
- 了解数量性状的三个遗传参数及实践意义。

技能目标

- 掌握数量性状遗传参数——遗传力的计算方法。
- 掌握质量性状和数量性状的选择方法。

当今世界上所有优良畜禽品种无一不是人类长期选择和培育的结果。畜禽所有的优良性状也无一不是通过选择才得到巩固和提高的。这说明选择是生物进化和发展的一个重要手段,因此,掌握选择的基本原理是搞好家畜选种工作的基础。

▶ 第一节 质量性状的选择 ◀

一、质量性状与选择

畜禽的性状可分为质量性状和数量性状两大类。质量性状是指能用感官区别而不能测量的性状,如毛色、鸡冠型、血型、副乳头、遗传缺陷等。质量性状受少数几对基因控制,性状间区分明显,不易受环境影响。控制质量性状的基因一般都有显隐性之分,其遗传服从三大遗传规律。质量性状中有些是重要的经济性状,像毛皮用家畜的毛色,品种的识别性状如角型、耳型、畜禽的遗传标记性状如血型、酶型、蛋白类型等,都涉及质量性状的选择改良。因此,质量性状的选择对畜禽育种工作具有重要的意义。

选择就是选优去劣,即增加某些类型个体的繁殖机会,减少甚至完全掠夺其他类型个体的繁殖机会。根据作用于选择的外界因素可将选择分为自然选择与人工选择两大类。自然选择多数是向心选择,所保存的变异对生物的生存有利,无明确的目的性和预见性,过程长、见效慢。人工选择是离心选择,所保存的变异对人类有利,有很强的目的性和预见性,过程相对短、见效快。例如：自然状态下形成一个新物种约需 100 万年，而人工选择条件下，经过几个或十几个世代的选择就能获得很大的遗传进展，形成一个新品种或新品系。人工选择的实质就是定向地改变群体的遗传结构，产生新类型的个体。

二、质量性状选择的方法

(一)对隐性有利基因的选择

对隐性有利基因的选择实际上是对显性基因的淘汰。要实施这种选择，只要将畜群中表现显性性状的个体全部淘汰，就可以将显性基因从群体中清除掉，达到选择隐性基因的目的。例如：有一群白猪和黑猪杂交产生的杂种母猪群，白猪约占 84%，黑猪占 16%，假定这个群体已达到平衡状态，黑色基因 $q=\sqrt{R}=\sqrt{0.16}=0.4$，白色基因频率为 $p=1-q=0.6$。如果把 16% 的黑猪留种，白猪全部淘汰，则下一代这个猪群全是黑猪，这时 $q=1$，$p=0$，即达到选择隐性黑毛色基因的目的。

但是在育种实践中，育种目标往往是多性状综合性的，而且主要目标性状往往是有经济意义的性状。就以奶牛毛色的选择为例，在牛的毛色遗传中，黑色基因 E 和红毛基因 e 是同一基因座上的两个等位基因，而且黑毛基因对红毛基因是完全显性遗传。假设拟从一个由黑白花和红白花混合牛群中通过选择培育一个纯红白花牛群，当然可以简单地一次性将表型为黑白花的奶牛个体全部淘汰，不管它们的基因型是 EE 还是 Ee。但是一次性淘汰所有的黑白花个体(显性基因 E)的同时，会使一部分有利于提高产奶性能的基因同时从群体中消失，这样的育种策略虽然可以很快地得到毛色一致且遗传稳定的红白花牛群，但部分"高产基因"的丢失将导致这个牛群的产奶性能很难再得到提高。为此，明智的育种策略是在保证产奶性能等主要生产性能选择的前提下，逐步完成对红色基因的选择。亦即对隐性基因的选择不一定非要一次性完成，而是经过数代的选择而逐步实现。

(二)对显性有利基因的选择

1. 根据表型淘汰隐性纯合体

在畜禽群体中，大多数遗传缺陷都是由隐性基因引起的，因此常常需要从群体中剔除隐性有害基因。以一对基因 A 和 a 为例，为了淘汰隐性基因 a，可以根据表现型把 aa 个体淘汰，这样就可以使下一代群体中显性基因频率增多。

经过一代对隐性纯合体的淘汰，隐性基因 a 的频率为：

$$q_1=\frac{\frac{1}{2}H_0}{D_0+H_0}=\frac{p_0q_0}{p_0^2+2p_0q_0}=\frac{q_0}{p_0+2q_0}=\frac{q_0}{1+q_0}$$

经过两代选择后，隐性基因 a 的频率为：

$$q_2=\frac{q_1}{1+q_1}=\frac{\frac{q_0}{1+q_0}}{1+\frac{q_0}{1+q_0}}=\frac{q_0}{1+2q_0}$$

经过 n 代选择后，隐性基因 a 的频率为：

$$q_n = \frac{q_0}{1 + nq_0}$$

【例 7-1】在一个未选择过"角"的牛群中,81％的个体表现为有角,现在要用这个牛群育成一个纯种无角牛群,采用表型选择的方法(即每代淘汰全部有角个体),需选择多少代,方能使无角牛占全群的 99.96％?

解:

依题意得:
$$q_0 = \sqrt{R_0} = \sqrt{0.81} = 0.9$$

设需选择 n 代,无角牛占全群 99.96％。

则:
$$q_n = \sqrt{R_n} = \sqrt{1 - (D_n + H_n)} = \sqrt{1 - 0.9996} = 0.02$$

由 $q_n = \dfrac{q_0}{1 + nq_0}$,得 $n = \dfrac{1}{q_n} - \dfrac{1}{q_0} = \dfrac{1}{0.02} - \dfrac{1}{0.9} = 48.9$(代)

如果家畜的世代间隔较长,则所需时间更长,选择进展非常缓慢。故单纯根据表型淘汰隐性纯合体,不能彻底剔除隐性基因。

2. 利用测交淘汰杂合体

根据表型淘汰隐性纯合体,以清除群体中的隐性基因,只有在原始群体中隐性基因频率高的情况下(0.5 以上),才能有显著选择效果。而在群体中隐性基因频率很低时,其选择效果就非常差了。

由于根据个体表现型无法判定被测个体是显性纯合体还是杂合体,因此要想彻底清除隐性基因,除应淘汰表型为隐性的个体外,还必须采用测交的方法将杂合体鉴别出来并加以淘汰。例如:海福特牛的侏儒症(隐性纯合体)一岁前死亡,但杂合体公牛具有粗壮而紧凑的体躯和清秀的头部,易被留作种用,导致隐性有害基因的扩散。为此,必须对留作种用的个体进行测交,以判定它是显性纯合体还是杂合体。常用的测交方法有以下几种:

(1)被测公畜与隐性纯合体母畜交配　就一对等位基因而言,假设被测公畜为杂合体,通过测交,后代中出现显性性状的概率为 0.5。若有 n 个后代,则这 n 个后代都为显性性状的概率为 $\left(\dfrac{1}{2}\right)^n$。

当 $\left(\dfrac{1}{2}\right)^n \leqslant 5％$时,$n \geqslant 5$,即被测公畜与隐性纯合体母畜交配,所生 5 个后代均表现为显性性状时,有 95％的把握判定该公畜为显性纯合体。

当 $\left(\dfrac{1}{2}\right)^n \leqslant 1％$时,$n \geqslant 7$,即被测公畜与隐性纯合体母畜交配,所生 7 个后代均表现为显性性状时,有 99％的把握判定该公畜为显性纯合体。

(2)被测公畜与已知为杂合体的母畜交配　假设被测公畜为杂合体,通过测交,后代中出现显性性状的概率为 $\dfrac{3}{4}$,n 个后代均为显性性状的概率为 $\left(\dfrac{3}{4}\right)^n$。

当 $\left(\dfrac{3}{4}\right)^n \leqslant 5％$时,$n \geqslant 11$,即所生 11 个后代均表现为显性性状时,有 95％的把握判定被测公畜为显性纯合体。

当 $\left(\dfrac{3}{4}\right)^n \leqslant 1％$时,$n \geqslant 16$,即所生 16 个后代均表现为显性性状时,有 99％的把握判定被测

公畜为显性纯合体。

（3）被测公畜与已知为杂合体公畜的女儿交配　假设被测公畜为杂合体，与配母畜为显性且其父本为杂合体，与配母畜是显性纯合体的概率为 D，为杂合体的概率是 H，后代数为 n，n 个后代均表现显性性状的概率为 P，则：

$$P = \left(D + \frac{3}{4}H\right)^n$$

若与配母畜是显性纯合体与杂合体的概率各半，即 $D = 1/2$，$H = 1/2$，那么：

当 $P \leqslant 0.05$ 时，$n \geqslant 23$；即所生 23 个后代均表现显性性状时，就有 95％ 的把握判定被测公畜为显性纯合体。若是单胎动物，被测公畜至少要与 23 个符合条件的母畜交配。

当 $P \leqslant 0.01$ 时，$n \geqslant 35$；即所生 35 个后代均表现显性性状时，就有 99％ 的把握判定被测个体为显性纯合体。若是单胎动物，被测公畜至少要与 35 个符合条件的母畜交配。

单胎家畜测交所需最少与配母畜数见表 7-1。

表 7-1　单胎家畜测交所需最少与配母畜数

测交类型	最少与配母畜数	
	$P = 0.05$	$P = 0.01$
与隐性纯合体交配	5	7
与已知为杂合体的个体交配	11	16
与已知为杂合体公畜的女儿交配	23	35

（三）对杂合体的选择

杂合体一般都比纯合体表现好，但它的性状遗传不稳定，对杂合体的选择无法使所选性状得到固定。例如：镰刀型贫血隐性纯合体幼年死亡，显性纯合体对疟疾的抵抗力低，杂合体适应性强；卡拉库尔羊中银灰色羔皮较为名贵，银灰色与黑色主要受一对基因影响，银灰为显性，但银灰纯合体却致死，因此要繁殖银灰色卡拉库尔羊，只能代代选择杂合体。

所选性状如果表现为完全显性，群体中显性纯合体和杂合体表型一致，只能将被测个体（表现显性性状的个体）与表现隐性性状的个体进行测交，根据测交后代的表现，淘汰显性纯合体，选留杂合体；所选性状如果表现为不完全显性，群体中显性纯合体、杂合体、隐性纯合体表型区别明显，直接根据表型即可选留杂合体。

》 第二节　数量性状遗传参数 《

研究数量性状一般采用统计学方法。为了说明某性状的特性以及不同性状之间的表型关系，可以根据表型值计算平均数、标准差、相关系数等，统称表型参数。在育种实践中，一项重要的工作就是借助遗传参数对畜禽进行遗传评估。常用的遗传参数有遗传力、重复力和遗传相关。

一、数量性状表型值与表型方差的剖分

在数量遗传学中，一个数量性状的表型值就是在动物生产中所度量或观察到的数值，以 P 表示；表型值中由基因型所决定的部分称为基因型值，以 G 来表示；如果不存在基因型与环境

互作效应,则表型值与基因型值之差就是环境效应值,以 E 表示。三者的数量关系可以用下面的公式表示:

$$P = G + E$$

即任何一个数量性状的表现都是由遗传和环境共同作用的结果。例如某头种猪的窝均产活仔数为 13 头,这个表型值可因营养、气候、饲养管理方式等环境条件的改变而发生变化,也可以因为品种不同或遗传结构的不同而发生改变。

如果对基因型值做进一步的分析研究,它又可剖分为:基因的加性效应(A)、基因的显性效应(D)和基因的上位效应(I)3 个部分。于是,表型值的剖分公式为:

$$P = A + D + I + E$$

式中,A 是许多基因效应的总和,是在动物育种工作中能够获得的效应,是能够遗传的,所以又称为育种值;D 是等位基因之间相互作用所产生的显性效应,它随着基因在不同世代中的分离和重组而发生变化,是不能在后代中固定的;I 是非等位基因之间的相互作用所产生的效应,也是在后代中无法固定的部分。

由于 D 和 I 都不能固定,常常与环境效应一起统称为剩余值(R)。所以,表型值的剖分还可以表示为:

$$P = A + R$$

当求平均表型值时,由于 R 值有正有负,正负 R 值相抵消,所以表型平均值就等于加性效应平均值,也就是说,群体的表型平均值可以代表群体的平均育种值水平。

$$\overline{P} = \overline{A}$$

因此,两个群体的平均表型值之差,可以反映它们的平均育种值之差,但必须具备两个条件:一是所处的环境条件相同,二是有足够大的群体。不同环境中的群体表型平均值之间不能比较,因为它们包含不同的固定环境值,必须剔除固定环境值后才能比较。

在一个群体中,因为 $\overline{P} = \overline{G} + \overline{G}$

于是可得

$$\sum (P - \overline{P})^2 = \sum [(G + E) - (\overline{G} + \overline{E})]^2$$
$$= \sum (G - \overline{G})^2 + \sum (E - \overline{E})^2 + 2\sum (G - \overline{G})(E - \overline{E})$$

如果基因型与环境条件之间不存在互作关系,则有

$$\sum (G - \overline{G})(E - \overline{E}) = 0$$

于是可得

$$\sum (P - \overline{P})^2 = \sum (G - \overline{G})^2 + \sum (E - \overline{E})^2$$

等式两边同除以自由度 $n-1$ 即得

$$\frac{\sum (P - \overline{P})^2}{n-1} = \frac{\sum (G - \overline{G})^2}{n-1} + \frac{\sum (E - \overline{E})^2}{n-1}$$

上式也可以表示为：

$$V_P = V_G + V_E$$

式中，V_P、V_G 和 V_E 分别为表现型方差（总方差）、遗传方差（基因型方差）和环境方差。上式表明表现型方差由遗传方差和环境方差两部分组成。

与表型值剖分相似的原理，可以对群体中的表型变异或表型方差（V_P）进行剖分。当变量的各组成部分之间无相关时，表型方差可剖分为：

$$V_P = V_A + V_D + V_I + V_E$$

式中，V_A 为加性方差或育种值方差，是由基因的加性效应引起的变异量，它可以在上下代间进行传递，是可以通过选择加以固定的遗传变异量；V_D 为显性方差，是由等位基因间的显性效应所引起的变异量；V_I 为上位方差，是由非等位基因间的相互作用即上位效应所引起的变异量。后两部分的变异量又统称为非加性遗传方差，它们不能在上、下代间进行稳定的传递，通常情况下不能通过选择加以固定。

二、遗传力

如果说表型值是数量性状的表现形式，那么育种值可以说是它的主要遗传实质，我们所能观察和度量的只是性状的表型值，表型值是家畜性状的外在表现，但却是估计育种值的唯一依据。我们要认识数量性状的遗传规律，就必须由表及里，从表型值中剔除由于其他原因造成的各种偏差，找出代表主要遗传实质的育种值在世代交替中的变化规律。遗传力是我们通过数量性状表型值认识性状遗传本质的一把钥匙，是数量遗传学的重要参数。

（一）遗传力的概念

遗传力（heritability），又称遗传率，是指亲代将其遗传特性传递给子代的能力。可以表示为一个群体中某性状遗传方差与表型总方差的比值，通常用百分数表示。

生物的任何性状均受到基因和环境的共同影响，在现有条件下，我们能够直接观察测量到的是生物个体性状的表型值。遗传力是一个从群体角度反映表型值替代基因型值的可靠程度的遗传统计量，它表明了亲代群体的变异能够传递到子代的程度。

根据遗传力估值中所包含的成分不同，遗传力可分为广义遗传力和狭义遗传力两种。

1. 广义遗传力

广义遗传力是指遗传方差占表型总方差的比值，通常用百分数表示，记作 H^2，用公式表示如下：

$$H^2 = \frac{V_G}{V_P} \times 100\% = \frac{V_G}{V_G + V_E} \times 100\%$$

由此可知，遗传方差占表型总方差的比重越大，环境方差占表型总方差的比重越小，所求得的广义遗传力也就越大，说明这个性状传递给子代的传递能力就越强，受环境条件的影响也就愈小。当一个性状从亲代传递给子代的传递能力大时，亲本的性状在子代中将有较多的机会表现出来，而且容易根据表现型来辨别其基因型，选择的效果也就较好；反之，如果所求得的广义遗传力较小，说明环境条件对该性状的影响较大，也就是说，该性状从亲代传递给子代的传递能力较小，直接对这种性状进行选择的效果也就较差。所以说广义遗传力的大小可以作为衡量亲代与子代之间遗传关系的一个指标和确定选择方法的一项重要依据。

2. 狭义遗传力

数量性状的表型方差可以做如下剖分:

$$V_P = V_G + V_E = V_A + V_D + V_I + V_E$$

因为显性方差和上位方差不能通过选择加以固定,所以把狭义遗传力定义为加性方差占表型总方差的比值,通常用百分数表示,记为 h^2,用公式表示为:

$$h^2 = \frac{V_A}{V_P} \times 100\% = \frac{V_A}{V_A + V_D + V_I + V_E} \times 100\%$$

根据上述定义可知,狭义遗传力的值比广义遗传力的值要小。由于加性效应是基因间累加效应,可在自交纯合过程中保存并传递给子代,而非加性效应的表现依赖于等位基因间杂合状态与非等位基因间的特定组合形式,不能在自交过程中保持,因此,狭义遗传力作为性状选择指标的可靠性高于广义遗传力。

遗传力估计值可用百分数或者小数表示。如果遗传力的估计值是 1(即 100%),说明某性状在后代畜群中的变异原因完全是由遗传造成的;相反,如果遗传力估计值是 0,则说明这种变异的原因是环境造成的,与遗传无关。事实上,没有任何一个数量性状的变异与遗传或与环境完全无关。所以数量性状的遗传力估计值介于 0～1 之间。

遗传力估计值只是说明对后代畜群某性状的变异来说,遗传与环境两类原因影响的相对重要性,并不是指该性状能遗传给后代个体的绝对值。例如有一个猪群留种的公母猪 8 月龄时平均背膘厚为 5 cm,背膘厚的遗传力为 0.5(50%)。在此,绝不是说平均背膘厚 5 cm 中只有一半能遗传给后代,而其余一半不能传给后代。而是指留种的个体膘厚的变异部分,有一半来自遗传原因,另一半则是由环境条件造成的。

根据性状遗传力的大小,可将其划分为三类,即 0.5 以上者为高遗传力;0.2～0.5 之间为中等遗传力;0.2 以下为低遗传力。

部分畜禽主要数量性状的遗传力如表 7-2 所示,以供参考。

由于遗传力是由亲属间信息而估计得来的,而群体的遗传结构和其所处的固定环境都会影响亲属间表型相关,因此同一性状的遗传力在不同的畜群或不同的环境条件下都会得到不同的估计值。由此可见,遗传力不仅决定于性状本身的遗传特性,而且受畜群的遗传状况(近交程度、选择程度、杂交等)和环境条件的制约。所以严格说来,每一个畜群都必须估计自己各性状的遗传力才能适用于本畜群,而且在遗传结构和环境条件不稳定的畜群,上一代估计的遗传力下一代也不一定适用,即使是同一畜群,也需要经常进行遗传力的估测。

在实际工作中,也不应该把此问题绝对化,因为并不是每个畜群都具备估计遗传力的条件。同一性状在不同情况下估计的遗传力虽然各有差异,但还是具有相对的稳定性。例如鸡的产蛋量,在大多数情况下估计的遗传力值都是很低的,而猪的一些胴体性状的估计遗传力值一般都较高。一般来说,同一品种或品系的同一性状的估计遗传力可以通用。

表 7-2　部分畜禽主要数量性状的遗传力估计值

畜禽种类	性状		牧场资料	测定站资料	双胞胎
牛	泌乳量		0.20～0.40	0.60～0.70	0.75～0.90
	乳脂率		0.30～0.80	0.70～0.80	0.90～0.95
	饲料转化率(泌乳)			0.20～0.40	
	情期受胎率		0.20～0.50		
	外形评分		0.20～0.30		
	日增重		0.10～0.30	0.20～0.50	
	饲料转化率(增重)			0.20～0.40	
	分割肉比率		0.20～0.50		
	背最长肌面积		0.20～0.50		
	胸围		0.30～0.60		
	乳房炎抗病力		0.10～0.40		
羊	剪毛量		0.30～0.60		
	净毛量		0.30～0.60		
	毛长		0.30～0.60		
	细度		0.20～0.50		
	弯曲度		0.20～0.40		
	体重		0.20～0.40		
	产羔数		0.10～0.30		
猪	日增重	单饲	0.10～0.50		
	(下限值来自限饲饲养)	群饲	0.10～0.25		
	饲料转化率	单饲	0.15～0.50		
		群饲	0.20～0.30		
	胴体长		0.30～0.70		
	背膘厚		0.30～0.70		
	背最长肌面积		0.20～0.60		
	腿肉比率		0.30～0.60		
	肉色		0.30～0.40		
	窝产仔数(不考虑母体效应)		0.10～0.15		
鸡	入舍母鸡产蛋量		0.05～0.15		
	母鸡日产蛋量		0.15～0.30		
	开产日龄		0.20～0.50		
	体重		0.30～0.70		
	蛋重		0.40～0.70		
	繁殖率		0.05～0.15		
	孵化率		0.05～0.20		
	马立克氏病抗病力		0.05～0.20		
马	奔跑速度		0.30～0.60		
	障碍赛马评分		0.35～0.40		
	快步速度		0.20～0.40		

引自：F Pircher，1983，Population Genetics in Animal Breeding.

(二)遗传力的估算方法

估算遗传力的方法很多,我们在这里只介绍常用的几种:

1. 由亲子关系估算遗传力

此方法要求有两代资料,即子女和父母的表型记录资料。因为子代与亲代的相似性可以反映遗传力,相似性的程度在统计学中往往用回归系数来表示。对于两个性别都表现的性状,例如体重、成活率等,可用子代均值对双亲均值的回归系数估测遗传力,即 $h^2 = b_{OP}$。对于系限性性状,如泌乳量、产仔数、产蛋量等,因仅有母亲和女儿的资料,所以用女儿对母亲的回归系数,即母女回归法来估算遗传力,即 $h^2 = 2b_{OP}$。

【例 7-2】某猪场饲养一群纯种甘肃黑猪,从中随机称量 10 窝仔猪初生重,并将这 10 窝仔猪初生重与其双亲的平均初生重列表计算如表 7-3 所示。

表 7-3　仔猪初生重与其双亲平均初生重的回归关系计算表

编号	仔猪均值 O	双亲均值 P	O^2	P^2	OP
1	1.2	1.2	1.44	1.44	1.44
2	1.2	1.3	1.44	1.69	1.56
3	1.3	1.3	1.69	1.69	1.69
4	1.2	1.3	1.44	1.69	1.56
5	1.3	1.2	1.69	1.44	1.56
6	1.2	1.2	1.44	1.44	1.44
7	1.3	1.3	1.69	1.69	1.69
8	1.2	1.2	1.44	1.44	1.44
9	1.3	1.3	1.69	1.69	1.69
10	1.1	1.3	1.21	1.69	1.43
$\sum$	12.3	12.6	15.17	15.90	15.50

计算回归系数:

$$b_{OP} = \frac{\sum OP - (\sum O \times \sum P)/n}{\sum P^2 - (\sum P)^2/n} = \frac{n \times \sum OP - \sum O \times \sum P}{n \times \sum P^2 - (\sum P)^2}$$

式中,O 为仔猪平均表型值,P 为双亲平均表型值。

把表 7-3 中有关数据代入公式得:

$$b_{OP} = \frac{10 \times 15.5 - 12.3 \times 12.6}{10 \times 15.9 - 12.6^2} = 0.08$$

得:
$$h^2 = b_{OP} = 0.08$$

2. 由半同胞相关估测遗传力

同父异母或同母异父的仔畜为半同胞,半同胞个体某性状育种值间的相关系数为 $\frac{1}{4}$。由通径分析的原理可推导出计算遗传力的公式为:

$$h^2 = \frac{r_{HS}}{r_A} = 4r_{HS}$$

式中,r_{HS} 为半同胞个体同一性状表型值间的相关系数;r_A 为半同胞个体同一性状育种值间的相关系数,又称遗传相关系数,即亲缘系数。

计算半同胞个体间的表型相关系数公式为:

$$r_{HS} = \frac{\sigma_B^2}{\sigma_B^2 + \sigma_W^2} = \frac{MS_B - MS_W}{MS_B + (n-1)MS_W}$$

式中,MS_B 为组间(或公畜间)均方,MS_W 为组内(或公畜内)均方,n 为所有公畜或母畜的总子女数。

【例 7-3】某场 5 头公牛的半同胞经产女儿产奶量记录如表 7-4 所示,试计算该性状的遗传力。

表 7-4 5 头公牛的半同胞经产女儿产奶量

女儿	公牛号				
	01	02	03	04	05
1	5.06	6.50	4.35	4.33	5.49
2	5.01	5.61	4.16	5.80	5.97
3	5.72	5.20	6.00	5.32	4.92
4	6.08	5.26	5.46	4.45	5.04
5	5.00	5.84	5.25	4.99	6.69
6	6.10	5.08	4.54	4.48	3.70
7	5.09	4.20	4.17	5.12	3.83
8	5.55	4.66	3.70	6.05	5.16
9	4.68	6.20	3.92	5.53	5.61
10	5.48	5.56	5.61	5.73	5.46
$\sum X$	53.77	54.11	47.16	51.80	51.87
$\sum X^2$	291.24	297.05	228.13	271.70	276.41
$\dfrac{(\sum X)^2}{n}$	289.12	292.79	222.41	268.32	269.05

解:

(1)计算各项指标总和:

$$\sum \sum X = 53.77 + 54.11 + \cdots + 51.87 = 258.71$$

$$\sum \sum X^2 = 291.24 + 297.05 + \cdots + 276.41 = 1\,364.53$$

$$\sum \frac{(\sum X)^2}{n} = 289.12 + 292.79 + \cdots + 269.05 = 1\,341.69$$

(2)计算平方和、自由度、均方:

组间平方和 $SS_B = \sum \dfrac{(\sum X)^2}{n} - \dfrac{(\sum \sum X)^2}{\sum n} = 1\,341.69 - \dfrac{258.71^2}{10 \times 5} = 3.07$

组内平方和 $SS_W = \sum \sum X^2 - \sum \dfrac{(\sum X)^2}{n} = 1\,364.53 - 1\,341.69 = 22.84$

组间自由度　　$df_B = k - 1 = 5 - 1 = 4$

组内自由度　　$df_W = kn - k = 5 \times 10 - 5 = 45$

组间均方　　$MS_B = \dfrac{SS_B}{df_B} = \dfrac{3.70}{4} = 0.77$

组内均方　　$MS_W = \dfrac{SS_W}{df_W} = \dfrac{22.84}{45} = 0.51$

（3）计算半同胞个体间的表型相关系数：

$$r_{HS} = \frac{MS_B - MS_W}{MS_B + (n-1)MS_W} = \frac{0.77 - 0.51}{0.77 + (10-1) \times 0.51} = 0.05$$

（4）计算遗传力：

$$h^2 = 4r_{HS} = 4 \times 0.05 = 0.20$$

在多胎家畜中，各公畜的子女大多组成"全同胞-半同胞"混合家系，故在计算遗传力时，需用组内相关系数除以混合家系平均亲缘系数。

(三)遗传力的应用

1. 估计种畜的育种值

育种值是表型值中能真实遗传给后代的部分，它需要在表型值资料的基础上借助遗传力来估计。利用性状的遗传力来估计育种值，就可以使选种工作准确而有效。

2. 确定繁育方法

遗传力高的性状上下代相关大，通过对亲代的选择可以在子代得到较大的反应，因此选择效果好。这类性状采用纯繁就可以得到较大提高。早在 20 世纪 20 年代，人们预测鸡日增重的遗传力较高，通过纯繁选择可以改进提高这个性状，这个预见最后被育种实践所证实。有些性状遗传力低，品种间的差异很明显，这类性状可以通过杂交引入优良基因来提高。

3. 确定选择方法

遗传力中等以上的性状可以采用个体表型选择，这种方法既简便又有效。遗传力低的性状采用均数选择的方法。因为个体随机环境偏差在均数中相互抵消，平均表型值接近于平均育种值，根据平均表型选择，其效果接近于根据育种值选择。均数选择有两种：一种是根据个体多次度量值的均数进行选择，这样能选出好的个体，但受世代间隔影响，需较长时间；另一种是根据家系均值进行选择（家系选择），但只能选出好的家系，不能选出好的个体。近几十年来，鸡的产蛋量遗传进展很快，主要是采用家系选择的结果。有少数遗传力低，受母体效应影响又大的性状可采用家系内选择的方法。

4. 用于综合选择指数的制定

在制定多个性状的"综合选择指数"时，必须用到遗传力这个参数。此外，遗传力还可用于预测遗传进展。

三、重复力

(一)重复力的概念

同一个体的同一性状常常可以度量很多次，每次都有度量记录。如一头母猪，每个胎次都有一个生产记录，一生就有好几胎产仔数记录；又如一头奶牛，每个泌乳期有一个产奶量，一生就有好几个产奶记录。很多性状都可以多次重复度量,可以在时间上重复,也可以在空间上重复。评定种畜品质时,究竟应当依据哪次记录? 一般来讲,依据多次度量的综合资料进行评定较为科学。因为度量次数越多,信息量越大,取样误差越小,也就越可靠。但到底需要度量多少次合适,这取决于该性状各次度量间的相关程度。相关等于1,说明每次度量的结果一样,这时只需要度量一次就可代表各次的度量结果;随着相关程度的减少,需要度量的次数随之增加。我们把各次度量值之间的相关叫作重复力,用符号 r_e 表示。

重复力因为是同一个体同一性状多次度量值之间的相关,所以从统计学的角度讲,这个相关程度也是不同个体某一性状多次度量值的组内相关系数。在这里,组间就是个体间,组内就是同一个体的多次度量值之间,可用组内相关系数公式来表示重复力:

$$r_e = \frac{个体间方差}{个体间方差 + 个体内方差} = \frac{\sigma_B^2}{\sigma_B^2 + \sigma_W^2}$$

为了说明重复力的性质,需要理解两个概念:一般环境方差(V_{Eg})和特殊环境方差(V_{Es})。对于个体而言,其环境方差可分为一般环境方差和特殊环境方差两部分。一般环境方差是由时间上持久的或空间上非局部条件所造成的,其影响是持久的(影响动物一生的生产性能),与由遗传因素所产生的效果一样,属于个体间的方差。如仔猪在生长发育期间营养不良,发育受阻。而特殊环境方差是由暂时的或局部的条件所造成的,这种影响是暂时的(只影响个体的某一阶段),属于个体内度量值间的方差。譬如,暂时性的饲养条件变换,会造成产量下降,当条件改善时,产量即可恢复正常。因此,

$$r_e = \frac{\sigma_B^2}{\sigma_B^2 + \sigma_W^2} = \frac{V_A + V_{Eg}}{V_A + V_{Eg} + V_{Es}} = \frac{V_A + V_{Eg}}{V_P}$$

从遗传角度来看,重复力就是遗传方差(育种值方差)与一般环境方差之和占总方差的比例。

由此可见,重复力受性状的遗传方差、一般环境方差和总方差的影响,所以性状的群体遗传特性和畜群所处的环境条件都能影响重复力。特定条件下测定的重复力,只能反映特定条件下的情况。表 7-5 列举了几种家畜的某些性状重复力估计值的取值范围。

表 7-5　家畜性状重复力

家畜种类	性状	重复力	家畜种类	性状	重复力
牛	泌乳量	0.35~0.55	猪	窝产仔数	0.10~0.20
	乳脂率	0.50~0.70	绵羊	剪毛量	0.40~0.80
	持续泌乳力	0.15~0.25		毛长	0.50~0.80
	受精率	0.01~0.05		断奶重	0.20~0.30
	妊娠期	0.15~0.25	马	奔跑速度	0.60~0.80
	牛犊断奶重	0.30~0.50		步距	0.30~0.40
	断奶成绩	0.20~0.60		外形评分	0.30~0.80

引自:F Pirchner,1983;Population Genetics in Animal Breeding.

一般来说,重复力 $r_e \geqslant 0.60$ 称为高重复力;$0.30 \leqslant r_e < 0.60$ 称为中等重复力;而 $r_e < 0.30$ 称为低重复力。

（二）重复力的计算方法

由重复力的定义可以看出，重复力实际上就是以个体多次度量值为组内成员的组内相关系数，估计方法与组内相关系数的计算完全一致。计算公式是：

$$r_e = \frac{\sigma_B^2}{\sigma_B^2 + \sigma_W^2} = \frac{MS_B - MS_W}{MS_B + (n-1)MS_W}$$

式中，MS_B 为个体间均方，MS_W 为个体内均方，n 为度量次数。实际测定时，每一个体的度量次数常不相同，需要计算加权平均度量次数（n_0）。

$$n_0 = \frac{1}{k-1}\left[\sum n_i - \frac{\sum n_i^2}{\sum n_i}\right]$$

式中，k 为度量的个体数，n_i 为每一个体的度量次数。

（三）重复力的主要用途

1. 检验遗传力估计的正确性

由重复力估计的原理可以知道，重复力的大小取决于基因型效应和一般环境效应，这两部分之和必然高于基因加性效应，因而重复力是同一性状遗传力的上限。另外，计算重复力的方法比较简单，而且估计误差比相同性状遗传力的估计误差要小，估计更为准确。因此，如果遗传力的估计值高于同一性状的重复力估计值，则说明遗传力的估计有误。

2. 确定性状的度量次数

重复力高的性状，说明各次度量值之间相关程度强，只需要度量几次就可正确估计个体生产性能；相反，重复力低的性状，则需要多次度量才能做出正确的估计。根据计算结果，当 $r_e = 0.9$ 时，度量一次即可；$r_e = 0.7 \sim 0.8$ 时，需度量 $2 \sim 3$ 次；$r_e = 0.5 \sim 0.6$ 时，需度量 $4 \sim 5$ 次；$r_e = 0.25$，需度量 $7 \sim 8$ 次；$r_e = 0.1$ 时，需要度量 $9 \sim 10$ 次。

3. 估计个体可能的生产力

有了重复力参数，可以用畜禽早期生产记录资料估计其一生可能达到的生产力，从而做到早期选种。

Lush（1937）提出的估计畜禽最大可能生产力（$MPPA$）公式是：

$$MPPA = \bar{P} + \frac{n \times r_e}{1 + (n-1)r_e}(\bar{P}_n - \bar{P})$$

式中，$MPPA$ 为个体的最大可能生产力估计值；$\bar{P}$ 为全群均数，$\bar{P}_n$ 为个体 n 次度量值的均值，r_e 为该性状的重复力，n 为度量次数。

$MPPA$ 不仅与多次度量均值有关，而且与度量次数也有关系。度量次数多的个体，其平均值的准确度也高。

4. 用于评定家畜的育种值

在评定家畜育种值时，重复力是不可缺少的一个参数。

四、遗传相关

（一）遗传相关的概念

家畜作为一个有机的整体，它所表现的各种性状之间必然存在着内在的联系，这种联系的程度称为性状间的相关,用相关系数来表示。造成这一相关的原因很多而且十分复杂。一般而言,可将这些原因区分为遗传因素和环境因素。所以性状间的表型相关同样可剖分为遗传相关和环境相关两部分。群体中所有个体两性状间的相关称为表型相关,用 $r_{P(xy)}$ 表示;两个性状基因型值(育种值)之间的相关叫遗传相关,一般用符号 $r_{A(xy)}$ 表示;两个性状环境效应或剩余值之间的相关叫环境相关,用 $r_{E(xy)}$ 表示。根据数量遗传学的研究,性状的表型相关、遗传相关、环境相关的关系如下式:

$$r_{P(xy)} = h_x h_y r_{A(xy)} + e_x e_y r_{E(xy)}$$

式中,$e_x = \sqrt{1-h_x^2}$,$e_y = \sqrt{1-h_y^2}$。可见表型相关并不等于两个性状的遗传相关和环境相关之和;如果两性状遗传力低,则表型相关主要取决于环境相关;反之,如果两性状遗传力高,则表型相关主要决定于遗传相关。实际上,造成表型相关的这两种原因间的差异非常大,有时甚至一个是正相关,一个是负相关。例如母鸡体重与产蛋量的关系,Dicherson(1957)估计了 18 周体重与产蛋量的相关:$r_A = -0.16$,$r_E = 0.18$,$r_P = 0.09$。从遗传角度看,母鸡体重大则产蛋量少,表现为负相关;反之,从环境角度看,如饲养管理条件好,体重大的母鸡产蛋量高,表现为正相关。因此,估计出性状间的遗传相关,可以使我们透过表型相关这一表面现象看到实质上的遗传关系,从而可以提高育种工作的实际效率。

从育种角度来看,重要的是遗传相关,因为只有这部分是遗传的。表 7-6 列出了畜禽部分经济性状的相关系数。

表 7-6 畜禽部分经济性状的相关系数

畜禽种类	经济性状	$r_{P(xy)}$	$r_{A(xy)}$	$r_{E(xy)}$
牛	产奶量和乳脂量	0.93	0.85	0.96
	产奶量和乳脂率	−0.14	−0.20	−0.10
	乳脂量与乳脂率	0.23	0.36	0.22
猪	体长与背膘厚	−0.24	−0.47	−0.01
	生长速度与饲料利用率	−0.84	−0.96	−0.50
	背膘厚与饲料利用率	0.31	0.28	0.32
绵羊	毛被重与毛长	0.30	−0.02	0.17
	毛被重与每英寸卷曲度	−0.21	−0.56	0.16
	毛被重与体重	0.36	−0.11	0.05
鸡	体重(18 周龄)与产蛋量(72 周龄)	0.09	−0.16	0.18
	体重(18 周龄)与蛋重	0.16	0.5	−0.05
	体重(18 周龄)与开产日龄	−0.30	0.29	−0.50

(二)遗传相关的估测

性状间遗传相关系数的估计,主要有两种方法:一是通过亲子两代的资料来估计;二是利用同胞的资料来估计。遗传相关系数牵涉两个性状,因而计算起来比较复杂。

1. 由亲子关系估测性状间遗传相关

此法利用亲代个体的两个性状与子代个体相应的两个性状搭配成对,并要求亲代与子代在同一年龄时的度量值。例如亲代母牛是头胎产奶量与体重值,女儿也应是头胎产奶量与体重值。

亲子配对资料估测性状间遗传相关的公式为:

$$r_{A(xy)} = \sqrt{\frac{Cov_{x_1y_2} \cdot Cov_{x_2y_1}}{Cov_{x_1x_2} \cdot Cov_{y_1y_2}}} = \sqrt{\frac{SP_{x_1y_2} \cdot SP_{x_2y_1}}{SP_{x_1x_2} \cdot SP_{y_1y_2}}}$$

式中,$Cov_{x_1y_2}$、$Cov_{x_2y_1}$ 为亲代一个性状与子代另一个性状间的协方差。

$Cov_{x_1x_2}$、$Cov_{y_1y_2}$ 为亲代与子代同一个性状间的协方差。

$SP_{x_1y_2}$、$SP_{x_2y_1}$ 为亲代一个性状与子代另一个性状间的乘积和。

$SP_{x_1x_2}$、$SP_{y_1y_2}$ 为亲代与子代同一性状间的乘积和。

2. 由同胞关系估测性状间遗传相关

计算公式为:

$$r_{A(xy)} = \frac{Cov_{B(xy)}}{\sigma_{B(x)}^2 \cdot \sigma_{B(y)}^2} = \frac{MP_{B(xy)} - MP_{W(xy)}}{\sqrt{[MS_{B(x)} - MS_{W(x)}][MS_{B(y)} - MS_{W(y)}]}}$$

式中,$MS_{B(x)}$ 为 x 性状的组间均方;$MS_{W(x)}$ 为 x 性状的组内均方;$MS_{B(y)}$ 为 y 性状的组间均方;$MS_{W(y)}$ 为 y 性状的组内均方;$MP_{B(xy)}$ 为 x 与 y 性状的组间均积(也称协方差);$MP_{W(xy)}$ 为 x 与 y 性状的组内均积。

(三)遗传相关的用途

1. 进行间接选择

利用两性状之间的遗传相关,通过选择容易度量的性状,间接提高难以度量的性状。间接选择在家畜育种实践中具有很重要的意义。例如利用猪的生长速度与饲料利用率存在的强相关,在选种中只选生长速度,而饲料利用率也随之提高;如果能找到与成年家畜主要经济性状高度相关的早期性状,就可以进行早期选种,从而加快选种速度,减少种畜饲养成本。

2. 比较不同环境下的选择效果

遗传相关可用于比较不同环境条件下的选择效果。我们可以把同一性状在不同环境下的表现作为不同的性状看待。这就为解决育种工作中的一个重要实际问题提供了理论依据,即在条件优良的种畜场选育的优良品种,推广到条件较差的生产场如何保持其优良特性的问题。

3. 用于制定综合选择指数

在制定一个合理的综合选择指数时,需要研究性状间遗传相关。如果两个性状间呈负的遗传相关,要想通过选择同时提高这两个性状,很难取得预期效果。

实训十 遗传力的计算

一、实训目的

了解遗传力在育种实践中的应用意义,熟悉和掌握遗传力估计的原理和方法。

二、实训原理

性状的遗传力是某性状的育种值方差占表型总方差的比值,可以用百分数或小数表示。

遗传力是畜群的遗传特性,不是个体特性,因此要用群体资料来计算。本实训采用女母回归法估算性状的遗传力,公式为 $h^2 = 2b_{OP}$,计算出子代对一个亲本的回归系数后,乘 2 就是遗传力。全同胞估算性状的遗传力公式为 $h^2 = 2r_{FS}$,半同胞估算性状的遗传力公式为 $h^2 = 4r_{HS}$。

三、仪器及材料

某养殖场育成母羊剪毛量及其母亲 1.5 岁剪毛量记录列入表 7-7 中,试用公畜内女母回归法计算剪毛量的遗传力。

表 7-7　育成母羊剪毛量及其母亲 1.5 岁剪毛量　　　　　　　　kg

编号	种公羊											
	1		2		3		4		5		6	
	女	母	女	母	女	母	女	母	女	母	女	母
1			3.95	4.68	6.63	5.78	4.43	3.10	5.10	4.90	6.00	5.89
2			5.69	5.12	3.76	5.36	4.68	4.20	4.93	5.50	5.88	7.35
3	5.52	4.60	4.99	3.30	7.06	5.80	6.25	5.10	7.30	7.85	5.00	4.20
4	4.32	5.20	4.55	5.75	5.70	5.80	5.70	4.00	5.07	4.72	5.84	5.10
5	4.66	5.45	7.43	5.10	5.04	4.00	5.61	4.00	5.60	5.50	5.24	8.00
6	7.39	3.94	5.14	4.07	6.30	5.30	7.18	5.40	6.65	5.20	9.62	5.92
7	7.45	5.33	9.09	5.44	3.91	5.36	4.34	3.70	4.96	5.30	3.22	7.30
8	6.54	3.15	5.89	4.44	4.60	3.40	6.75	3.60	6.51	3.60	5.72	4.94
9	5.13	3.95	6.53	4.45	9.54	6.30	3.61	3.70	4.49	4.80	5.15	7.00
10	6.26	6.00	5.09	4.34	5.27	6.30	5.16	3.70	5.79	5.25	5.89	4.42
11	6.85	7.36	5.23	4.98	4.54	5.40	5.95	4.50	6.70	4.30	7.80	7.78
12	4.54	4.90	7.53	5.70	5.92	4.90	4.49	5.00	4.92	5.80	6.49	4.10
13	6.98	3.90	4.67	5.57	5.68	4.60	5.88	5.00	4.70	4.70	4.59	4.20
14			3.70	4.95	5.23	3.70	6.69	4.70	5.36	4.70	5.05	3.66
15							4.49	4.00	5.09	4.95	5.72	7.66
n_i	11		14		14		15		15		15	
$\sum O$	65.64		79.48		79.18		81.21		83.17		87.21	
$\sum P$	53.78		67.89		72.00		64.80		77.07		87.52	
$\sum O^2$	405.493 6		480.627 6		476.025 6		455.213 3		471.382 3		536.232 5	
$\sum P^2$	276.749 6		335.407 3		381.197 6		285.920 0		407.915 9		544.690 6	
$\sum OP$	320.386 6		389.104 7		414.936 6		357.536 0		430.217 4		510.928 2	

四、方法与步骤

1. 整理资料,计算各项总和

$N=84$, $\sum\sum O=475.89$, $\sum\sum P=423.06$, $\sum\sum O^2=2\,824.974\,9$,

$\sum\sum P^2=2\,231.881\,0$, $\sum\sum OP=2\,423.109\,5$

$\sum\dfrac{(\sum O)^2}{n_i}=2\,698.590\,4$, $\sum\dfrac{(\sum P)^2}{n_i}=2\,149.010\,7$, $\sum\dfrac{\sum O\sum P}{n_i}=2\,400.548\,5$

2. 计算公羊内平方和、乘积和

$$SS_{W(P)}=\sum\sum P^2-\sum\dfrac{(\sum P)^2}{n_i}=2\,231.881\,0-2\,149.010\,7=82.870\,3$$

$$SS_W=\sum\sum OP-\sum\dfrac{\sum O\sum P}{n_i}=2\,423.109\,5-2\,400.548\,5=22.561\,0$$

3. 计算遗传力

剪毛量的遗传力为: $h^2=2b_{OP}=2\times\dfrac{SP_W}{SS_{W(P)}}=2\times\dfrac{22.561\,0}{82.870\,3}=0.544\,5$

五、实训作业

1. 解释名词:遗传力、重复力、遗传相关、表型相关。
2. 简述重复力、遗传力、遗传相关三大遗传参数的重要性及其用途。
3. 某羊群育成母羊剪毛量资料经初步统计得二级数据如表 7-8 所示,请用公羊内女母回归法计算剪毛量的遗传力。

表 7-8　育成母羊剪毛量

公羊组	n	$\sum O$	$\sum P$	$\sum O^2$	$\sum P^2$	$\sum OP$
22029	11	9.7	−0.3	20.85	11.73	0.83
61022	30	8.3	−1.7	21.39	22.57	6.74
93087	30	8.1	19.6	43.85	122.20	9.29
15214	14	9.5	2.0	35.37	6.56	2.05
25205	14	9.1	2.1	33.89	11.29	9.04
05222	23	20.0	−0.3	55.86	46.29	10.13
$\sum$	122	64.7	21.4	211.21	220.64	38.08

注:O 代表女儿的剪毛量,P 代表母亲的剪毛量,为了计算方便,每个实测值减去 5 后进行统计,第二位小数四舍五入。

4. 利用表 7-8 中的女儿剪毛量资料采用半同胞相关法计算遗传力。

▶▶ 第三节　数量性状的选择 ◀◀

一、基本概念

(一)选择差

指留种群某一性状平均值与全群平均值之差,表示被选留个体所具有的表型优势。选择差的大小受两个因素的影响,一是畜群的留种率,二是性状的变异程度——标准差。

(二)留种率

指留种个体数占全群总数的百分比,即:留种率 $=\dfrac{\text{留种个体数}}{\text{全群总数}}\times 100\%$。在性状表型值呈正态分布的情况下,留种率与选择差成反比,即留种率越高,选择差越小。

(三)选择强度

不同性状间由于度量单位和标准差的不同,其选择差之间不能相互比较。为了便于比较,可以用各自的标准差为单位,将选择差标准化,标准化的选择差称为选择强度(i)。

$$i=\frac{S}{\sigma_P}$$

式中,i 为选择强度,S 为选择差,σ_P 为所测定性状的表型标准差。

选择强度可利用正态分布原理,从留种率得到估计:

$$i=\frac{Z}{Q}$$

式中,Z 为正态分布截点处纵高;Q 为截点右侧正态曲线下的面积,即留种率。选择强度可通过留种率来确定(表 7-9)。

表 7-9　通过留种率确定选择强度

留种率 Q/%	90	80	70	60	50	40	30	20	10	1
选择强度 i	0.195	0.350	0.498	0.645	0.798	0.967	1.162	1.402	1.758	2.640

(四)选择反应

指通过人工选择,在一定时间内使性状向育种目标方向改进的程度,用 R 表示。选择反应表示在亲代得到的选择差有多少能够传递给子代。

$$R=S\times h^2=i\times \sigma_P\times h^2$$

这样,只要知道一个畜群某性状的标准差与遗传力,确定了留种率,就可以预估选择效果。

(五)世代间隔

世代间隔对个体来说是指子代出生时其父母的平均年龄。对一个群体来说,是指群体中种用后代出生时父母按其子女数加权的平均年龄。

$$G_I = \frac{\sum_{i=1}^{n} N_i a_i}{\sum_{i=1}^{n} N_i}$$

式中，G_I 为平均世代间隔，N_i 为各组留种数，a_i 为父母的平均年龄，n 为组数（父母平均年龄相同的为一组）。

【例 7-4】某牛场 148 头留种犊牛出生时父母的平均年龄如表 7-10 所示，试计算该牛群的平均世代间隔。

表 7-10　148 头留种犊牛出生时父母的年龄分布

组别	双亲平均月龄（a_i）	留种数（N_i）	$N_i a_i$
1	39	29	1 131
2	44	37	1 628
3	60	51	3 060
4	96	31	2 976
$\sum$		148	8 795

将数据代入公式计算，得

$$G_I = 8\,795/148 = 59.4（月）= 4.95（年）$$

(六)遗传进展

遗传进展是选择反应的另一种表示方法，表示被选留个体每年的遗传改进量，用 ΔG 表示。

$$\Delta G = \frac{选择反应(R)}{世代间隔(G_I)} = \frac{S \times h^2}{G_I} = \frac{i \times \sigma_P \times h^2}{G_I}$$

【例 7-5】一个猪群的 180 d 体重的标准差为 10.6 kg，遗传力为 0.25。该猪群中，40% 母猪留作种用；3 头公猪留作种用，其 180 d 体重的选择差分别为 20 kg、15 kg 和 10 kg，预定第一头公猪配种 60%，其余 2 头各配 20%，假定世代间隔为 1.5 年。估测这群猪 180 d 的平均体重可望每年提高多少？

来自母猪的每代选择反应：

查表得 $Q = 40\%$ 时，$i = 0.967$。

$R = i\sigma_P h^2 = 0.967 \times 10.6 \times 0.25 = 2.56（kg）$

来自公猪的平均选择差 $= 20 \times 60\% + 15 \times 20\% + 10 \times 20\% = 17（kg）$

来自公猪的每代选择反应：

$$R = S \times h^2 = 17 \times 0.25 = 4.25（kg）$$

来自公猪与母猪的每代平均选择反应 $= \dfrac{2.56 + 4.25}{2} = 3.41（kg）$

每年遗传进展：$\Delta G = \dfrac{选择反应(R)}{世代间隔(G_I)} = \dfrac{3.41}{1.5} = 2.27（kg）$

预计该猪群 180 d 的平均体重可望每年提高 2.27 kg。

二、数量性状的选择方法

(一)直接选择与间接选择

直接选择是对所希望改进的目标性状直接进行选择,间接选择是指选择一个与期望改进的目标性状有相关的辅助性状,通过对这一辅助性状的选择以期达到改进目标性状的目的。一般情况下,当选择性状的遗传力低、观察周期长、直接选择的效果差时,可考虑间接选择。

在进行间接选择时,一般可选择一个遗传力高、与主要性状遗传相关高,或者是一个早期可以观察到的性状作为辅助选择性状。如仔猪断乳窝重这个性状与产仔数、初生窝重、断乳成活数、断乳个体重以及 6 月龄窝重等性状都有较高的相关,这样就可把它作为断乳时选种的主攻性状;另外,像绵羊的断乳重与 1 周岁时的剪毛量和剪毛后体重也都存在着中等偏高的遗传相关,因此选择断乳重大的个体,就可相应改进剪毛量与剪毛后体重。

如果 x、y 两性状间存在负相关;那么,提高了 x 性状,y 性状就会相应降低。比如猪的背膘厚度与胴体瘦肉含量之间有较强的负相关。背膘厚度在活体上容易度量,而胴体瘦肉含量活体不能度量。为了提高猪胴体瘦肉含量,可以通过活体测膘方法,连续几代选择背膘薄的猪留作种用,胴体瘦肉含量就会随之增加。

绵羊的皮肤皱褶与净毛率间存在负相关,选择多皱褶的个体,就会降低净毛率。在产奶量与乳脂率、生长速度与肉的品质等方面也存在着类似的问题。值得注意的是,性状间的负相关,是群体的总趋势,不一定在每个个体身上都表现一样。因此,只要在选种中注意到这个问题,对负相关的性状予以兼顾,就可避免顾此失彼的危险,甚至还可以兼而有之。目前,在乳牛中就出现了不少乳脂率高、产乳量也高的个体。

间接选择在畜禽育种工作中有着广阔的应用前途,尤其是应用于早期选择。人们正在努力寻找本身遗传力高(最好是质量性状),且与重要的经济性状有高度遗传相关的早期性状,特别是生理生化性状,如血型、某种蛋白酶含量等,作为辅助性状对晚期表现的经济性状进行间接选择。早期选择可大大降低饲养成本,扩大供选群体,从而加大选择差,提高选择效果。

(二)外形选择与性能测定

1. 外形选择

外部形态与内部的生理机能之间有一定的联系,外形在某种程度上可以反映家畜的健康状况和生产性能。同时有些外形特征也是某些品种的标志,例如太湖猪品种特征是耳大皮厚,耳根软而下垂,若发现竖耳的即不符合品种要求。另外,由于市场的需要,对外形也应有足够的重视。

我们不但要了解不同用途、品种、性别的畜禽应具有的正常外形特征,而且应注意其外形的缺陷,如窄胸、扁肋、凹背、垂腹、斜尻、不正肢势(弯腿及刀状后肢)、卧系及结构不匀称(头大颈细、中躯过短、颈肩结合不良、乳房或睾丸不匀称)等。这些外形缺陷是体质弱、生产性能差的表现。另外,对于各种畜禽有无遗传缺陷(如侏儒症、阴囊疝、隐睾、瞎乳头等)更要严格地考察。

2. 性能测定

家畜的生产性能测定成绩不仅是作为选种的一项直接指标,而且也是种畜禽遗传评估的重要资料。因此,性能测定是育种实践中的一项常态化工作。在畜禽的生产性能测定中,有的性状要向上选择,即数值大代表成绩好,如产奶量、产蛋数、瘦肉率等;有的性状要向下选择,即数值小代表成绩好,如猪的背膘厚度、蛋鸡开产日龄、生产单位产品所消耗的饲料等。

(三)表型值选择与育种值选择

1. 表型值选择

在生产中,直接观察到的成绩都是表型值。根据育种需要,选出表型值高的个体留种就是表型选择。由于表型值可来源于个体本身或其亲属,所以又有个体选择、系谱选择、后裔选择、同胞选择等。

2. 育种值选择

由于表型值中包括一部分不遗传的环境效应,以及虽然能遗传但不能固定的非加性效应,因而选择的可靠性较差。这就需要用遗传参数和一些专门的计算方法,把表型值计算出育种值,再根据育种值高低进行选择。同样,育种值也可以根据个体本身的资料或亲属的资料进行估计。

(四)单性状选择与多性状选择

育种工作中,需要选择提高的性状很多,比如奶牛需要提高产奶量、乳脂率、乳蛋白率;蛋鸡需要提高产蛋数、蛋重、受精率、孵化率等。针对某一性状进行的选择,叫作单性状选择;同时对几个性状进行的选择,称为多性状选择。

1. 单性状选择

经典动物育种学将单性状选择划分为 4 种方法,即个体选择、家系选择、家系内选择和合并选择。

(1)个体选择　个体选择是根据个体表型值高低进行的选择,这种方法不仅简单易行,而且在性状遗传力较高,表型标准差较大时,非常有效,可望获得好的遗传进展。个体选择的准确性直接取决于性状遗传力的大小。

(2)家系选择　家系选择是以整个家系为一个选择单位,根据家系均值的大小决定家系的选留,个体表型值除影响家系均值外,一般不予考虑。选中家系的全部个体都可以留种,未选中的家系个体不作种用。家系指全同胞和半同胞家系。对于繁殖力低的畜种,如牛只能采用半同胞家系选种;而对繁殖力高的畜种,如猪和鸡则可使用全同胞家系选种。适用于家系选择的条件有:性状的遗传力低,家系大,家系内表型相关和家系间环境差异小。具备这三个条件的群体进行家系选择,就能够取得较好的选择效果。

家系选择的选择反应是:

$$R_f = i\sigma_f h_f^2$$

式中,σ_f 为家系均值的标准差;h_f^2 为家系均值的遗传力。

(3)家系内选择　家系内选择是根据个体表型值与家系均值的偏差来选择,从每个家系中选留表型值高的个体,不考虑家系均值的大小。个体表型值超过家系均值越多,这个个体就越好。适用于家系内选择的条件:性状的遗传力低,家系大,家系内表型相关和家系间环境差异大。此时个体的表型值的偏差主要是由共同环境造成的,不是由遗传原因造成的,家系间差异并不反映家系平均育种值的差异。因此,我们在每个家系内挑选最好的个体留种,就能得到最好的选择效果。家系内选择还可防止群体近交系数增加过快。

家系内选择的选择反应是:

$$R_w = i\sigma_w h_w^2$$

式中，σ_w 为家系内离差的标准差；h_w^2 为家系内离差的遗传力。

（4）合并选择　合并选择是把同一性状各种亲属的资料合并成一个指数进行的选择。这种选择既考虑种畜个体所在家系的平均值的高低，又同时考虑个体表型值高低（即家系内偏差），在考虑这两个方面的同时，根据家系成员间的遗传相关和家系成员之间的组内相关，对两者进行适当的加权处理，制定出合并选择指数。

$$I = P + \left(\frac{r_A - r}{1 - r_A} \times \frac{n}{1 + (n-1)r} \right) P_f$$

式中，I 为合并选择指数；P 为个体表型值；r_A 为家系内遗传相关，全同胞的遗传相关为 0.5，半同胞的遗传相关为 0.25，r 为家系内的表型相关，可用组内相关法求得，n 为家系内所含的个体数；P_f 为家系平均值。

从这个公式来看，合并选择指数实际上是利用家系均值乘上系数，以补充个体表型值在反映育种值方面的不足。依据这个指数进行的选择，其选择的准确性高于以上各种选择方法，因此可获得理想的遗传进展。

2. 多性状选择

影响畜牧生产效率的家畜经济性状是多方面的，而且各性状间往往存在着不同程度的遗传相关。对种畜进行选择时，只进行单性状的选择，可能造成负面结果，因此在制定育种方案时，可同时考虑多个重要经济性状，实施多性状选择。传统的多性状选择方法有 3 种，即顺序选择法、独立淘汰法和综合选择指数法。

三、影响数量性状选择效果的因素

数量性状一般受微效多基因控制，基因型比较复杂，因而要像对质量性状那样，针对某一基因进行选择是不易做到的。数量性状必须应用生物统计和数量遗传学的原理，从性状的表型值中剔除环境的影响，根据基因的加性效应值——育种值来进行选择。

（一）遗传力

性状的遗传力直接影响选择反应，性状的遗传力越高，该性状表型值中能遗传的部分就越大，选择反应也越大；反之，性状的遗传力低，该性状表型值中能遗传的部分就小，选择反应也越小。所以，对于高遗传力性状，根据个体表型值直接选择，就能取得较好效果。

遗传力还影响选择的准确性。遗传力高的性状，如猪的脊椎数（$h^2 = 0.74$），表型的优劣大体上可反映基因型的优劣；相反，遗传力低的性状，如猪的窝产仔数（$h^2 = 0.15$），表型值在很大程度上不能反映基因型值，只根据表型选择，效果就不好。

（二）选择差和选择强度

群体的留种率越小，所选留个体平均表型值越高，选择差和选择强度越大，选择效果越好。为此，在畜群内应建立规模足够大的育种群，尽量扩大性能测定的规模，降低留种率，提高选择差和选择强度。

（三）群体内的变异程度

选择的基础在于群体内个体间存在遗传差异。保持群体内有可利用的遗传变异的方法有：选育基础群保持一定的规模；基础群内具有足够的遗传变异；基础群的组建应保持尽可能多的血统和较远的亲缘关系；在育种群内经常估计遗传参数；采用引入杂交等方法扩大群体的遗传变异。

(四)世代间隔

在家畜育种中,通常把经历一个世代所需的时间,称为世代间隔。世代间隔影响遗传进展,世代间隔越短,可望实现的遗传进展越大。几种主要畜禽的平均世代间隔如下:牛 4.5～5.5 年,绵羊 3.5～4.5 年,猪 1.5～2 年,鸡 1～1.5 年,马 8～12 年。

选择反应是某一性状经过一个世代的遗传改进量,也就是后代比亲代提高的部分。但是,我们在制订畜禽育种计划时并不是以世代为单位,而是以年为单位,即某性状每年提高多少。此时就要根据选择反应和世代间隔求出年改进量:

$$年改进量 = \frac{选择反应}{世代间隔} = \frac{R}{G_I}$$

由此可见,年改进量与选择反应成正比,与世代间隔成反比。世代间隔越长,年改进量越少。在家畜育种工作中,要加快畜群改良速度,必须从加大选择反应和缩短世代间隔两个方面采取措施,又以缩短世代间隔最为可行。缩短世代间隔的办法有:改进留种方法、尽可能实行头胎留种、加快畜群周转、减少老龄家畜在畜群中的比例。

(五)选择性状的数目

在对家畜进行选择时,往往同时选择几个性状,但一次选择的性状不能过多,否则容易使力量分散,每个性状取得的实际改进量降低。若一次选择一个性状时的选择反应为 1,同时选择 n 个性状时,每个性状的选择反应为 $\frac{1}{\sqrt{n}}$。如果同时选择 2 个性状,其中每个性状的进展只有单性状选择的 $\frac{1}{\sqrt{2}} = 0.71$;如果一次选 4 个性状,则只有 $\frac{1}{\sqrt{4}} = 0.5$。所以在选种时应突出重点性状,每次选择以 2～4 个性状为宜。

(六)性状间的相关

在育种实践中经常发现,当对家畜某性状进行选择时,其他一些未被选择的性状也发生某些改变。这些改变有可能是正向的,也有可能是负向的,这就是性状间的相关。例如在选择乳牛产奶量时,除产奶量得到提高外,乳脂量也得到相应增加,而乳脂率却有一定下降趋势。又如在选择猪的体长性状时,体长提高的同时,瘦肉率也相应提高,而背膘厚却变薄。性状间的相关可分为表型相关和遗传相关。从育种角度来看,重要的是遗传相关,只有遗传相关才是可以遗传的。深入研究和关注性状间的遗传相关,可以使育种工作少走弯路。

例如:20 世纪 50 年代以前,绵羊选种时,往往选择皮肤皱褶多的个体留种。但是皱褶多的羊虽然污毛产量很高,净毛量反而低于皱褶少的个体,并且皱褶多的个体羊毛短、体格较小、体质较弱,皮肤皱褶内易感染寄生虫,剪毛比较困难。因此 20 世纪 50 年代以后,改变了选种办法,选皱褶少的公羊留种,使净毛量有了较大的提高。

(七)选择方法

即使是同一性状,不同的选择方法也会造成不同的选择效果。例如:根据母鸡的个体产蛋数进行选择,对提高鸡群的产蛋性能作用很小,而用以公鸡为单位的家系选择,则对群体的产蛋水平有明显的改进。在奶牛中,通过后裔测定选择公牛,提高了选择的准确性,因此至今在世界上仍普遍采用。而在猪的育种中,对增重速度和平均膘厚等性状,用个体本身的性能测定,选择效果远比后裔测定为好,因此在欧洲和北美,除丹麦以外,对猪已不再作后裔测定。即使在丹麦,也在后裔测定之外再附加性能测定。总之,要使选择产生好的效果,就要对不同的畜种和不同的性状采用不同的选择方法。

(八)近交与引种

1. 近交

在育种工作中,往往一方面选择某种性状最优良的个体,同时采用某种程度的近交,希望增加基因的纯合性,使优良特性固定下来。但由于近交退化,使其与选择效果之间存在一定的矛盾。近交对各种性状的影响程度不同,对猪的生长率的影响小于成活率,对胴体品质影响更小。

选择有时候也能影响近交的效果。如果能够选择纯合性高的个体,选择与近交非但不矛盾,而且可以共同加快纯化程度。如在后裔测定时,除重视子女的平均值以外,还应注意子女的标准差。子女变异小的亲本,该性状的基因型相对较纯,选择这样的个体适度近交,就能迅速固定优良性状。

2. 引种

当纯种选择到一定阶段后,生产性能再进一步提高就比较困难。如产奶量 7 000 kg 以上的牛群,或产蛋数 280 个以上的鸡群,原有的选择方法几乎不起作用,这时引进外血是一种行之有效的措施。一般情况下引入的是同一个品种或类型的家畜,但生产性能要高于本场水平。引种是"开放式核心群选育"的重要步骤之一,它的作用是拓展群体的遗传基础,降低原有群体的近交程度,为进一步选育提高创造新的条件。

(九)环境

任何数量性状的表型值都是遗传和环境两种因素共同作用的结果。环境条件改变了,表型值也会随之改变。有些例子表明,在优厚环境条件下选出的卓越个体,到了较差的环境条件下,其表现反而不如在原条件下表现较差的个体。这说明某些基因型适合一定的环境条件,另一些基因型却适合另一种环境条件。

基因型与环境互作的原因可能是一个性状往往受一系列生理变化过程的制约,在一种环境条件下,控制某个生理生化过程的基因起主要作用,而在另一环境下,控制另外一个生理生化过程的基因起主要作用。例如对家畜的生长速度,在饲料不足的条件下,饲料利用能力起主要作用,而在饲料充足的情况下,采食量的作用就大大增加。因此在后一种条件下对生长速度进行选择,主要是选择了采食量,而采食量大的个体在前一种条件下可能就无用武之地,生长速度有可能反而不如采食量小而饲料利用率高的个体。

遗传与环境互作现象的存在,促使我们不得不考虑这样一个问题:选择究竟应该在怎样的条件下进行?育种场的条件是不是应该特别优厚?答案是要根据不同的情况而定。对于国家级的育种中心、重点种畜场,育种工作应在优良的环境条件下进行,使高产基因型的个体能充分发挥其遗传潜力;对于一般的种畜场、良种推广站,育种工作应在与推广地区基本相似或稍好的条件下进行。

知识链接

全基因组关联分析和全基因组选择

1. 全基因组关联分析

全基因组关联分析(genome-wide association study，GWAS)是一种在关联统计分析的基础上，对全基因组范围内的遗传标记进行检测，以定位影响表型性状的遗传因素的分析方法。目前，GWAS广泛应用于在动物复杂性状中寻找候选基因或基因组领域。与传统的候选基因关联分析相比，GWAS具有以下明显优势：①研究的基因可以是未知的，不牵涉"候选基因"；②可直接研究全基因水平的DNA变异，不需要假设某些特定的基因位点与目标性状或疾病相关；③高通量，可同时检测成千上万个序列变异，极大程度地降低了大样本全基因组水平分析的成本。

GWAS分析包括以下几个步骤：①提取的DNA样本与高通量的SNP分型芯片进行杂交；②用专门的扫描仪对芯片进行扫描；③将每个样本的全部SNP分型信息以数字形式存储并对其进行质量控制；④检测分型样本和位点的"得率"(call rate)，比较试验与对照的符合即差异程度；⑤对经过质控的数据进行关联分析，筛选出一批差异最显著的SNP位点；⑥根据试验要求，对筛选出的SNP用合适通量的基因分型技术再独立样本种进行验证；⑦如果采用两步设计，还需合并两部分的数据。

GWAS由于其具有高通量、不涉及候选基因、无须构建假设等优点，但GWAS的应用存在着研究群体遗传背景不一致所导致的结果不可靠，要求大样本量的群体进行多次验证等局限性。

2. 全基因组选择

全基因组选择(genomic selection，GS)是一种利用覆盖全基因组的高密度标记进行选择育种的新方法，可通过早期选择缩短世代间隔，提高育种值(genomic estimated breeding value，GEBV)估计准确性，加快遗传进展，尤其对低遗传力、难测定的复杂性状具有较好的预测效果。与传统育种方法比较，全基因组选择具有"快、准、高"的优势。"快"是指通过早期选择缩短世代间隔；"准"是指从候选群体中选择优秀个体准确性更高，利用基因组信息进行遗传评估准确性高；"高"是指育种收益高，育种投入与育种收益比例合适。采用全基因组选择选得准、进展快、减少生产性能测定成本，从而降低育种成本。全基因组选择是动物育种的国际大趋势，目前全基因组选择已极大地促进了动物育种和畜牧生产的发展。

实施全基因组选择通常分为两步：第一步，建立一个参考群体，对每个个体所有要选择的性状做详细、准确的表型记录，同时对这些个体进行高通量基因组标记分型，然后利用数学模型估计出各个标记的效应。第二步，对需要选择的候选群体中的每个个体也做标记分型，再根据第一步得到的标记效应值累加得出每个个体的基因组育种值(genomic estimation of breeding value，GEBV)，据此进行选种。

随着测序方法和芯片技术的不断成熟，未来个体分型费用将不断降低，分型准确性不断提高，GS将逐步替代传统育种方法。如何快速、有效地储存、处理及分析数据是测序技术应用于全基因组育种的重要挑战，此外，全基因组选择只能应用参考基因组中已知的基因序列信息，对于未知的基因序列和基因功能尚不能进一步深入研究。

▶▶ 复习思考题 ◀◀

1. 解释名词：选择反应、选择差、留种率、世代间隔、选择反应、遗传进展。

2. 简述数量性状的选择方法。

3. 简述影响数量性状选择效果的因素。

4. 某种鸡群 300 日龄产蛋数的遗传力 $h^2 = 0.25$，选择前全群产蛋平均值为 80 枚，留种个体产蛋平均值为 95 枚。该鸡群预期的选择反应是多少？

5. 在荷兰牛群中大约每 100 头牛中有 1 头红斑牛（红斑为隐性），如果全部淘汰红斑牛，预期下一代红斑牛的比例是多少？ 如果在以后各世代中均把红斑牛淘汰掉，问需要多少代可把红斑基因的频率降到万分之一？

6. 试述在生产实践中，采取哪些措施能有效提高育种工作的遗传进展，并举例说明。

第八章

种畜选择

知识目标

- 了解家畜生长发育规律，掌握不同生产用途家畜的体质外形特点和种畜的外形鉴定方法。
- 掌握性能测定、系谱测定、同胞测定和后裔测定的方法。
- 掌握家畜遗传评估的主要方法。

技能目标

- 能根据家畜的外形特点鉴定其生产用途或种用价值。
- 学会系谱的编制与鉴定。
- 学会制订综合选择指数和估算育种值。

选种是畜禽育种工作的主要手段和基本技术措施。选种就是要从畜禽群体中选出符合育种目标的优良个体留作种用，其目的在于增加群体中某些优良基因频率，定向改变群体的遗传结构，从而提高原群体的性能水平或在原有群体基础上创造出新的类型。

选种时，首先要求种畜本身生产性能高、体质外形好、生长发育正常，同时还要求其种用价值高。前三个方面根据畜禽的生产和表型记录资料即可评定，而种用价值的高低是对种畜的遗传鉴定和评估，只有在生产性能测定的基础上采用特定的方法才能对其进行准确评估。育种工作的核心任务之一是选种。因此，科学有效的选种技术是决定育种工作成效的关键所在。

二维码 8-1	二维码 8-2	二维码 8-3	二维码 8-4
畜禽育种方法（一）	畜禽育种方法（二）	畜禽育种方法（三）	畜禽育种方法（四）

》》 第一节　畜禽的表型评定 《《

根据畜禽的生长发育、体质外貌和生产性能等资料来评定畜禽的品质是选种的基础，也是在育种实践中经常开展的一项工作。根据表型评定,可从畜群中初步选出比较优秀的公母畜,以满足育种需要。

一、畜禽的生长发育

(一)生长发育的概念

生长和发育是两个不同的概念。生长是动物达到体成熟前体重的增加,即细胞数目的增加和组织器官体积的增大,它是以细胞分裂增殖为基础的量变过程。而发育则是动物达到体成熟前体态结构的改变和各种机能的完善,即各种组织器官的分化和形成,它是以细胞分化为基础的质变过程。二者互相联系、互相促进、不可分割。生长是发育的基础,而发育又反过来促进生长,并决定生长的发展方向。生长发育的过程就是一个由量变到质变的过程,家畜的生产特性就是在个体生长发育全过程中逐渐形成和完善起来的。

从遗传学的角度来看,畜禽的生长发育是遗传基础与环境共同作用的结果,因此了解和掌握遗传因素及环境条件对生长发育的影响,就可以通过选种或人为地改变环境条件,达到不断改进畜产品品质和提高畜产品产量的目的。

(二)研究生长发育的方法

由于畜禽机体结构、机能与环境的复杂关系,因而对生长发育规律的研究,很难在短时间内根据单方面的观察得出正确结论。研究生长发育常用观察衡量法和计算分析法。

1. 观察衡量法

人们在长期的生产实践中,积累了许多关于畜禽生长发育方面的经验,如根据出牙、换齿、牙齿的磨损程度、牛的角轮数目、马眼皱纹的出现等来判断其年龄及生产性能的高低。但这些多是对质量性状特征的一个大概描述,没有用量化指标来反映畜禽生长发育的准确情况。现在通常的做法是针对某一部位进行测量(称量)和计算。

2. 计算分析法

要想用具体数值说明生长发育变化的情况,目前最常用的仍是体重与体尺的测量,测量后经过分析计算,根据计算结果判定畜禽的生长发育情况。

(1)测量时间和次数。研究生长发育,最主要的几个测定时间:初生、断乳、初配和成年。测定时间可因畜禽种类不同而异。具体测定的次数和项目,应视畜禽种类、用途和年龄的不同而异,对育种群和幼龄畜禽可多测几次,对其他畜禽则可减少测定次数;在科研时根据试验目的可多次测定,在实际生产上则可适当少测,避免产生应激。

(2)测量要求。测定数值一定要精确可靠。称重一般安排在早上饲喂前进行;体尺测量应注意畜禽的站立姿势和测具的使用方法。称重和测量都要注意测量器械的准确度。称重与测量体尺,是从两个不同的角度来研究分析家畜的生长发育情况。两者结合进行,可以判定畜禽身体发育的协调性。

(3)常用的计算与分析方法。

① 累积生长。累积生长是指畜禽某一时期生长的最终重量或大小。所测得的体重或体尺,代表该畜禽被测定以前生长发育的累积结果,用图解方法表示累积生长曲线呈 S 形(图 8-1)。

② 绝对生长。指在一定时间内体重或体尺的增长量,用以说明畜禽在某个时期生长发育的绝对速度。绝对生长在生产上使用较普遍,用以检查畜群的营养水平、评定畜禽优劣和制定

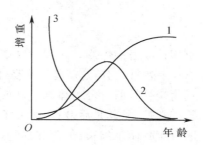

图 8-1　生长曲线对比图
1. 累积生长曲线　　2. 绝对生长曲线　　3. 相对生长曲线

各项生产指标的依据等。通常用以下公式表示：

$$G = \frac{w_1 - w_0}{t_1 - t_0}$$

式中，w_0 为始重（即前一次测定的重量或体尺）；w_1 为末重（即后一次测定的重量或体尺）；t_0 为前一次测定的月龄或日龄；t_1 为后一次测定的月龄或日龄。

③ 相对生长。相对生长是指畜禽在一定时间内的增重占始重的百分率，表明畜禽的生长强度。相对生长用 R 代表，计算公式如下：

$$R = \frac{w_1 - w_0}{w_0} \times 100\% \text{ 或 } R = \frac{w_1 - w_0}{\frac{w_1 + w_0}{2}} \times 100\%$$

式中，w_0 为始重（即前一次测定的重量或体尺）；w_1 为末重（即后一次测定的重量或体尺）。

将累积生长、绝对生长、相对生长绘制成典型的曲线对比图，如图 8-1 所示。

(三)生长发育的一般规律

在研究不同畜禽的生长发育时，发现它们既有一些共同规律，又有其自身发育的特殊性。生长发育的基本规律表现为阶段性和不平衡性。

1. 生长发育的阶段性

在畜禽生长发育的全过程中，都要经历几个区分明显的时期，一般把出生前后作为分界线，把整个生长发育过程分为胚胎时期与生后时期。每个时期又可根据生理解剖、生理机能、对环境条件的要求等情况，再划分为若干时期。

(1)胚胎时期　从受精卵开始到出生时为止。

(2)生后时期　由出生后直到衰老死亡。生后期较长，又分为以下四个时期。

① 哺乳期。由初生到断乳时为止。此期特点是生长发育快，条件反射相继形成，增重及适应能力不断提高，末期由哺乳渐变为采食饲料。

② 育成期。从断乳到初配时为止。此期增重还处于上升阶段，育成期期末体重可达到成年体重的 50%～70%。体躯结构基本定型，生殖器官发育成熟，有配种受胎能力。

③ 成年期。从生理成熟到开始衰老称为成年期。此期体躯完全定型，各种性能完善，生产性能最高，性活动最旺盛，增重停止。

④ 老年期。各种生理机能开始衰退，代谢水平降低，生产力下降。一般在经济利用价值

开始降低时,就可能已被淘汰。

2. 生长发育的不平衡性

成畜不是幼畜的放大,幼畜也不是成畜的缩影。在同一时期,机体各部位及各组织之间,并不是按相同比例来增长,而是有先后快慢之分,这就是不平衡性。

(1)骨骼生长的不平衡性　动物全身骨骼可分为体轴骨和四肢骨两大类。出生前四肢骨生长明显占优势,故初生时四条腿特别长,尤其是后肢;出生后不久,转为体轴骨生长强烈,四肢骨的生长强度开始明显下降,故成年时体躯加长、加深和加宽,四肢相对变粗变短。体轴骨生长强度的顺序是由前向后依次转移,而四肢骨则是由下而上依次转移,这种生长强度有顺序地依次移行的现象叫作“生长波”。生长波分为主要生长波和次要生长波,主要生长波是从头骨开始,生长强度向后依次移行到腰荐部;次要生长波是从四肢下端开始,向上依次移行到肩部和骨盆部。两种生长波交汇之处叫“生长中心”。马、牛、羊等草食动物的肩部和骨盆部是两个生长波汇合的部位,即生长中心,它们的生长强度旺盛时期出现得最迟,是全身最晚熟的部位,但又是全身出肉最多、肉质最好的地方。如果在骨盆部强烈生长时期营养不足,后躯则变得尖窄而斜,无疑会影响产肉量。

(2)外形部位生长的不平衡性　外形变化与全身骨骼生长顺序密切相关。马、牛、羊初生幼畜的外形特点是,头大腿长躯干短,胸浅背窄荐部高,毛短皮松,骨多肉少;而成年时则躯干变长,胸深而宽,四肢相对较短,各部位变得协调匀称,肌肉与脂肪增多(图 8-2)。一头幼畜从小到大,先长高而后加长,最后变得深宽,体重加大,肉脂增多。

犊牛与青年牛　　　　青年牛与成年牛　　　　犊牛与成年牛

图 8-2　犊牛、青年牛、成年牛外形比较

(3)体重增长的不平衡性　家畜出生后,体重随着年龄的增长而增长,到一定时期达最高峰,一般成年后绝对增重减少。在生长强度方面,各种畜禽均表现为年龄越小生长强度越大,即胚胎期大于生后期。以牛为例,其受精卵重为 0.5 mg,初生重为 35 kg 左右,整个胚胎期的体重加倍次数为 26.06;成年时体重为 500 kg,整个生后期的体重加倍次数仅为 3.84。总之,畜禽早期体重增长较迅速,后期缓慢;大家畜各生长发育时期比小家畜长,但在胚胎期重量加倍次数比小家畜大。因此,生产上应特别重视对怀孕母畜的饲养管理和对幼畜的培育。

(4)组织器官生长发育的不平衡性　不同组织发育迟早与快慢的顺序是,先骨骼和皮肤,后肌肉和脂肪。脂肪沉积的部位,也随年龄不同而有区别。一般先贮存于内脏器官附近,其次在肌肉间,之后于皮下,最后贮存于肌肉纤维中,形成“大理石纹”。即先肠油、板油,后皮下和肌间的顺序积贮。各器官随年龄的增长,生长速度也不同,在系统发育中出现较早的器官,发育出现得较早,生长缓慢,结束较晚,如脑和神经系统。

二、畜禽的体质、外形

(一)畜禽的体质

1. 体质的概念

体质就是人们通常所说的身体素质,是机体机能和结构协调性的表现。家畜有机体是一个复杂的整体,只有在有机体各部分、各器官间以及整个有机体与外界环境间保持一定协调的情况下,畜禽才能很好地发育和繁殖,才能充分发挥其生产性能。这种协调性的表现就是体质。

体质和外形是两个联系紧密、不可分割而又有所区别的概念。外形是体质的外在表现,是体质的组成部分,其概念偏重于"样子",而体质的概念偏重于机能。二者均与生产性能和健康状况有关,因此在外形鉴定时,应将体质和外形有机地结合起来进行。

2. 体质的分类

体质的分类方法很多,在畜牧生产和育种工作中,常用的是库列硕夫分类法,后来伊凡诺夫又进行了补充。通常将畜禽的体质分为五种类型:

(1)细致紧凑型　这类畜禽的骨骼细致而结实,头清秀,角蹄致密有光泽,肌肉结实有力,皮薄有弹性,结缔组织少,不易沉积脂肪。外形清瘦,轮廓清晰,新陈代谢旺盛,反应敏感灵活,动作迅速敏捷。乘用马、乳牛、细毛羊、蛋用型鸡多为此种体质。

(2)细致疏松型　这类畜禽的结缔组织发达,全身丰满,皮下及肌肉内易积贮大量脂肪。它的肌肉肥嫩松软,同时骨细皮薄。体躯宽广低矮,四肢比例小。代谢水平较低,早熟易肥,神经反应迟钝,性情安静。肉用畜禽多为此种体质。

(3)粗糙紧凑型　这类畜禽骨骼粗壮结实,体躯魁梧,头粗重,四肢粗大强健有力,皮肤粗厚,皮下脂肪不多,适应性和抗病力较强,神经敏感程度中等。役畜、粗毛羊多此种体质。

(4)粗糙疏松型　这类畜禽骨骼粗大,结构疏松,肌肉松软无力,易疲劳,皮厚毛粗,反应迟钝,繁殖力和适应性均差,在选种时是一种被淘汰的体质类型。

(5)结实型　这种体质类型的畜禽,身体各部分协调匀称,皮、肉、骨骼和内脏的发育适度。骨骼坚实而不粗,皮紧而富有弹性,肌肉发达而不肥胖。外表健壮结实,对疾病抵抗力强,生产性能良好。这是一种理想的体质类型,种畜应具有这种体质。

(二)畜禽的外形

1. 外形的概念和研究意义

外形指畜禽的外表形态,我国古代称为"相"。外形不仅是畜禽的外部表现,而且能在一定程度上反映出畜禽的内部结构、生产性能、营养水平和健康状况。早在公元前 1 000 多年,根据外形来鉴定家畜已非常盛行,如伯乐和他的《相马经》。后人有"伯乐一过,其马群遂空,非无马也,无良马也"的记载,说明伯乐相马技术相当高超。我国古代的外形鉴定带有相关观点,如"肺欲得大,鼻大则肺大,肺大则能奔;心欲得大,目大则心大,心大则猛烈不惊";同时整体观念强、注重动静结合,如"相马之道,形骨为先""徒以貌取,失之远矣""举蹄轻快不起尘者善走"等。

通过外形观察,不仅能鉴别品种、年龄,了解畜禽的体质、健康状况、对环境条件的适应性,还能判断畜禽的主要生产用途和大致的生产性能,这一点在生产中很具有实用价值,因为直接研究畜禽的内部机能有一定困难,而外形观察就为畜禽内部机能的研究打开了一条通道。

2. 不同用途畜禽的外形特点

不同生产用途和不同性别的畜禽,其外形特征差别很大。要想准确地进行外形鉴定,就必须掌握不同生产用途畜禽的外形特征。

(1)肉用型　肌肉和皮下结缔组织发育良好,低身广躯,体型呈长方形或圆桶形。头短宽,颈粗厚,肩宽广,胸宽且深,背腰平直,后躯宽广丰满,四肢短小,皮肤松软有弹性。

(2)乳用型　后躯比前躯发达,中躯相对较长,体型呈三角形。全身清瘦,棱角突出,体大肉不多。头清秀而长,颈长而薄,胸深长,背腰宽平,腹圆大,乳房大呈四方形,乳静脉粗多弯曲,乳井大,皮肤薄而有弹性。

(3)蛋用型　目前,蛋用禽主要是鸡、鸭、鹅等,它们的外形特征是:头颈宽长适中,胸宽深而圆,腹部相对发达,整个体型小而紧凑,毛紧、腿细,身体呈船形。

(4)毛用型　全身被毛密度大,皮薄有弹性,四肢长,体型窄,呈长方形。头宽大,颈中等长,颈肩结合良好,颈上通常有横皱褶;肋部圆拱,背腰平直,四肢长而结实。目前,常见的毛用畜有绵羊、山羊、兔等。

(5)乘用型　身高且瘦,体窄而深,四肢稍长,体高与体长接近相等。头清秀,颈细长,鬐甲高长,背腰短平,肩长而斜,胸部深长但较窄,尻平长,四肢端正,关节明显,蹄质地坚实、大小适中,精神活泼,行动灵活,运步轻快。

(三)鉴定方法

外形鉴定方法分为肉眼鉴定和测量鉴定。

1. 肉眼鉴定

指通过肉眼观察畜禽的整体及各个部位,并辅助以手摸和行动观察,来辨别其优劣。肉眼鉴定的方法是:先粗后细,先整体后局部,先静后动,先眼后手的原则。鉴定时,从正面、侧面和后面进行一般的观察,主要看畜禽体型是否与选育方向相符,体质是否健康结实,整体发育是否协调匀称,品种特征是否典型,体格的大小和营养好坏,有何优点和缺点等。取得一个概括认识以后,再走近畜体,对各部位进行细致审查,最后根据整体情况评定优劣和等级。

肉眼鉴定的优点是不受时间、地点等条件的限制,不用特殊的器械,简便易行。鉴定时,畜禽也不至于过分紧张,可以观察全貌。其缺点是鉴定中常带有主观性。要求鉴定人员要有丰富的实践经验,并对所鉴定畜禽的品种类型、外形特征有深入的了解。

为了减少主观成分,也可采用评分鉴定。这种鉴定方法是在评定前,根据畜禽各部位在生产及育种上的重要性,定出最高分或系数,同时对每个部位规定理想标准,鉴定人依据评分表对畜禽进行系统的外形鉴定。评分的方法有两种,一种为百分制,对各部位规定出最高分的标准,然后对每个部位逐一评定,分别给予评分,最后将每个部位的得分加在一起求出总分,满分为100分。另一种是五分制,即把评定的各部位的最高分定为五分,根据各部位的实际情况进行评定,然后乘上该部位规定的系数。最后根据总分定出等级。

2. 测量鉴定

测量鉴定可以避免肉眼鉴定带有的主观性,可以用具体的数值定量的描绘出畜禽的外貌特征。体尺测量鉴定是通过测量工具测出畜禽某些体尺数值,并根据一定的计算公式计算出体尺指数,以反映畜禽各部位的发育情况,进而说明畜禽的外形结构特征。这种方法虽然可以避免肉眼鉴定带有的主观性,但是整体观念不是很强。

20世纪80年代,美国率先在荷斯坦牛中使用奶牛的体型外貌线性评定法。这种外貌鉴定方法是把奶牛的体型外貌性状分为主要性状(体高、体强度、体深、乳用性等)和次要性状,一般只测定主要性状。每个性状的线性分值为 1～50 分。但线性分值的高低并不代表性状的好坏,需将其转换成功能分后方可反映出性状的优劣。如奶牛体强度,主要依据胸部宽度和深度、鼻镜宽度以及前驱骨骼结构等综合表现给分。特别纤弱的线性分为 1～5 分,中等的评 25 分,极度强健宽阔的评 45～50 分。而线性值为 37 分时转化成的功能分最高,即奶牛体强度的最佳线性分值是 37 分。在功能分的基础上,将各性状归属于一般部位、乳用特征、体躯容积和泌乳系统四项特征性状,先求出特征性状功能分,然后将特征性状分数加权综合,得到个体的总评分,最终根据总分数的高低综合得出被鉴定个体的等级。

奶牛的体型外貌线性评定法避免了传统评分法的主观性,目前已相继在荷兰、日本、加拿大、德国、英国等国家推广应用。我国自 20 世纪 80 年代中期开展奶牛体型外貌线性评定法的研究和推广工作,奶牛育种科技工作者依据欧美国家现行的评分系统,建立了我国的体型外貌线性评分体系和线性评分系统,目前我国种牛遗传评定中使用的体型外貌资料,均来自线性评定方法结果,其应用与推广促进了奶牛群体生产性能的改进与提高。

(四)家畜外形评定方法

每一家畜品种都有一个品种标准,其中对体型外貌有明确地规定,作为种畜应符合这些标准。

1. 奶牛

体型外貌评定在奶牛中是最复杂也是做得最完善的。线性评定方法自 20 世纪 80 年代初就在奶牛中开始应用,目前已在世界各国普遍使用,并基本形成了国际性的统一标准。但各国在测定性状的选择上以及对各个性状的重视程度上有所不同。例如我国将体型性状分为两级,一级性状共 15 个,归纳为 5 个部分:

① 体型部分。

体高:由鬐甲最高点(第四胸椎棘突处)至地面的垂直距离。

胸宽:根据胸部宽度与深度、鼻镜宽度和前驱骨骼结构综合评判。

体深:中躯的深度,主要看肋骨的长度和开张度。

棱角性:骨骼鲜明度和整体优美度。

② 尻臀部。

尻角度:从腰角到臀角坐骨结构与水平线所夹的角度。

尻宽:由腰角宽、髋宽和坐骨宽综合评定,比重分别为 10%、80% 和 10%。

③ 肢蹄部。

后肢侧视:主要指飞节处的弯曲程度。

蹄角度:蹄前缘斜面与地平面所构成的角度,以后肢为主。

④ 乳房部。

前房附着:前房与体躯腹壁的附着紧凑程度,根据乳房前缘由韧带牵引与体躯腹壁附着的角度来判断。

后房高度:后房附着点的高度,根据其在坐骨与飞节之间的相对位置来判断。

后房宽度:后房左右两个附着点之间的宽度。

悬韧带:根据后视乳房悬韧带的表现清晰度判断。

乳房深度:乳房底平面的高度,根据其与飞节的相对位置来判断。

⑤ 乳头部分。

乳头位置：从后面观看的乳头基底部在乳区内的分布（乳头间的距离）情况。

乳头长度：根据前乳头长度判断。

这些一级性状被认为具有较重要的生物学功能，是线性评定的重点。此外，在以上 5 个部分中还包含 14 个二级性状。

多数体型性状的表现与成年牛的年龄、泌乳阶段和饲养管理等无明显关系，但为提高评定的准确性，最理想的鉴定个体是分娩后 90～120 d 的头胎初产牛。干奶期、产犊前后、疾病期间以及 6 岁以上的个体不宜进行评定。在得到各一级性状的等级得分后，还要进一步将有关性状的得分加权合并成一般外貌、乳用特征、体躯容量和泌乳系统四个特征性状的得分，注意公牛本身没有泌乳系统得分，但可根据其女儿和其他雌性亲属的评分来对其进行间接评定。

四个特征性状得分的计算公式分别是：

一般外貌＝0.15(体高＋尻角度)＋0.1(胸宽＋体深＋尻宽)＋0.2(后肢侧视＋蹄角度)

乳用特征＝0.6 棱角性＋0.1(后肢侧视＋蹄角度＋尻角度＋尻宽)

体躯容量＝0.2(体高＋尻宽)＋0.3(胸宽＋体深)

泌乳系统＝0.2 前房附着＋0.15(后房高度＋悬韧带)＋0.25 乳房深度＋0.1 后房宽度＋0.075(乳头长度＋乳头位置)

最后将各特征性状得分再加权合并为体型整体得分，各特征性状的加权值如表 8-1 所示。

表 8-1　奶牛各特征性状的加权值

特征性状	公牛	母牛
一般外貌	0.45	0.30
乳用特征	0.30	0.15
体躯	0.25	0.15
泌乳系统		0.40

各部位的等级分和整体等级分都可按其得分将其划分为等级：优（90 分以上）、良（85～89 分）、佳（80～84 分）、好（75～79 分）、中（65～74 分）、差（64 分以下）。这 6 个等级用英文字母表示分别为 EX、VG、G＋、G、F、P。

2. 猪

在猪的育种中，对体型外貌的评定不像牛那么复杂。过去人们常用肉眼来评判一头猪的肌肉生长情况，现在可借助仪器（如 A 型或 B 型超声波仪）来客观地测量背膘厚和眼肌厚（或面积），逐渐取代了外观的肌肉生长评分。但有些体型外貌性状如乳腺和肢蹄，在育种实践中仍然具有重要意义。乳腺应具有足够的发育良好的乳头。四肢应具有理想的关节角度和健壮的蹄子，以保证猪能以正确的姿势稳定地站立。

3. 羊

毛用绵羊除了对羊毛的密度、长度、弯曲度、细度、均匀度以及羊毛油汗的含量、分布和颜色等要进行严格的鉴定外，还要对体格大小和身体的宽深丰满程度进行评定。

对肉用绵羊的体型要求与猪相似，但肉用绵羊的肌肉丰满程度目前主要还是用肉眼观察。同样，对肢蹄的结实程度也要做观察。

对乳用山羊的体型外貌的评定与奶牛相似，原则上用于奶牛的线性评定系统也可用于乳用山羊。

三、畜禽的生产力

(一)生产力的概念

生产力是指畜禽给人类提供产品的能力。在畜禽育种实践中,生产力是重点选择的性状,是表示畜禽个体品质最重要的指标。饲养畜禽的目的就是要生产更多、更好的畜产品,有更高的饲料报酬和经济效益。正确的评定并计算生产力,对指导育种工作和有效地组织生产具有重要意义。

(二)生产力的种类和主要指标

畜禽生产力可分为肉用、乳用、毛用、蛋用和繁殖5类。各种生产力评定指标的名目尽管不同,但按其性质不外是数量指标,质量指标和效率指标3种。

1. 评定产肉力的指标

肉用动物有猪、牛、羊、兔等,以猪为主,其评定指标如下。

(1)活重:指动物宰前的活体重量。由于相同活重的个体产肉量相差很大,因此,常根据某种动物一定年龄时的体重大小作为评定的指标。

(2)经济早熟性:指动物在一定的饲养条件下能早期达到一定体重的能力。如猪用6月龄时的体重作为评定经济早熟性的指标。

(3)肥育性能:它表示动物在肥育期间增重和脂肪沉积的能力。常以平均日增重和每增重1kg所需的饲料量(饲料报酬)这两个指标来表示。

(4)屠宰率:动物屠宰后,除去头、四肢下段(腕关节和飞关节以下)、内脏(保留板油和肾脏)、皮(猪去毛不去皮)后所得胴体重,以胴体重与活重相比就是屠宰率。其公式为:

$$屠宰率=\frac{胴体重(kg)}{活重(kg)}\times100\%$$

(5)净肉率:屠体去骨后的全部肉脂重量为净肉重,以净肉重与活重相比为净肉率。它说明畜体可食部分的多少,多用于牛、羊。

(6)瘦肉率:指胴体剥离皮、骨骼和分离脂肪后所剩的重量(瘦肉重)与胴体重之比。

$$瘦肉率=\frac{瘦肉重(kg)}{胴体重(kg)}\times100\%$$

(7)膘厚:将猪的屠体劈半,测量第6与第7肋骨处背膘的厚度。膘越薄,瘦肉率越高。

(8)眼肌面积:猪一般以最后一对腰椎间背最长肌的横断面积作为眼肌面积,计算公式是:长度×宽度×0.7 cm或0.8 cm。牛以倒数第1、第2肋骨之间脊椎上背最长肌的横截面积作为眼肌面积。眼肌面积越大,其瘦肉率越高。

(9)肉的品质:主要根据肉的颜色、风味、嫩度、系水力、硬度、大理石纹等项目来评定。

2. 评定产奶力的指标

产乳动物主要有乳牛和奶山羊等。乳牛从分娩开始泌乳至停止泌乳的整个时期叫泌乳期;由停止泌乳至下次分娩的间隔时间叫干乳期。评定指标有:

(1)产乳量:产乳时间一般以305 d计算。产乳量可以逐次逐日测定并记录,也可以每月测定一天(每次间隔的时间要相等),然后将10 d测定的总和乘以30.5,作为305 d的记录。

(2)平均乳脂率和标准乳:乳脂率即乳中所含脂肪的百分率,是乳品质的重要指标。我国规定,中国荷斯坦奶牛全泌乳期中在第 2 个月、第 5 个月及第 8 个月分别测定 3 次乳脂率。最后计算全泌乳期平均乳脂率时,不能以各次测定的乳脂率直接相加来平均,而必须按下列公式进行加权平均:

$$\overline{F} = \left[\sum (F \times M) / \sum M \right] \times 100\%$$

式中:$\overline{F}$ 为平均乳脂率,F 为每次测定的乳脂率,M 为该次取样期内的产奶量。

每头牛的产奶量和乳脂率互不相同,为了合理地比较它们的产奶力,就应统一换算成 4% 的标准乳量。公式为:

$$4\%标准乳量(kg) = (0.4 + 15F)M$$

式中:M 为某牛的产乳量,F 为某牛的乳脂率。

例如:甲牛产奶量 5 100 kg,乳脂率为 3.4%,乙牛产奶量 4 500 kg,乳脂率 5%。将其换算成 4% 标准乳。

甲牛:4% 标准乳 = (0.4 + 15 × 0.034) × 5 100 = 4 641(kg)

乙牛:4% 标准乳 = (0.4 + 15 × 0.05) × 4 500 = 5 175(kg)

显然,乙牛的产奶力比甲牛高些。

(3)泌乳的均衡性 奶牛产犊之后若产奶量上升快,泌乳高峰维持时间长,下降又较缓慢,则说明其泌乳的均衡性较好,其产奶量也较高。

3. 评定产毛力的指标

产毛的动物有绵羊、山羊和骆驼,但以绵羊为主。评定重点有剪毛量、净毛率、毛的品质、裘皮和羔皮品质等。

(1)剪毛量:即从一只羊身上剪下的全部羊毛(污毛)的重量。细毛羊比粗毛羊的剪毛量要大得多。一般是在 5 岁以前逐年增加,5 岁以后逐年下降。公羊的剪毛量高于母羊。

(2)净毛率:除去污毛中的各类杂质后的羊毛重量为净毛重,净毛重与污毛重相比,称为净毛率。计算公式是:

$$净毛率 = \frac{净毛重}{污毛重} \times 100\%$$

(3)毛的品质:包括细度、长度、密度和油汗等指标。

细度:指毛纤维直径的大小。直径在 25 μm 以下为细毛,25 μm 以上为半细毛。工业上常用"支"表示,1 kg 羊毛每纺出 1 个 1 000 m 长度的毛纱称为 1 支,如能纺出 60 个 1 000 m 长的毛纱,即为 60 支。毛纤维越细,则支数越多。

长度:指毛丛的自然长度。一般用钢尺量取羊体侧毛丛的自然长度。细毛羊要求在 7 cm 以上。

密度:指的是单位皮肤面积上的毛纤维根数。

油汗:指的是皮脂腺和汗腺分泌物的混合物。对毛纤维有保护作用。油汗以白色和浅黄色为佳,黄色次之,深黄和颗粒状为不良。

(4)裘皮和羔皮品质:一般要求是轻便、保暖、美观。具体是从皮板的厚薄、皮张大小、粗毛与绒毛的比例,毛卷的大小与松紧、弯曲度及图案结构等方面进行评定。

4.评定产蛋力的指标

产蛋动物主要有鸡、鸭,鹅等。评定指标有产蛋量、蛋重和蛋的品质等。

(1)产蛋量:指从开产之日起,到满一年为止的产蛋个数。第一年产蛋量最多,第二年约减产20%。一年内春季产蛋最多,夏季产蛋显著减少,秋季换羽,一般产蛋停止。目前,多以500日龄产蛋量来计算。

(2)蛋重:指单独称量每个蛋的重量。如要计算某个品种全群的平均蛋重,可以每月间隔或连续5次称重,求其平均值。

(3)蛋的品质:根据蛋形、蛋壳色泽、蛋壳厚度等项来评定。

5.评定繁殖力的指标

猪的产仔数和断奶窝重,鸡的产卵量,不仅是繁殖力,还是一项重要生产力。常用的评定指标有:

(1)适龄母畜的比例:它说明适龄繁殖母畜在畜群中所占的比例。一般大畜保持在35%左右,小畜在50%上下。计算公式为:

$$适龄母畜比例 = \frac{适龄母畜数}{畜群总头数} \times 100\%$$

(2)受胎率:为受胎母畜数与参加配种母畜数之比,可反映配种效果的情况。计算公式为:

$$受胎率 = \frac{受胎母畜数}{参加配种母畜数} \times 100\%$$

(3)繁殖率:说明适龄母畜的产仔情况,也反映畜群配种和保胎工作的效果。计算公式为:

$$繁殖率 = \frac{全部出生仔畜数}{适龄母畜数} \times 100\%$$

(4)成活率:反映对幼畜护理和培育的工作效果。计算公式为:

$$成活率 = \frac{断奶时成活仔畜数}{全部出生仔畜数} \times 100\%$$

(5)总增率:主要反映畜群饲养管理和经营管理工作的情况,也是衡量用于扩大再生产数量多少的一个指标。计算公式为:

$$总增率 = \frac{当年仔畜成活数 - 当年死亡成畜和幼畜数}{年初畜群总头数} \times 100\%$$

(6)纯增率:它说明畜群在本年度内的增减情况,也是衡量用于扩大再生产数量多少的一个指标。计算公式为:

$$纯增率 = \frac{年末总头数 - 年初总头数}{年初总头数} \times 100\%$$

(三)评定畜禽生产力应注意的问题

1.全面性

在评定畜禽生产力时,应同时兼顾产品的数量、质量和生产效率。因为畜禽为人们提供的产品不是单一的,所以在评定时应全面考虑,分清主次。例如绵羊既产毛又产皮和肉,根据生产实际需求,可以将毛、皮及肉产品有所侧重的考虑。需要注意的是,在产品数量相近的情况下,应选择质量好的留种,同样在产品质量相似的情况下,应选择产量高的留种。

2. 一致性

在评定生产力时,应在相同的条件下评比。因为生产力受各种内外因素的影响和制约,要做到评定的准确和合理,必须使家畜所处的环境和饲养管理条件一致,而且性别、年龄、胎次也要尽可能达到一致。只有这样,才能正确评定其优劣。但在生产实践中,条件很难做到一致。为此,在评定生产力时,应事先研究并掌握各种因素对生产力影响的程度和规律,确定合理的校正系数,将实际生产力校正到相同标准条件下的生产力,以便使生产力的评定更加客观准确。

》 第二节　种畜的测定 《

一、性能测定

(一)性能测定的概念

性能测定又称成绩测验,是根据个体本身成绩的优劣决定选留与淘汰。性能测定的进展取决于被选择性状的基因型与表现型间的相关程度。遗传力高的性状,它们的相关程度高,性能测定的效果就好。

性能测定适用于遗传力高、能够在活体上直接度量的性状,如肉用动物的日增重、饲料利用率、母鸡的产蛋性状等。目前,世界各国对猪的肉用性能的选择,几乎都是用性能测定来代替后裔测定。有些性状在选种时,公母畜应有所不同。如乳用性状和毛用性状,母畜宜用性能测定,公畜则宜用后裔测定;而对于产蛋性状,母鸡宜用性能测定,公鸡宜用同胞测定。

(二)性能测定的方法

性能测定的基本方法是将性状表型值与畜群均值进行比较。

1. 性状比值法

这种方法主要用于单性状的性能测定。

$$性状比值 = \frac{个体性状表型值}{畜群同一性状均值} \times 100\%$$

例如猪育肥性能测定试验,全群平均日增重为 600 g,其中 A 个体为 700 g、B 个体为 500 g,则 A、B 个体的性状比值分别为 117% 和 83%。即对畜群日增重性状改良而言,A 个体是改良者,作用为 +17%;B 个体是非改良者,作用为 -17%。

2. 指数选择法

这种方法主要用于多性状的性能测定。

$$I = \frac{ax_1 + bx_2 + cx_3 + \cdots}{N}$$

式中,a、b、c 为系数,按性状重要性确定;N 为系数之和或性状数目;x 为性状比值。若是反向选择的性状,系数与性状比值的积应为负值。该方法简单易行,但是要想得出较为准确的估值,需计算综合选择指数。

(三)性能测定的主要形式

一般把性能测定分为生产现场测定和测定站测定两种形式。在畜牧业发达国家,通常在生产现场测定的基础上,分别从各个生产场选出一部分优秀后备公畜,再送到测定站进行比较测定,最后选出更优秀的种畜,以使畜群水平不断提高。

1. 生产现场测定

生产现场测定就是在家畜所在的畜牧场进行测定,测定结果只供本场选种时应用。各场的记录由于测定的条件不同,不能互相比较。目前,我国的畜禽育种基本上都是采用本场测定的形式,这对于鸡场、羊场来讲,由于种畜群体较大,通过本场测定进行选种的效果好;但对基本上处于小群体育种的场子,如猪场,通过本场测定达不到足够的选择强度,所以选种的效果差。对于奶牛场来说,虽然每个牛场的饲养头数不是很多而且世代间隔长,但由于建立了公牛站,提高了公牛选择的准确性,仍然可以取得较好的遗传进展。

2. 测定站测定

测定站测定是把要测定的家畜集中到同一地点,在同样的环境条件、相同标准下进行性能测定。因此即使家畜来自不同的农场,也可以互相进行比较评选出优劣。乳牛等大家畜集中有困难,一般不进行测定站测定。测定站测定对猪的育种具有重要意义,可以把不同畜牧场同一品种的猪送到测定站做性能测定,测定结束后根据要选择的性状做出育种值或选择指数的排队顺序,以确定是否留作种用。蛋鸡、肉鸡有时也作测定站测定,但其目的不是为了选出高产的个体,而是测定某个群体的性能。

目前,在对猪进行性能测定时,繁殖性能一般在场内测定,包括初产日龄、窝间距、窝产仔数、断奶仔猪数、初生窝重、断奶窝重等;生长性能及胴体品质测定一般在测定站测定,包括达到目标体重的日龄、平均日增重、测定期内总采食量、饲料转化率、背膘厚、屠宰率、眼肌面积、肉色、pH、系水力、大理石纹评分等。

鸡的性能测定包括产蛋性能的测定(产蛋数、产蛋总重、蛋重、蛋品质、料蛋比)、产肉性能的测定(体重、增重、料重比)、胴体品质测定(屠宰率、腹脂率、胸肌腿肌和翅膀等分割肉比例)和繁殖性能测定(受精率、孵化率)。

二、系谱测定

系谱是系统地记载个体及其祖先情况的一种文件。完整的系谱除了记载种畜的名字、编号外,还应记载种畜的生产成绩、外形评分、发育情况、有无遗传缺陷及鉴定结果。

系谱一般记载 3~5 代。系谱中可以有配种记录、产仔记录、称重及体尺测量记录、畜产品产量记录和饲料消耗记录等。查看一个系谱,除了解血缘关系外,还可根据祖先的生产成绩、发育情况来推断该种畜种用价值的大小,以作为选种的依据和制订选配计划的重要参考。

(一)系谱的形式及其编制

1. 竖式系谱

种畜的名或号写在上面,下面依次是亲代(Ⅰ)、祖代(Ⅱ)和曾祖代(Ⅲ)。每一代祖先中的公畜记在右侧,母畜记在左侧。竖式系谱的格式如下:

种畜的畜号或名字							
Ⅰ	母				父		
Ⅱ	外祖母		外祖父		祖母		祖父	
Ⅲ	外祖母的母亲	外祖母的父亲	外祖母的母亲	外祖母的父亲	祖母的母亲	祖母的父亲	祖母的母亲	祖母的父亲

在实际编制过程中,祖先一般都用名、号来代表,各祖先的位置上可以记载产量、体尺测量结果等。以中国荷斯坦牛的 576 号母牛的竖式系谱为例:

576 号母牛,1998 年 11 月 10 日生,初生体重 35 kg		
167 号小花　　特等　　Ⅰ-305-6563 Ⅱ-305-7710		1198 号　　特等　　复合育种值108.80% 初生体重 40.7 kg
158 号 Ⅰ-305-5050 Ⅱ-305-5910 Ⅲ-305-6860	6 号　特等 初生体重 45 kg	184 号 Ⅰ-305-4000 Ⅱ-305-5191	57 号 初生体重 42.7 kg

2. 横式系谱

种畜的名字记在系谱的左边,历代祖先依次向右记载,父在上,母在下,越向右祖先代数越高。

```
                                        ┌ 祖父 ┌ 祖父的父亲
                                        │      └ 祖父的母亲
                               ┌ 父 ────┤
                               │        └ 祖母 ┌ 祖母的父亲
                               │               └ 祖母的母亲
      被鉴定的种畜 ────────────┤
                               │        ┌ 外祖父 ┌ 外祖父的父亲
                               │        │        └ 外祖父的母亲
                               └ 母 ────┤
                                        └ 外祖母 ┌ 外祖母的父亲
                                                 └ 外祖母的母亲
```

以 100 号种畜系谱为例:

```
                        ┌ 8  ┌ 15
                ┌ 135 ──┤    └ 14
                │       └ 7  ┌ 13
                │            └ 11
      100 ──────┤
                │       ┌ 135 ┌ 8
                │       │     └ 7
                └ 12 ───┤
                        └ 6  ┌ 10
                             └ 9
```

在编制过程中,各家畜名、号下面可以记载生产性能和体尺测量结果等。体尺资料记载方法按体高-体长-胸围-管围的顺序填写;产奶性能按××年-胎次-产奶量-乳脂率的顺序填写。

3. 结构式系谱

结构式系谱比较简单(图 8-3),无须注明各项内容,只要求能表明系谱中个体间的亲缘关系即可。

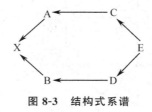

图 8-3 结构式系谱

4. 畜群系谱

畜群系谱是为整个畜群统一编制的。通过畜群系谱不仅可以了解群体内不同个体的来源、亲缘关系和亲缘程度,同时还能观察出每一个体在群体中的位置,因而有助于我们全面了解畜群情况和组织育种工作。编制步骤如下:

(1)编制群体母系记录表 形式如表 8-2 所示。

表 8-2 群体母系记录表

畜号	性别	父亲	母亲	母父	母母	母母父	母母母
12	♀						
35	♂	101	25				
36	♀	101	25				
104	♀	106	12				
51	♀	106	12				
71	♀	106	25				
79	♀	35	104	106	12		
150	♀	35	51	106	12		
109	♀	35	36	101	25		

(2)绘制草图 根据母系记录表,在公畜各列中查出留有后代的公畜号,按其利用的先后由下而上写在图的左侧(以□代表公畜);然后从每头公畜向右画一横线,再从该表的最后一行中查出最远的母性祖先写在图的最下边(以○代表母畜),并向上引出直线与横线相交,如与某公畜交配生有后代时,就将后代的畜号写在交叉处。如该后代又生子女,继续向上引线在与交配公畜的横线交叉处写出子女畜号,依此类推。

(3)绘制正图 对草图进行调整,画出一个精确、清晰、美观的畜群系谱,一个个体在正图中只能出现一次。繁殖留作种用的可以从它所在位置向上引箭头,并在图的左侧引出该留种公畜的横线(图 8-4)。

(二)系谱测定

系谱测定的目的在于通过分析各代祖先的生产性能、发育情况及其他资料,来推断其后代品质的优劣,估计其近似种用价值,以便确定其是否留种。其具体方法是将两头以上的被鉴定家畜系谱放在一起比较,选出祖先较优秀的个体留作种用。比较时应注意以下几点:

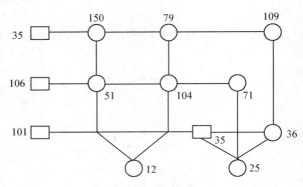

图 8-4　畜禽系谱

(1) 两系谱要进行同代祖先比较,即亲代与亲代、祖代与祖代、父系与母系祖先分别比较。

(2) 重点应放在亲代的比较上,然后是祖父母代,血统越远影响越小。据报道,有人曾精确地估计了影响犊公牛遗传进展的 4 个来源:公牛的父亲约占总遗传进展的 39%,公牛的母亲占 32%,母牛的父亲占 26%,母牛的母亲仅占 3%。这个结果说明犊公牛的父母对遗传进展影响较大,达到 71%,所以在培育种公牛时,对父母的选择非常严格。

(3) 在比较时以生产性能为主,同时也应注意有无近交和遗传缺陷等。系谱测定多用于种畜幼年和青年时期本身无产量记录的情况,是早期选种必不可少的手段,也可用于对种公畜限性性状的选择。但是,单独使用系谱测定,选种准确性比较低,因此应与其他方法结合使用。

三、同胞测定

同胞测定就是根据一个个体的同胞成绩,对该个体做出种用价值的评定。同胞测定主要用以某些不能度量或活体难以度量的性状,如种公畜的育肥和胴体性状。这些性状采用同胞测定,简便易行,效果较好。针对某一性别才能表达的限性性状,虽然可以从系谱和后裔资料加以评定,但系谱测定的准确性有限,而后裔测定又延长了世代间隔,降低了遗传进展,此时宜采用同胞测定的方法进行选种。因此,同胞测定在选种方面具有不可替代的作用。

目前,随着超数排卵和胚胎移植技术(MOET)在育种中的应用,使人们可在短期内获得较多的全同胞和半同胞后代,并可根据同胞的生产性能来评定公畜,以代替传统的后裔测定方法,从而使世代间隔缩短,遗传进展大大加快。

(1) 全同胞测定　该方法主要用于猪、禽等多胎动物,而对于牛、马等单胎动物,全同胞出现的机会少,若能使用 MOET 育种,也将具有实际意义。测定时,将后备种畜各自的全同胞成绩排列比较(不包括测定个体本身的成绩),全同胞成绩优秀的留作种用。

(2) 半同胞测定　测定时,将后备种畜各自的半同胞资料排列对比(不包括测定个体本身的成绩),其半同胞成绩优秀的个体留作种用。如肉用公牛的育肥和胴体性状评定是根据12 头以上的父系半同胞的表型值资料来选留种牛;鉴定公猪的产仔数,要有 20 头以上的半同胞姐妹产仔成绩;鉴定乳用公牛的产奶量要有 20 头以上的半同胞姐妹的产奶成绩;鉴定公鸡的产蛋量要有 30 只以上的半同胞姐妹的产蛋成绩。

(3) 混合家系测定　在多胎家畜中,更常见的是全同胞和半同胞的混合家系,又叫"一公畜家系"(图 8-5)。例如,1 头公畜 A 与若干头母畜交配,每头母畜生下若干头仔畜。仔畜中任意

2头之间的关系可能是全同胞，也可能是半同胞。若将后备种畜各自的混合家系资料比较分析，按其混合家系的成绩选留种用个体，称为混合家系测定。如公猪的育肥和胴体性状评定是从父系全-半同胞的优秀窝中，每窝选出1♂、2♀（育肥）共选3～4窝，在同等试验条件下进行育肥和胴体性状的测定。最后根据父系全-半同胞表型值资料计算选择指数，按指数大小选留小公猪。

$$公畜\ A\times母畜\begin{cases}1\to A_{11},A_{12},A_{13},A_{14}\\2\to A_{21},A_{22},A_{23}\\3\to A_{31},A_{32},A_{33}\\4\to A_{41},A_{42}\end{cases}$$

图 8-5　一公畜家系

混合家系在蛋鸡和鱼类的选种中应用十分普遍。计算混合家系平均亲缘相关系数的近似公式是：

$$\bar{r}=\frac{d+1}{4d}$$

式中：$\bar{r}$ 为混合家系的平均亲缘相关系数；d 为配种并产仔的母畜数。

四、后裔测定

后裔测定是根据后裔各方面的表现情况来评定种畜好坏的一种鉴定方法。它是评定种畜最可靠的方法之一。

(一)后裔测定的意义

一头公畜经系谱和性能测定之后，评为优良并开始用作配种，但它能否将自己的优良品质遗传给后代，只有通过后裔品质鉴定才能最后证实。

当仔畜出生不久，应根据其系谱和同胞成绩，决定哪些可留作后备种畜继续观察。在其本身有了性能表现以后，可根据其发育情况和生产性能以及更多的同胞资料，再一次选优去劣。只有最优秀的个体才饲养至成年进行后裔测定。通过后裔测定，确认为优良的种畜，应加强利用，扩大它们的影响。

后裔测定需时长、耗费多，因此多用于公畜，因公畜比母畜对后代的影响面大。后裔测定多用于主要生产性能为限性性状的家畜，如乳用牛和蛋用鸡。

目前，在牛的后裔测定中应用超数排卵和胚胎移植技术，使选择强度和选择反应显著提高。

(二)后裔测定的方法

1. 母女对比法

这种鉴定方法多用于公畜。将公畜的女儿成绩和其女儿的母亲成绩相比较，以判断公畜的优劣，凡女儿成绩超过母亲的，则认为公畜是"改良者"；女儿成绩低于母亲的，认为该公畜是"恶化者"；母女成绩相差不大，则认为公畜是"中庸者"。

母女对比常用平分角线图解的方法，以母亲成绩为横坐标，女儿成绩为纵坐标，然后根据相应的母女生产成绩在坐标里找出各点。若大多数母女对比点在平分角线以上，表示女儿成绩高于母亲成绩，即公畜为"改良者"。反之，公畜为"恶化者"。

母女对比法的优点是简单易行，缺点是母女所处年代不同，存在生活条件的差异。如测猪的断乳重,母女双方大多处于不同年代或不同季节。由于所处的饲养管理条件和气候条件不同,对它们的断乳重可能产生不同的影响。

另外,1头种公畜在某一畜群中可能表现为"改良者",而转到另一个畜群,则可能成为"恶化者"。例如,1头种公牛,当它与平均产乳量为 4 000 kg 的母牛群交配时,其所生女儿的产乳量普遍高于母亲,说明它是"改良者",但当它与年产乳量为 7 000 kg 的母牛群交配时,就未必仍是"改良者"。由此看来,并不存在绝对的"改良者"或"恶化者"。

2. 公牛指数法

由于公牛不产乳,不能度量其产乳量,但公牛在产乳量方面和母牛一样对后代具有遗传影响。为了衡量公牛产乳量的遗传性能,有人提出使用"公牛指数"这个指标。这个指数是按照公牛和母牛对女儿产乳量有同等影响的原则制定的,因此女儿的产乳量等于其父母产乳量的平均数,即 $D=(F+M)/2$,该关系式可以转换为公牛指数公式:

$$F=2D-M$$

式中,F 为父亲的产乳量(公牛指数);D 为女儿的平均产乳量;M 为母亲的平均产乳量。

这个公式说明,公牛指数等于 2 倍的女儿平均产乳量减去母亲的平均产乳量。

用这个指数来测定公牛,其缺点与母女对比法基本相同,优点在于公牛的质量有了具体的数量指标,各公牛间可以相互比较。在饲养管理基本稳定的牛群,这种后裔测定的方法是一种既简单易行又比较准确的方法。

3. 同期同龄女儿比较法

该方法广泛用于奶牛业中。在采用人工授精技术的条件下,将同一品种、同一季节出生的几个公畜的女儿分散在饲养管理条件相同的场站,等女儿长大后同期配种,最后按女儿第一胎平均生产性能比较,来选择女儿的父亲。这种方法可以克服由于年代、季节及饲养管理条件不同对测定结果的影响。

如乳用种公牛的后裔测定:经过系谱审查、生长发育和体质外貌评定后,选出合格的后备公牛,待长到 10～14 月龄时采精。在 1～3 个月内随机配给一定数目的母牛。我国要求每头公牛配种 80～200 头母牛。后备公牛的女儿在产犊后 30～50 d 内进行外貌鉴定、称重和体尺测量,每天挤奶两次,用每个现场测定的头胎 305 d 的平均产奶记录与同场品种公牛的同龄女儿的同期平均产奶记录做比较,计算公牛的相对育种值。其计算公式是:

$$RBV=\frac{DW+\bar{P}}{\bar{P}}\times100\%$$

式中,RBV 为相对育种值,$\bar{P}$ 为某品种平均产奶量,DW 为同期比较值。DW 的计算公式是:

$$DW=\frac{\sum W(\bar{P}_o-\bar{P}_i)}{\sum W}=\frac{\sum Wd}{\sum W}$$

式中,$\bar{P}_o$ 为每一牛群中女儿平均产奶量;$\bar{P}_i$ 为同一牛群中同龄母牛的平均产奶量;$d=(\bar{P}_o-\bar{P}_i)$;W 为加权数,即畜群中女儿数(n_1)和同龄母牛数(n_2)的调和均数或称有效女儿数;$\sum$ 表示将全部牛群不同时期的 W 或 Wd 总和。有效女儿数的计算公式是:

$$W = \frac{n_1 \times n_2}{n_1 + n_2}$$

相对育种值超过 100% 者为优良种公牛，超过越多说明该公牛越好。低于 100% 为劣质公牛，不能选作种用。

根据后裔所表现的性状进行选种时，其准确度与性状的遗传力及后裔的头数有关。当性状遗传力低时，后裔数量应不少于 10 头；当性状遗传力高时，根据 10 头后裔的成绩选种，即可达到较好的效果。

同期同龄女儿比较法中测验公牛的女儿分散在不同牛场可能引起环境误差。在猪的性状改良中，采用后裔测定、个体性能测定和现场测定相结合的测定制度，可避免世代间隔较长、投资大的缺点。

(三)后裔测定应注意的问题

1. 与配母畜的水平尽量一致

用后裔测定比较几头公畜时，应减少它们的与配母畜间的差异。因母亲不仅给后代以遗传影响，还直接影响后代胚胎期与哺乳期的发育。为此，可采用随机交配的方法，也可选择几个相似的母畜群与不同公畜交配。对于怀孕期短的猪的后裔测定，可以采用不同公畜在不同的配种季节与同一群母畜交配，然后比较后代的品质，但要用对照组作季节校正。

2. 环境条件要一致

被测定公畜的后代要在相似的环境条件下饲养。与配母畜应在同一胎次、同一季节分娩，否则要做胎次和季节的校正。

3. 资料统计无遗漏

后裔测定在资料整理时，无论后代表现优劣，都要全部统计在内，严禁只选择优良后代进行统计。

4. 要有一定的后裔数量

后代数目越多，所得结果越可靠。但要得到足够数量有生产性能的后代，对于单胎家畜难度就比较大。就乳牛来说，要配 100 头母牛，并不一定就能产生 100 头后代。如果情期受胎率为 60%，成活率为 95%，公母各半，最后达到能产乳的女儿还不到 30 头。后裔测定所要求的后裔数量，大家畜至少需要 20 头，多胎家畜应适当多一些。

5. 要进行全面分析

后裔测定除突出后代的一项主要成绩外，还应全面分析其体质外形、适应性、生活力以及遗传缺陷和遗传病等，同时还应与系谱测定、外貌评定等方法相结合，以确保选种的可靠性。

实训十一　系谱的编制与鉴定

一、实训目的

学会横式系谱、竖式系谱和畜群系谱的编制，掌握系谱鉴定的方法。

二、实训原理

系谱鉴定的具体方法是将两头以上的被鉴定家畜系谱放在一起比较，选出祖先较优秀的个体留作种用。比较时应把握以下原则：

（1）重视近代祖先的品质，亲代影响大于祖代，祖代大于曾祖代。

（2）对祖先的评定，以生产力为主做全面鉴定。同时要注意与同年龄、同胎次的产量进行比较。

（3）如果系谱中祖先成绩一代比一代好，应给予较高的评价。

（4）如果种公畜有后裔鉴定材料，则比其本身的生产性能材料更为重要，尤其对奶用公牛和蛋用公鸡来说意义更大。

三、仪器及材料

以北京市种公牛站的东 30285 和 0147 两头公牛系谱为例（图 8-6、图 8-7），说明鉴定方法。

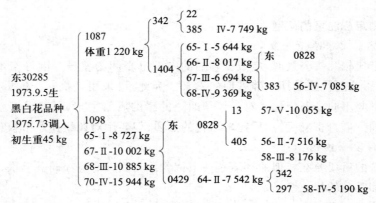

图 8-6　东 30285 公牛横式系谱

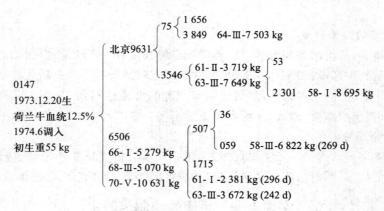

图 8-7　0147 公牛横式系谱

四、方法与步骤

在系谱登记中，产量与体尺可以简记。如奶牛产奶量：1998-Ⅰ-6879-3.6，表示母牛在1998 年第一个泌乳期产奶量为 6 879 kg，乳脂率为 3.6%。同样，对体尺指标也可按 136-151-182-19 的方法来缩写，即体高 136 cm、体长 151 cm、胸围 182 cm、管围 19 cm。

东 30285 和 0147 两头公牛都是 1973 年生。从母方比较，东 30285 的母亲比 0147 的母亲第一、三胎产奶量分别高 3 448 kg 和 5 815 kg，1098 号第 4 胎比 6506 号第 5 胎高 5 313 kg。东 30285 的外祖母比 0147 号的外祖母各胎产奶量也高得多。外祖父的母亲同是第 3 胎产奶量，405 比 059 号高 1 354 kg。东 30285 的母方，不但产奶量高，而且各代呈上升趋势。从父方比较，东 30285 的祖母比 0147 的祖母二胎产奶量高 4 298 kg，但第 3 胎的产量 0147 的祖母高。东 30285 的祖母的母亲产量不如 0147 的祖母的母亲产奶量高。东 30285 祖父的母亲产奶量略高于 0147 祖父的母亲。两系谱中都缺少各代公畜的鉴定资料，母畜缺少乳脂率测定资料。仅就现有资料来看，东 30285 号比 0147 号好。

五、实训作业

1. 北京市种公牛站的 2 头荷斯坦公牛的生产记录资料如下。

10761 号公牛：

荷斯坦品种牛 10761 号，初生重 42 kg，成年体重 1 250 kg，外貌特级，其父为 1934 号，母亲为 3877 号。母亲的产奶成绩：Ⅰ-6105-3.6，Ⅲ-7781-3.4，Ⅴ-8298-3.54。

1934 号的父亲是 406 号，母亲为 2155 号。406 号的母亲是北京 1 号，产奶成绩为 Ⅲ-7419-3.62。

3877 号的父亲是 37 号，母亲为 211 号。37 号的母亲是 512 号，产奶成绩为 Ⅲ-7816。211 号的母亲是 2112 号，产奶成绩：Ⅲ-6885-3.6，Ⅳ-6930-3.2。

10442 号公牛：

荷斯坦品种牛 10442 号，成年体重 1 140 kg，外貌特级，其父为 7055 号，母亲为 3036 号。母亲的产奶成绩：Ⅰ-5045，Ⅲ-7159，Ⅴ-7676。

7055 号的父亲是 1056 号，母亲为 3489 号。母亲产奶成绩：Ⅱ-6634-3.5，Ⅲ-7525-3.8，Ⅳ-7032-3.6。

1056 号的母亲是 1967 号，产奶成绩：Ⅲ-8098，Ⅳ-7479。

3489 的父亲是 406 号，母亲为 3422 号。

3036 号的父亲是 17 号，母亲是 687 号。母亲产奶成绩：Ⅲ-7506，Ⅳ-5577。

根据上述资料，编制 10761 号公牛和 10442 号公牛的横式系谱，并说出鉴定结果和依据。

2. 根据原西北农业大学巴克夏猪核心群的部分资料（表 8-3），绘出畜群系谱：

表 8-3 巴克夏猪核心群资料

畜号	性别	父亲	母亲	外祖父	外祖母	外祖母父亲	外祖母母亲
54	♀	41					
48	♂						
57	♂	48	49	41			
87	♀	48	54	41			
88	♀	48	54	41			
59	♂	57	83	48	54	41	
113	♀	57	88	48	54	41	
103	♀	57	87	48	54	41	

续表8-3

畜号	性别	父亲	母亲	外祖父	外祖母	外祖母父亲	外祖母母亲
137	♀	59	113	57	88		
122	♀	59	88	48	54	41	
130	♀	59	88	48	54	41	
138	♀	59	103	57	87	48	54
50	♂						
158	♀	50	137	59	113	57	88
151	♀	50	88	48	54	41	
155	♀	50	122	59	88		
150	♀	50	88				
171	♀	50	130	59	88		
173	♀	50	130	59	88		
152	♀	50	138	59	103	57	87
153	♀	50	138	59	103	57	87
265	♀	50	150	50	88	48	54

▶▶ 第三节　种畜选择 ◀◀

对种畜进行遗传评估是家畜育种工作的核心内容。遗传评估就是要了解控制个体某性状的加性遗传效应,即育种值的大小。由于育种值是观察不到的,只能根据表型值采用特殊的方法进行估计,因此如何尽可能准确地估计育种值是育种工作的关键。下面介绍几种育种值估计的常用方法。

一、单性状育种值估计

前面已经介绍过,任何一个数量性状的表型值,都可做以下剖分:

$$P=G+E=A+D+I+E=A+R$$

式中,A 为能被固定的基因的加性效应值,又称育种值。在育种实践中,由于育种值能确实地遗传给后代,因此只有选择育种值才能收到实效。但育种值不能直接度量,要用表型值对其进行间接估计。

用表型值估计育种值是利用回归原理进行的。利用两个变量间的回归关系,可以从一个变量估计另一变量。回归方程为:

$$\hat{y}=b_{yx}(x-\bar{x})+\bar{y}$$

式中,x 为自变量,y 为依变量,b_{yx} 为 y 对 x 的回归系数。

以表型值 P 为自变量,育种值 A 为依变量,上述回归方程可写成:

$$\hat{A}=b_{AP}(P-\bar{P})+\bar{A}$$

在大群的均数中,各种偏差正负抵消,所以 $P=A$,则上式变为:

$$\hat{A}=b_{AP}(P-\bar{P})+\bar{P}$$

式中,b_{AP} 为育种值对表型值的回归系数,即遗传力。但在不同的资料中,遗传力要进行不同的加权(表 8-4)。

表 8-4　不同亲属资料的遗传力加权值

资料来源	b_{AP}	公式
本身一次记录	h^2	h^2
本身几次记录	$h^2_{(n)}$	$\dfrac{nh^2}{1+(n-1)r_e}$ *
父母几次记录	$h^2_{p(n)}$	$\dfrac{0.5nh^2}{1+(n-1)r_e}$ *
全同胞记录	$h^2_{(FS)}$	$\dfrac{0.5nh^2}{1+(n-1)0.5h^2}$
半同胞记录	$h^2_{(HS)}$	$\dfrac{0.25nh^2}{1+(n-1)0.25h^2}$
混合家系资料	$h^2_{(F-H)}$	$\dfrac{\bar{r}nh^2}{1+(n-1)\bar{r}h^2}$ **
子女记录 (子女间为全同胞)	$h^2_{(O1)}$	$\dfrac{0.5nh^2}{1+(n-1)0.5h^2}$
子女记录 (子女间为半同胞)	$h^2_{(O2)}$	$\dfrac{0.5nh^2}{1+(n-1)0.25h^2}$
子女记录 (子女间为全-半同胞)	$h^2_{(O3)}$	$\dfrac{0.5nh^2}{1+(n-1)\bar{r}h^2}$ **
通式		$\dfrac{r_A nh^2}{1+(n-1)r_P}$

注:* r_e 为重复力;** $\bar{r}=(d+1)/4d$,d 为配种并产仔的母畜数。

上表通式中,r_A 表示提供信息的个体与估计育种值个体间的亲缘系数;

　　　　　r_P 为各测量的表型值间的表型相关。

　　　　　①当信息来源是一个个体多次度量均值时,r_P 等于多次度量的重复率 r_e;

　　　　　②当信息来源是 n 个同类个体单次度量均值时,r_P 等于同类个体间的亲缘系数与性状遗传力的乘积($\bar{r}h^2$)。

　　通常估计育种值所依据的资料有 4 种:本身记录、祖先记录、同胞记录和后裔记录。育种值可以根据任何一种资料进行估计,也可以根据多种资料做出复合育种值评定。

(一)根据单项资料估计育种值

1. 根据个体本身记录

根据个体本身一次记录估计育种值所用的公式是:

$$\hat{A}_X = (P_X - \overline{P})h^2 + \overline{P}$$

式中,$\hat{A}_X$ 为个体 X 某性状的估计育种值;P_X 为个体 X 该性状的表型值;$\overline{P}$ 为畜群该性状的平均表型值;h^2 为该性状的遗传力。

上式中,等号右边的第一项是个体选择差与遗传力的乘积,表示在后代可能提高的部分;第二项是畜群平均值。当 $P_X > \overline{P}$ 时,$\hat{A}_X > \overline{P}$;当 $P_X < \overline{P}$ 时,$\hat{A}_X < \overline{P}$。所以 1 头种畜育种值的高低,取决于本身表型值及其所在畜群的平均表型值,本身表型值超过畜群平均值越多,这头种畜的育种值越高。

但是,根据个体本身一次记录估计育种值时,不同个体按育种值排队的顺序和按表型值排队是一致的。因此,只根据一次记录进行选择,把表型值转化为育种值意义不大。如果个体有多次记录,而且记录次数不同,这时估计育种值的公式是:

$$\hat{A}_X = (\overline{P}_{(n)} - \overline{P})h^2_{(n)} + \overline{P}$$

式中,$\overline{P}_{(n)}$ 为个体 n 次记录的平均表型值;$h^2_{(n)}$ 为 n 次记录平均值的遗传力,据此推导出:

$$h^2_{(n)} = \frac{V_A}{Vp_{(n)}} = \frac{nh^2}{1 + (n-1)r_e}$$

式中,n 为记录次数;r_e 为 n 次记录间的相关系数,即重复力。

【例 8-1】 1 号母猪产 3 胎仔猪,平均断奶窝重为 197.5 kg,2 号母猪产 2 胎仔猪,平均断奶窝重为 195 kg,同期全群平均断奶窝重为 150 kg,该性状的遗传力 $h^2 = 0.3$,断奶窝重的重复力 $r_e = 0.25$,从断奶窝重的育种值看,哪头母猪的育种值更高?

解:已知 $\overline{P} = 150$ kg,$h^2 = 0.3$,$r_e = 0.25$

1 号母猪:$\overline{P}_1 = 197.5$ kg,$n = 3$

$$\hat{A}_X = (197.5 - 150)\frac{3 \times 0.3}{1 + (3-1) \times 0.25} + 150 = 178.5$$

2 号母猪:$\overline{P}_2 = 195$ kg,$n = 2$

$$\hat{A}_X = (195 - 150)\frac{2 \times 0.3}{1 + (2-1) \times 0.25} + 150 = 171.6$$

计算结果说明 1 号母猪断奶窝重的育种值比 2 号母猪高。

2. 根据祖先记录

在某些情况下,种畜本身没有表型记录,这时可查阅系谱记载,根据祖先成绩对个体的育种值做出估计。祖先中最重要的是父母。在只有 1 个亲本记录时,估计育种值的公式是:

$$\hat{A}_X = (\overline{P}_{p(n)} - \overline{P})h^2_{p(n)} + \overline{P}$$

式中,$\overline{P}_{p(n)}$ 为 1 个亲本 n 次记录的平均值;$h^2_{p(n)}$ 为亲本 n 次记录平均值的遗传力。

如同时有父母的记录,则:

$$\hat{A}_X = 0.5(\bar{P}_{s(n)} - \bar{P})h^2_{s(n)} + 0.5(\bar{P}_{d(n)} - \bar{P})h^2_{d(n)} + \bar{P}$$

式中,$\bar{P}_{s(n)}$、$\bar{P}_{d(n)}$ 分别为父亲和母亲 n 次记录的平均值;$h^2_{s(n)}$、$h^2_{d(n)}$ 分别为父亲和母亲 n 次记录平均值的遗传力。

【例 8-2】在平均产仔数 9.21 头的猪群中,产仔数的遗传力和重复力分别为 0.25 和 0.55。有 1 头 589 号母猪 5 个胎次的产仔数记录为 8、10、9、9、10,求其女儿产仔数的育种值。

解:已知 $\bar{P} = 9.21$ 头,$h^2 = 0.25$,$r_e = 0.55$

$$\bar{P}_{p(n)} = \frac{1}{5}(8 + 10 + 9 + 9 + 10) = 9.20(\text{头})$$

代入公式得:

$$\hat{A}_X = (9.20 - 9.21)\frac{0.5 \times 5 \times 0.25}{1 + (5-1) \times 0.55} + 9.21 \approx 9.21$$

即女儿产仔数的育种值为 9.21 头。

用亲代表型值估计育种值,虽不如根据个体本身资料估计的可靠,但由于亲代资料能及早获得,因此可作为选留幼年家畜的依据。

3. 根据同胞记录

在家畜选种上,主要是利用全同胞或半同胞的资料估计个体育种值,更远的旁系对估计个体育种值的意义不大。用全同胞或半同胞记录估计育种值的公式是:

$$\hat{A}_X = (\bar{P}_{(FS)} - \bar{P})h^2_{(FS)} + \bar{P}$$

$$\hat{A}_X = (\bar{P}_{(HS)} - \bar{P})h^2_{(HS)} + \bar{P}$$

式中,$\bar{P}_{(FS)}$、$\bar{P}_{(HS)}$ 分别为全同胞和半同胞的平均表型值;$h^2_{(FS)}$、$h^2_{(HS)}$ 分别为全同胞和半同胞均值的遗传力。

由于所要比较的种畜的全同胞或半同胞头数不等,所以它们的遗传力要给以不同的加权,其公式是:

$$h^2_{(FS)} = \frac{0.5nh^2}{1 + (n-1)0.5h^2} \qquad h^2_{(HS)} = \frac{0.25nh^2}{1 + (n-1)0.25h^2}$$

不难看出,当全同胞或半同胞越多时,同胞均值的遗传力越大。所以,对于一些遗传力低的性状,用个体资料估计育种值就不如用同胞选种的可靠性大。在育种实践中,对猪、禽、兔等多胎动物可用全同胞资料估计育种值,而对于奶牛和绵羊一般用半同胞资料估计育种值。

【例 8-3】5 号公牛的 20 头半同胞姐妹年平均产奶量为 6 200 kg,所在牛群年平均产奶量为 5 500 kg,该性状的遗传力为 0.3。问 5 号公牛年产奶量的估计育种值是多少?

解:已知 $\bar{P}_{(HS)} = 6\,200$ kg,$n = 20$,$\bar{P} = 5\,500$ kg,$h^2 = 0.3$

代入公式得:

$$h^2_{(HS)} = \frac{0.25nh^2}{1 + (n-1)0.25h^2} = \frac{0.25 \times 20 \times 0.3}{1 + (20-1) \times 0.25 \times 0.3} = 0.618\,6$$

$$\hat{A}_S = (6\,200 - 5\,500) \times 0.618\,6 + 5\,500 = 5\,933(\text{kg})$$

即 5 号公牛年产奶量的估计育种值是 5 933 kg。

根据同胞资料选择的优点是可靠性大，同时可以做到早期选种，既可以在家畜本身没有表型记录时进行选择，也可以在个体出生前做出初步估计。对于繁殖力、泌乳力等公畜本身不可能表现的性状，以及屠宰率、胴体品质等不能活体度量的性状，同胞选择更有其重要意义。但同胞测验只能区别家系间的优劣，同一家系内的个体，如不结合其他选择方法，就难以鉴别好坏。

4. 根据后裔记录

这里所说的后裔就是子女。后裔测定主要用于种公畜。设与配母畜是群体的一个随机样本，而且后裔个体间是半同胞。这时所用的公式是：

$$\hat{A}_X = (\bar{P}_{(o)} - \bar{P})h^2_{(o)} + \bar{P}$$

式中，$P_{(o)}$ 是子女的平均表型值；$h^2_{(o)}$ 是子女均值的遗传力。

【例 8-4】105 号公牛，其 30 头半同胞后代头胎 305 d 平均产奶量为 4 856 kg，公牛所在场同品种群体产奶量平均值为 4 350 kg，产奶量遗传力为 0.3，试用半同胞后裔资料估计 105 号公牛产奶量性状的育种值。

解：已知 $\bar{P} = 4\ 350$ kg，$\bar{P}_{(o)} = 4\ 856$ kg，$n = 30$，$h^2 = 0.3$

$$h^2_{(o)} = \frac{0.5nh^2}{1 + (n-1)0.25h^2} = \frac{0.5 \times 30 \times 0.3}{1 + (30-1) \times 0.25 \times 0.3} = 1.417\ 3$$

代入公式得：

$$\hat{A}_{105} = (4\ 856 - 4\ 350) \times 1.417\ 3 + 4\ 350 = 5\ 067.15(\text{kg})$$

即 105 号公牛产奶量的估计育种值为 5 067.15 kg。

(二)根据多项资料估计育种值

多项资料复合育种值的估计，是在单项资料育种值估计的基础上发展起来的一种方法。根据多项资料估计育种值，并非多项资料简单的合并。由于亲属间存在不同的相关，它们的遗传效应不能直接相加，要用偏回归系数给予不同的加权。而计算偏回归系数非常复杂，因此合理地简化计算过程对方便生产中应用十分必要。下面介绍多项资料复合育种值的简化公式。

由于本身、祖先、同胞、后裔这 4 项资料在选种上的可靠程度不同，因此在复合时不能给以同等重视。一般来说，用祖先的资料估计育种值的可靠性较差；遗传力低的性状，同胞选择比个体选择的效果好，遗传力高时则情况相反；对于遗传力很高而本身又能直接度量的性状，后裔测定的作用不如个体选择。因此，根据不同资料在不同情况下的育种重要性，可以大致定出它们的加权值。为了计算上的方便，并使 4 项加权系数之和为 1，可把 4 个加权值分别定为 0.1、0.2、0.3 和 0.4。这样复合育种值的公式是：

$$\hat{A}_X = 0.1A_1 + 0.2A_2 + 0.3A_3 + 0.4A_4$$

对于遗传力 $h^2 < 0.2$ 的性状，A_1、A_2、A_3、A_4 分别为根据亲代、本身、同胞、后裔单项资料估计的育种值；对于遗传力 $0.2 \leqslant h^2 < 0.6$ 的性状，A_1、A_2、A_3、A_4 分别为根据亲代、同胞、本身、后裔单项资料估计的育种值；对于遗传力 $h^2 \geqslant 0.6$ 的性状，A_1、A_2、A_3、A_4 分别为根据亲代、同胞、后裔、本身单项资料估计的育种值。

当缺少某一项资料时,其表型值就以畜群平均数代替。由于复合育种值能充分利用所有可能获得的资料,因而根据它进行选种,其效果要比根据单项资料的选种效果要好。

在家畜选种工作中,经常把育种值化为没有单位的相对值的形式,以便相互比较,通常以100为标准,超过100越多越好;低于100一般不作种用,因为它低于畜群的平均水平。相对育种值的基本公式是:

$$RBV = \frac{\hat{A}}{\bar{P}} \times 100$$

1974年北京市种公牛站根据当时情况,将全市种公牛集中。由于集中时间短,多数公牛的女儿还未产乳,已产乳的女儿都集中在原来的牧场。因而他们无法采用同群对比法计算公牛的育种值,只能用半同胞姐妹头胎产乳量的育种值排队。所采用的相对育种值公式是:

$$RBV = \frac{(\bar{P}_{(HS)} - \bar{P}_i)h_1^2 + (\bar{P}_i - \bar{P})h_2^2 + \bar{P}}{\bar{P}} \times 100$$

式中,$\bar{P}_{(HS)}$为该公牛半姐妹的头胎平均产乳量,$\bar{P}_i$为该公牛所在场同龄牛头胎平均产乳量,$\bar{P}$为全市同龄牛头胎平均产乳量,h_1^2为本场产乳量的加权遗传力,h_2^2为全市产乳量的加权遗传力。

1977年,这些公牛的女儿已陆续产乳,又用女儿的产乳量计算公牛的相对育种值,并用此结果为标准与同胞测验对比,证明1974年的结果准确性为80%。可见用半姐妹资料对公牛做出早期选择,是一种值得推广的方法。

二、多性状综合遗传评定

上述的各种选择方法都是针对单个性状选择而言的。一般情况下,各种家畜的育种目标常常涉及多个重要的经济性状,如奶牛的产奶量和乳脂率,猪的日增重、瘦肉率和产仔数,蛋鸡的产蛋数和蛋重,绵羊的剪毛量、毛长和纤维直径等。因此,在实际育种工作中需要同时对多个性状进行选择,以获得最大的遗传经济效益。

多性状选择方法一般有3种:顺序选择法、独立淘汰法和综合选择指数法,前两种方法目前较少使用。综合选择指数法根据每个性状的相对重要性给予不同的加权值,弥补了顺序选择法和独立淘汰法的缺陷,从而成为多性状选择的重要方法。在这里主要介绍一种简化的综合选择指数公式。

(一)顺序选择法

顺序选择法是对所要选择的性状,一个一个地依次选择改进的方法。在第一个性状达到所要求的水平后,再选另一性状。这种选择法需要时间长,而且对一些呈负遗传相关的性状,提高了一个性状还会导致另一个性状的下降。例如奶牛的产奶量与乳脂率呈负遗传相关,有的奶牛场过去只注重产奶量的选择,忽视了乳脂率,结果牛奶中脂肪含量降低了。下一步再来选择乳脂率,因还要兼顾产奶量,所以就要耗费更多时间和精力。因此,这种选择方法在一般情况下只适用于市场的急需。为了克服顺序选择法所存在的不足,有人主张,通过品系繁育,将要提高的性状分在若干个品系中进行同步选择,然后进行品系间杂交,从而达到几个性状在短时间内同时得到提高的目的。

(二)独立淘汰法

独立淘汰法是对每个要选择的性状分别订出一个最低的选留标准。一头家畜各个性状都达到标准才能留种,否则就淘汰。这样做的结果往往是留下了一些各方面刚够格的家畜,即"中庸者",而把那些只是某个性状没有达到标准,但其他方面都优秀的个体淘汰了。另外,同时选择的性状越多,中选的个体就越少。例如,在性状间无相关的情况下,同时选择平均数加一个标准差以上的三个性状,那么中选的家畜只有 $16\% \times 16\% \times 16\% = 0.41\%$,按照这样的标准进行选择,要在 250 头群体中才能选中一头,这样就不易达到预期的留种率。为了达到一定的留种率,只有降低选择标准,结果使大量的"中庸者"中选,这对提高整个群体品质是十分不利的。例如,现行的奶牛综合鉴定等级法,就有与独立淘汰法相似的缺陷。比如甲、乙两头奶牛,它们的乳脂率相同,甲牛头胎产奶量 4 000 kg,评为一级,外形评分 75 分,也评为一级。这头牛可以作为良种牛登记。而乙牛头胎产奶量为 6 000 kg,评为特级,外形评分 73 分,被评为二级,乙牛就不能被登记为良种牛,可见这种评定方法不完全合理。

(三)简化的综合选择指数法

该指数是应用数量遗传学原理,将要选择的若干性状的表型值,根据其遗传力、经济重要性给予不同的加权而制订一个指数,即综合选择指数,其计算公式是:

$$I = W_1 h_1^2 \frac{P_1}{\overline{P}_1} + W_2 h_2^2 \frac{P_2}{\overline{P}_2} + \cdots + W_n h_n^2 \frac{P_n}{\overline{P}_n}$$

$$= \sum_{i=1}^{n} W_i h_i^2 \frac{P_i}{\overline{P}_i}$$

式中,I 为综合选择指数;W_i 为性状的经济重要性;h_i^2 为性状的遗传力;P_i 为个体某性状的表型值;$\overline{P}_i$ 为群体该性状的平均值。

为了更适应选种的习惯,把各性状都处于群体平均值的个体的综合选择指数定为 100,其他个体都与 100 相比,超过 100 越多,种用价值越高。这时综合选择指数的公式可变换为:

$$I = \sum_{i=1}^{n} \frac{W_i h_i^2 P_i \times 100}{\overline{P}_i \sum W_i h_i^2}$$

【例 8-5】中国荷斯坦牛的产奶量、乳脂率、体质外貌评分的有关数据如下:

产奶量:$\overline{P}_1 = 4\,000$ kg,$h_1^2 = 0.3$,$W_1 = 0.4$

乳脂率:$\overline{P}_2 = 3.4\%$,$h_2^2 = 0.4$,$W_2 = 0.35$

外貌评分:$\overline{P}_3 = 70$ 分,$h_3^2 = 0.3$,$W_3 = 0.25$

现有一头牛的产奶量 $P_1 = 4\,800$ kg,乳脂率 $P_2 = 3.5\%$,外貌评分 $P_3 = 72$ 分,计算其综合选择指数。

解:根据已知条件,代入公式得:

$$\sum W_1 h_i^2 = 0.4 \times 0.3 + 0.35 \times 0.4 + 0.25 \times 0.3 = 0.335$$

$$I = \left(\frac{0.4 \times 0.3 \times 4\,800}{0.335 \times 4\,000} + \frac{0.35 \times 0.4 \times 0.035}{0.335 \times 0.034} + \frac{0.25 \times 0.3 \times 72}{0.335 \times 70} \right) \times 100$$

$$= (0.430 + 0.430 + 0.230) \times 100$$

$$= 109$$

该个体的综合选择指数为 109。

三、BLUP 法

BLUP 法(best linear unbiased prediction,BLUP)又称最佳线性无偏预测法,是由数量遗传学家 C. R. Henderson 提出的估计育种值的新方法。BLUP 法与其他方法相比,可适应于不同来源、不同世代及不同环境下种畜个体的遗传评定。该方法不仅避免了诸多限制,同时能充分利用各种来源的信息资料,因此提高了个体遗传评估的准确性。如加拿大,自 1985 年应用 BLUP 法以来,背膘厚的改良速度提高了 50%,达 90 kg 体重日龄的改良速度提高了 100%~200%。

按照数量遗传学的观点,数量性状的表型值受遗传和环境的共同影响。性状的遗传效应可分为随机遗传效应和固定遗传效应。当所有要估计育种值的动物都来自一个具有单一平均数的正态总体时,我们就把所有的遗传效应看作是随机遗传效应。固定遗传效应指来自群体平均数的遗传差异的效应。环境效应也包括随机环境效应和固定环境效应。那些不规则地、短时间地作用于个别动物的环境因素的效应是随机环境效应;而那些长时间作用于动物的环境因素的效应是固定环境效应,如牧场、年度、季节等。随着育种工作的进行,群体的平均数每年都会有一定变化。这样动物的育种值就应该包括群体的固定遗传效应和动物本身的随机遗传效应。而 BLUP 法之所以优于之前的各种育种值估计方法,是因为它既能估计固定遗传效应,又能预测随机遗传效应,从而得到最准确而又可靠的个体育种值的预测值。

动物模型 BLUP 法计算过程非常复杂,目前已开发出相应的电脑软件。这些软件的开发和应用,为 BLUP 法在生产实践中的普及推广提供了条件。下面对一些常用的遗传评估软件进行介绍。

PEST(multivariate prediction and estimation)是由美国 Illinois 大学 1990 年开发研制的多性状遗传评估软件,目前已在世界各国广泛应用。根据性能测定和生产数据,PEST 提供了基于 30 多种数学模型的单性状或多性状 BLUP 育种值的计算。

PIGBLUP 软件是由澳大利亚 New England 大学开发的,该软件是一种专为育种猪场设计使用的现代遗传评估系统,PIGBLUP 主要包含种猪评估、遗传进展分析、选配和遗传审计四个模块。PIGBLUP 目前正在多个国家使用。

GBS 是"猪场生产管理与育种数据分析系统"的英文缩写,由中国农业大学动物科学技术学院 GBS 软件创作小组开发研制的系统软件。它集种猪、商品猪生产和育种数据的采集与分析于一体,十分适合大型种猪生产集团使用,并支持联合育种方案。

NETPIG(种猪场网络管理系统)是四川农业大学动物科技学院和重庆市养猪科学研究院联合研制开发的种猪场网络管理系统。该系统借鉴了加拿大、丹麦等国家的成功经验,应用先进的数学模型进行育种值估计,非常易于实现"联合育种"。

实训十二　育种值估计

一、实训目的

了解采用不同资料估算育种值的基本原理,掌握单项资料育种值估计和复合育种值估计的方法。

二、实训原理

估计育种值的基本公式如下：

$$\hat{A} = b_{AP}(P - \bar{P}) + \bar{P}$$

式中，b_{AP} 为在不同资料的情况下不同加权的遗传力。

当各种资料比较齐全时，可以依据下列公式计算复合育种值，这样使选种更为准确。

$$\hat{A}_X = 0.1A_1 + 0.2A_2 + 0.3A_3 + 0.4A_4$$

三、生产资料

表 8-5 为 10 头母牛及其亲属的产奶量记录，已知该牛群的全群平均产奶量为 4 820 kg，产奶量的遗传力为 0.3，重复力为 0.4。

表 8-5　10 头母牛及其亲属的产奶量记录

牛号	本身		母亲		半姐妹		女儿	
	平均产奶量/kg	记录次数	平均产奶量/kg	记录次数	平均产奶量/kg	头数	平均产奶量/kg	头数
001	4 500	3	4 800	6	5 520	23	5 000	1
002	5 520	5	5 000	8	5 020	37	5 050	2
003	6 000	1	4 700	4	5 300	33		
004	4 900	2	4 900	5	5 300	33		
005	5 000	3	4 800	6	5 820	5		
006	3 750	1	5 500	5	4 320	72		
007	4 500	5	6 000	8	4 740	22	4 800	2
008	5 500	2	4 400	11	5 840	8	5 500	4
009	6 500	3	4 500	6	5 070	46	4 700	1
010	3 900	4	5 000	7	5 090	66	4 500	2

四、方法与步骤

选种通常依据的资料有 4 种：本身记录、祖先记录、同胞记录和后裔记录。育种值可根据任何一种资料进行估计，也可以根据多种资料进行复合育种值的计算。

首先要根据单项资料进行育种值的估算，然后按育种值高低进行排队选留。

在单项育种值估算的基础上，根据遗传力大小确定各单项育种值估计的准确性顺序，加权后计算出每个个体的复合育种值。

五、实训作业

1. 根据上述奶牛产奶资料，选出最好的 3 头母牛留作种用。
(1) 分别根据一种资料估计的育种值应选择哪几头母牛？
(2) 根据复合育种值应选择哪几头母牛？

2. 根据表 8-6 资料计算公羊的估计育种值。已知群体剪毛量平均值为 5.0 kg,剪毛量遗传力为 0.2。

表 8-6　4 头公羊及有关亲属的剪毛量记录

公羊号	本身/kg	父亲/kg	母亲/kg	半同胞兄妹		半同胞子女	
				n	均值/kg	n	均值/kg
9781	8.2	13.6	5.6	116	5.73	15	6.08
9794	7.7	13.6	7.2	116	5.73	25	5.75
9770	8.5	11.7	4.6	64	5.32	17	5.42
9752	7.4	14.5	7.3	75	5.61	15	5.54

实训十三　综合选择指数的制定

一、实训目的

了解制定综合选择指数的基本原理,掌握综合选择指数的制定方法及其应用。

二、实训原理

家畜育种中,经常需要同时选择两个以上的性状。应用数量遗传的原理,根据性状的遗传特点和经济价值,把所要选择的几个性状综合成一个个体之间可以互相比较的数值,即综合选择指数,其公式是:

$$I = \sum_{i=1}^{n} \frac{W_i h_i^2 P_i \times 100}{\overline{P}_i \sum W_i h_i^2}$$

公式表示所选择的性状在指数中受三个因素决定:性状的经济重要性(W_i)、性状的遗传力(h_i^2)、个体表型值与畜群平均数的比值$\left(\dfrac{P_i}{\overline{P}_i}\right)$。

一般来说,经济价值高的性状,育种重要性也大。但有时两者并不等同,例如我国目前市场上牛奶的价格,并不根据乳中的脂肪或干物质的多少来分级。但从提高牛奶质量和今后市场的需求方向考虑,选择指数中应当包括牛奶的质量指标,并给以适当的加权值。

三、生产资料

某猪场大白猪的初生活仔数、断奶仔猪数、30 d 断奶窝重的有关数据如下,试制订该猪场三种性状的综合选择指数公式。

初生活仔数:　　　　$\overline{P}_1 = 10.1, h_1^2 = 0.12, W_1 = 0.3$

断奶仔猪数:　　　　$\overline{P}_2 = 9.4, h_2^2 = 0.12, W_2 = 0.3$

30 d 断奶窝重:　　　$\overline{P}_3 = 64 \text{ kg}, h_3^2 = 0.17, W_3 = 0.4$

四、方法与步骤

1. 根据性状的经济重要性和遗传力计算出 $\sum W_1 h_i^2$

$$\sum W_1 h_i^2 = 0.3 \times 0.12 + 0.3 \times 0.12 + 0.4 \times 0.17 = 0.14$$

2. 将性状的遗传力、经济重要性和群体平均值代入公式 $I = \sum_{i=1}^{n} \dfrac{W_i h_i^2 P_i \times 100}{\overline{P}_i \sum W_i h_i^2}$，制定综合选择指数公式。

$$I = \left(\frac{0.3 \times 0.12 \times P_1 \times 100}{0.14 \times 10.1} + \frac{0.3 \times 0.12 \times P_2 \times 100}{0.14 \times 9.4} + \frac{0.4 \times 0.17 \times P_3 \times 100}{0.14 \times 64} \right)$$
$$= 2.546\ 0 P_1 + 2.735\ 6 P_2 + 0.758\ 9 P_3$$

3. 把群体中各个体的表型值代入已制订的综合选择指数公式，即可算出每个个体的综合选择指数。

五、实训作业

试根据表 8-7 中的产蛋鸡资料，制订一个产蛋数、蛋重和开产日龄三个性状的综合选择指数公式，产蛋数的 $W_1 = 0.4$；$h_1^2 = 0.2$；蛋重的 $W_2 = 0.3$；$h_2^2 = 0.5$；开产日龄的 $W_3 = 0.3$，$h_3^2 = 0.3$。通过所制定的综合选择指数公式，选出 2 只指数最高的母鸡留种。

表 8-7　产蛋鸡资料

鸡号	开产日龄/d	产蛋数/(枚/年)	蛋重/g
001	179	261	58.38
002	202	222	59.42
003	176	250	60.87
004	187	234	56.90
005	192	227	59.77
006	177	220	60.65
007	176	258	60.53
008	178	231	57.93
009	178	241	58.47
010	179	200	59.05
011	189	240	62.27
012	176	250	57.40
013	176	230	58.87
014	205	240	59.93
015	199	290	53.93

知识链接

主要畜禽的选种技术

一、牛的选种技术

(一)种公牛的选择

俗话说:"母畜管一窝,公畜管一坡。"1头公牛在自然交配的情况下1年可配几十头母牛,采用冷冻精液人工授精可配几千头甚至上万头母牛,所以种公牛的选择极为重要。

1. 外形选择

种公牛应体型高大,体质健壮,有雄相;头短、颈粗、眼大有神;背腰平直宽广,长短适中;胸部宽深,肋骨开张;腹部紧凑,呈圆筒形;尻部宽、长而不倾斜;肌肉结实,四肢粗壮,肢势良好,蹄圆大而质坚实,行动灵活;性欲旺盛,两睾丸大而对称,单睾和隐睾的公牛均不应作为种用。此外,还应注意它的祖先和后代的表现,尤其是后裔测定的成绩。

2. 遗传评定

判断公牛遗传性最好的方法是后裔测定。测定公牛后代在不同地区、不同牛场的产肉性能或产奶性能,利用动物模型进行评估。后裔测定是经理论和实践证明作为选择优秀种公牛的最可靠方法。

牛群的遗传改良主要有赖于如下体系:青年公牛首先根据系谱值选择,然后进行后裔测定取得更为准确的遗传值估值。青年公牛评定由企业与政府合作进行,所有公牛站根据系谱或预估遗传值对青年公牛进行预选,并将精液分配到与他们合作的牛场(未知本身DNA信息时,青年公牛的预估遗传值仅为双亲遗传值的函数),然后根据它们女儿在这些牛场的性能表现继续评定,得出准确的遗传值(育种值)估计。后裔测定体系的全过程(至收集到有效信息、得出可靠的育种值估计)一般需要5~6年时间。通常仅十分之一的被评定公牛(待定公牛)被种公牛站留下(称"验证"公牛),准予销售其精液。数十年来该体系在世界各国发挥了重要的作用,如在美国,选择性状实现了每年约1%的遗传进展。

(二)种母牛的选择

1. 外形选择

身体健壮,各部结构匀称,外形清秀,性情温顺;嘴大、鼻大,眼大有神;背腰平直宽广,长短适中;腹大而不下垂,前胸阔,后躯发达;乳房大而皮薄柔软,乳头排列整齐,间距宽且大小适中(奶用母牛的乳静脉弯曲粗大);四肢健壮,结实,肢势良好,蹄圆大、质坚实。生产性能好,母性强,繁殖力高。

2. 遗传评定

①泌乳量直接比较法。②母女比较法。③同群牛比较法(HC):此法是采用每头母牛的记录与同群同期母牛的记录加以比较,因此参加比较的记录几乎处在同一种环境效应之中,克服了母女比较法的主要缺点,因此HC法有较高的精确性。④同期同龄比较法(CC)及其改进方法:此法与同群牛比较法的原理相同,只是仅应用第一胎的产奶性能记录,因此它们应几乎处在同样的年龄。这样可以进一步减小年龄、胎次等环境对育种值估计的影响,提高母牛评定的准确性。

二、猪的选种技术

对猪的选种，主要着眼于遗传力较高的瘦肉生长性状和饲料转化率。对于瘦肉生长不仅要考虑生长速度和胴体品质(如背膘厚、肉脂比等)，而且要重视对采食能力、消化能力和维持需要的选择。繁殖性能的选择除产仔数外，还要包括母猪使用年限和发情性状(初情年龄和断奶至发情间隔)。

选种时首先要求其血统来源清晰、系谱记录完整、符合本品种特征的猪作为种用。

1. 外形选择

公猪头部大小适中，颈部结实，无垂肉；胸部宽深，背部宽平，肩-背-腰部结合良好，体躯长、匀称结实；腹部不松弛下垂，臀腿部肌肉发达；四肢结实健壮，行动灵活，步伐开阔，站立或行走时无内外八字形，无卧系；睾丸紧附腹壁，发育良好，左右对称。对公猪精液品质应进行检查，要求精液品质优良、性欲良好、配种能力强。

母猪头颈轻而清秀，下颚平整无垂肉；肩部平直宽阔，肩背结合良好，背腰平直，肋骨开张，臀部平直丰满，尾根高；四肢结实，系短而强健，行动灵活，步伐开阔，无内外八字步形；乳头排列整齐均匀(一般要求 7 对以上)，发育良好，无瞎乳、内翻乳；外生殖器发育正常(阴户发育不良、偏小、上翘均不能选留)；母性较好，护仔能力强。

2. 猪的选种程序

猪的性状是在其个体发展过程中逐渐形成的，因此，选种时应在个体发育的不同时期，有所侧重以及采用相应的技术措施。猪的选种过程通常分为四个阶段，即断奶阶段、6 月龄阶段、初产阶段和终选阶段。现将不同阶段的选种要求介绍如下：

(1)断奶阶段　断奶时许多性状还没有表现出来，所以，主要是根据父母的成绩、同窝仔猪的整齐程度、个体的生长发育、体质外形和有无遗传缺陷等进行窝选。在外貌上要求无明显缺陷，毛色和耳型符合品种要求，乳头数正常、排列整齐，无疝气、乳头内翻、隐睾等遗传疾患。从大窝中选留，有两种做法：一是根据产仔数，二是根据断奶仔猪数。由于初生窝仔数是繁殖性状中最重要的性状，故依据产仔数为妥。由于在断奶时难以准确选种，所以应力争多留，便于以后精选。一般小母猪可按预留数 3～5 倍、小公猪按预留数的 5～8 倍选留。是否要考虑血统，需根据育种目标而定。

(2)6 月龄阶段　猪长到 6 月龄时，个体重要的生产性状(除繁殖性能外)都基本表现出来。因此，这一阶段是选种的关键时期。通过本身的生长发育资料并参照同胞测定资料，基本上可以说明其生长发育和肥育性能的好坏。这个阶段选择强度应该最大，实施系统选育时，这一阶段淘汰率达 90%，而断奶时期初选仅淘汰 20%。选种分两步进行：首先要将体质衰弱、有严重缺陷和损征(肢蹄、乳头、体型)或同窝出现遗传缺陷的个体淘汰。其余个体均应按照生长速度、饲料转化率和活体背膘厚等生产性状构成的综合选择指数进行选留或淘汰。

(3)初产阶段　该时期的主要依据是个体本身的繁殖性能。当母猪已产生第一窝仔猪并达到断奶时，首先淘汰产生畸形、脐疝、隐睾、毛色和耳形等不符合育种要求的仔猪的双亲，然后再按母猪繁殖成绩和综合选择指数高低进行选种。对于已参加繁殖的公猪的选留，一般本着以该公猪的生长速度为主、繁殖成绩为辅的原则，结合活体测膘材料进行选留。种公猪的繁殖成绩可用它的全部同胞姐妹和这头公猪的全部女儿繁殖成绩的均值代表。有条件的种猪场可以使用 BLUP 软件对种公猪进行选择。

（4）终选阶段　当母猪有第二胎繁殖记录时可做最终选择。选择的主要依据是母猪的繁殖性能，这时可依据自身、同胞、祖先的综合信息判断可否留种。另外，此时后裔的生长、胴体性能成绩也为种公猪的选留提供了重要参考。

在育种实践中，还必须考虑到性状间的相关，保持性状间的合理平衡，即平衡育种。一方面要注意性状间遗传颉颃作用（如通过选择使猪的瘦肉率提高时肉质会下降）；另一方面要克服自然选择的干扰，如生长速度快、瘦肉率高的猪种产仔数少，体躯长而高的猪种体质变弱。因此，我们需要努力实现性状间的合理平衡，即增重快、瘦肉多和肉质好的目标。过去欧洲国家主要着眼于遗传力较高的瘦肉生长性状和饲料转化率，但是造成了肉质的下降以及对繁殖力选择的忽视。现代育种学观点认为，猪的育种不仅要重视产品质量，而且要重视生产质量。

三、鸡的选种技术

对于原种鸡群的选种，依据的资料有个体、系谱、亲属及后裔的性能测定结果，由于原种场有丰富的资料来源，所以选种结果是比较准确可靠的。而在祖代、父母代种鸡场，用来作为选种依据的资料有限，所以只能在不同阶段根据鸡的外部状态、健康情况进行选种。

（一）种公鸡的选种

第一阶段选种：在孵化出雏进行雌雄鉴别后，对生殖器发育明显、活泼好动且健康状况良好的小公鸡进行选留。

第二阶段选种：在公鸡育雏达到 6～8 周龄时，对公鸡进行第二次选种，主要选留那些体重较大、鸡冠鲜红、龙骨发育正常（无弯曲变形）、鸡腿无疾病、脚趾无弯曲的公鸡作为准种用公鸡，淘汰外貌有缺陷，如胸骨、腿部或喙弯曲、嗉囊大向下垂、胸部有囊肿的公鸡。对体重过轻和雌雄鉴别误差的公鸡亦应淘汰。公母选留比例为 1:（8～10）。

第三阶段选种：在 17～18 周龄时（肉用种鸡可推迟 1 周），在准种用公鸡群中选留体重符合品系标准，体重在全群平均体重的标准化离均差范围内的公鸡。选留鸡冠肉髯发育较大且颜色鲜红、羽毛生长良好、体型发育良好、腹部柔软、生活力和繁殖力较好的公鸡，自然交配时公母选留比例为 1:（10～15），如进行人工授精，公母比例为 1:（15～20）。

第四阶段选种（主要用于人工授精的种鸡场）：在 20 周龄时（中型蛋鸡和肉用型可推迟 1～2 周），主要根据精液品质和体重选留。通常，新公鸡经 7 d 左右按摩采精便可形成条件反射。选留公母比例可达 1:（20～30），在 21～22 周龄，对公鸡按摩采精反应有 90% 以上的是优秀和良好的，10% 左右的则为反应差、排精量少或不排精的公鸡，对此类公鸡应继续补充训练。经过一段时间，应淘汰的仅为少数，占总数的 3%～5%。若全年实行人工授精的种鸡场，应留有 15%～20% 的后备公鸡用来补充新公鸡。

（二）种母鸡的选种

选择种母鸡时，首先要明确经济用途。若是肉用鸡，应选留体型大、生长快、肉质好的做种用；若是蛋用鸡，就应选留开产早、产蛋多，抱窝性弱的做种用。种用母鸡总体要求是产蛋多，成熟早，繁殖力强，活泼好动，觅食力强，性情温顺。外形要求是：头部较宽，眼大明亮，冠大红润；喙短、粗、宽大、微弯；胫部长短适中、肌肉发达；胸部宽、深、圆，微向前突出，龙骨发达；背部宽、平直；尾根齐平、展开；躯干深、长、宽，呈圆形，后躯发达，两腿距离大。

▶▶ 复习思考题 ◀◀

1. 研究畜禽生长发育的常用方法有哪些？畜禽生长发育的规律是什么？

2. 不同生产用途的畜禽外形及体质类型特点是什么？

3. 简述性能测定、系谱测定、同胞测定、后裔测定的适用条件及在畜禽种用价值评定中的意义。

4. 系谱的形式有哪些？如何编制和鉴定系谱？

5. 育种值估计的原理是什么？如何计算单项育种值和复合育种值？

6. 何谓综合选择指数法？如何制定简化的综合选择指数？

7. 不同畜种所使用的选种方法有何区别？

第九章

种畜选配

知识目标

- 了解选配的种类和作用。
- 掌握选配计划制订的基本原理和方法。
- 理解近交的遗传效应,掌握近交程度分析的方法。

技能目标

- 能制订选配计划。
- 会估算个体及畜群的近交程度。
- 能在育种实践中灵活运用各种选配方法。

二维码 9-1
畜禽选配(一)

二维码 9-2
畜禽选配(二)

▶▶ 第一节 选配概述 ◀◀

一、选配的作用

选配是一种交配制度,是人们有意识、有计划地决定公母畜的配对,以达到优化后代遗传基础、培育和利用良种的目的。换句话说,选配就是对公母畜的交配进行人工干预,为了实现一定的育种目标,有意识地组织优良的种用公母畜进行配种。因此,选配是控制和改良家畜品质的一种强有力的手段,它能使群体的遗传结构按照人们的意志不断得到优化。选配的作用表现在以下几个方面:

1. 稳定遗传基础,把握变异方向

家畜的遗传基础是由双亲所赋予的,如果公母双方遗传基础相近,那么所生后代的遗传基础与其父母可能非常接近,这样,经过若干代选择性状特征相近的公母畜交配,该性状的遗传基因即可纯合,性状特征也就固定下来。

当畜群中出现了某种有益的变异时,可以将具有这种变异的优良公母畜选出,通过选种选配强化该变异。它们的后代不仅可以保持这种变异,而且这种变异还可能较其亲代更加明显和突出。经过几代的选择,有益的变异就能在畜群中得到突出发展,形成该畜群独具的特点,以致扩大成为一个新的类型。

2. 创造新的变异，培育理想类型

选配是研究配对家畜间关系，而家畜选配双方的品质、亲缘关系和所属种群特征等方面的情况，无疑是极其复杂多变的。也就是说，交配双方的遗传基础不可能完全相同，有时甚至相差很大。这样的交配双方配对的结果，它们的后代就不可能与双亲任何一方完全相同，后代的遗传基础得到了重新组合，产生了许多变异，这就为培育优良畜禽新的理想类型提供了遗传基础。

二、选配的种类

选配时按其着眼对象的不同，可大体分为个体选配和种群选配。个体选配时，如按交配双方品质的不同，可细分为同质选配和异质选配；按交配双方亲缘关系的远近，可区分为近交和远交，而在种群选配时，按交配双方所属种群特性的不同，可分为纯种繁育与杂交繁育。

(一)个体选配

1. 品质选配

品质选配，又称选型交配，一般是指表型选配。品质，可指一般品质，如体质、体型、生物学特性、生产性能、产品质量等方面的品质；也可指遗传品质，以数量性状而言，如估计育种值的高低。品质选配是按个体的质量性状和数量性状表现，即考虑交配双方的品质对比进行选配。

(1)同质选配　同质选配是用经济特点相近、性状相同、性能表现一致，或育种值相似的优秀公母畜交配，以期获得相似的优秀后代。选择的双方越相近，越有可能将共同的优点遗传给后代。

同质选配的作用，主要是使亲本的优良性状稳定地遗传给后代，使优良的性状得到巩固和提高。育种实践当中主要将其用于下列几种情况：①当群体中出现理想类型时，可通过同质选配使其纯合固定下来，并扩大其在群体中的数量；②通过同质选配使群体分化成各具特点而且纯合的亚群；③同质选配加上选择得到性能优越而又同质的群体。

在育种实践中，使用同质选配促进基因纯合的同时，有可能提高有害基因结合的频率，把双亲的缺点暴露出来，从而使后代适应性和生活力下降，生产水平降低。因此，应用同质选配时，应加强选择，严格淘汰有遗传缺陷的个体，并改善饲养管理。同质选配的效果与基因型的判断是否准确密切相关。

(2)异质选配　异质选配是指选用具有不同品质的公母畜交配。在育种实践中，异质选配具体可分为两种情况。一种是选择具有不同优良性状的公母畜交配，以结合不同的优点，从而获得兼有双亲不同优点的后代。例如：选毛长的羊与毛密的羊相配；选产奶量高的牛与乳脂率高的牛相配，就是从这一目的出发的。另一种是选择同一性状但优劣程度不同的公母畜交配，以优改劣，以期后代能取得较大的改进和提高。例如：在毛肉兼用细毛羊中，二级羊一般毛密但毛长不够理想，可用特级或一级羊毛密且长的公羊与二级羊进行选配，以提高二级羊后代的毛长；用产毛量高的公羊去配产毛量中等的母羊等。实践证明，这是一种可以用来改良许多性状的行之有效的选配方法。

异质选配的作用主要在于能综合双亲的优良性状，丰富后代的遗传基础，创造新的类型，并提高后代的适应性和生活力。

育种实践中，同质选配与异质选配往往是结合进行的。一般在育种初期多采用异质选配，当在杂种后代中出现理想类型后转为同质选配。有时在具体选配时,对某些性状是同质选配,而对另一些性状则是异质选配。例如:有一头产乳量高、乳脂率低的母牛,选一头产乳量和乳脂率育种值都高的公牛与之交配,对产乳量来说是同质的,对乳脂率来说则是异质的;一头母猪产仔数多但腹大背凹,选一头产仔数多、背腰平直的公猪与之交配,以获得产仔数多、背腰比较平直的后代,这里对产仔数这一性状而言是同质选配,对背腰而言则是异质选配。可见,同质选配与异质选配是不能截然分开的,而且只有将这两种方法配合使用,才能不断提高和巩固整个畜群的品质。

2. 亲缘选配

亲缘选配就是考虑交配双方有无亲缘关系。双方有较近的亲缘关系,就叫作近亲交配,简称近交;反之,双方无亲缘交配,称为远亲交配,简称远交。近交能促使群体中等位基因纯合,配合选种可使群体整齐一致。

(1)近交 畜牧学上把亲缘交配简称近交,它是指 6 代以内双方具有共同祖先的公母畜交配。在家畜中近交程度最大的是父女、母子和全同胞的交配,其次是半同胞、祖孙、叔侄、姑侄、堂兄妹、表兄妹之间的交配。

近交既有有利的一面,又有有害的一面,因此一般在商品生产场不宜采用,而在育种场可适度使用。

(2)远交 远交分为两种情况:①群体内的远交。这种远交是在一个群体之内选择亲缘关系远的个体相互交配,其在群体规模有限时有重大意义。因在小群体中,即使采用随机交配,近交程度也将不断增大,此时,人们可采用远交,有意识地回避近交,以有效阻止近交程度的增大,从而避免近交带来的一系列负面效应。②群体间的远交。这种远交是指两个种群的个体相互交配,而群体内的个体不交配。因为涉及不同的群体,这种远交又称杂交。根据交配群体的类别,进一步可分为品系间、品种间杂交和种间、属间的杂交(简称远缘杂交)。

(二)种群选配

种群选配就是根据交配双方所属种群的异同而进行的选配。所谓种群,是指种用的群体,它可以是动物分类学上的属、种等,也可以是畜牧学上的品种、品系、品群等。

1. 纯种繁育

纯种繁育是指同种群内的选配,即选择相同种群的个体进行交配,简称纯繁,其目的在于获得纯种。在同一种群内长期进行繁育,由于选配个体来源相同,体质外形、生产力及其他性状又比较相似,势必造成纯合基因型频率逐渐升高,所形成的群体具有较高的遗传稳定性。但种群内的纯合都是相对的,没有一个种群的基因型会达到绝对纯合,尤其是比较高产的品种,性状的变异范围更广,遗传基础异质性更大,通过种群内的选种、选配,后代中就会出现各种各样的变异,为种群的不断发展、提高提供了可能。因此,当一个种群的生产性能基本上能满足国民经济需要,在生产力方向上不需要做重大改变,为了保持种群的优良特性,为以后的家畜育种工作保留丰富的育种资源时,可以采用纯种繁育的方法。

2. 杂交繁育

杂交繁育是指不同种群间的选配,即选择不同种群的个体进行交配,简称杂交。其目的在于获得杂交后代。杂交主要有两方面的作用:一是使基因和性状重新组合,原来不在一个群体中的基因集合到一个群体中来,原来分别在不同种群个体身上表现的性状集中到同一个体上来;二是产生杂种优势,即杂交产生的后代在生活力、适应性、抗逆性以及生产力等方面,都比纯种有所提高。

杂交可以从不同角度进行分类,按杂交双方种群关系的远近,可分为系间杂交、品种间杂交、种间杂交和属间杂交等;按杂交的目的,又可把杂交分为经济杂交、引入杂交、改良杂交和育成杂交等。经济杂交的目的是利用杂种优势,提高畜禽的经济价值。引入杂交的目的是引入少量外血,以加速改良本品种的个别缺点。改良杂交的目的是利用经济价值高的品种,来改良经济价值低的品种,提高其生产性能,甚至改变其生产方向,如用肉牛品种改良普通黄牛,用细毛羊改良粗毛羊等。育成杂交的目的是培育成一个新品种或新品系。按杂交的方式,可将杂交细分为两个品种间的二元杂交,三个品种间的三元杂交,有明确目的和详细计划多次进行的级进杂交、轮回杂交等。

三、选配计划的制订

(一)选配的实施原则

(1)有明确的目的　选配在任何时候都必须按育种目标、在分析个体和群体特性的基础上有计划进行。

(2)尽量选择配合力好的个体交配　分析过去的交配结果,找出产生过良好后代的杂交组合继续使用,并增选具有相应品质的公母畜与之交配。

(3)公畜个体等级高于母畜等级　畜禽个体等级是根据生产性能、体形外貌、体质等综合评定出来的。因公畜个体对种群的影响大,公畜个体等级应高于母畜个体,尤其应充分使用特级和一级公畜个体。

(4)相同缺点或相反缺点者不能选配　选配中,绝对不能使用具有相同缺点(如凹背与凹背)或相反缺点(如凹背与凸背)的公母个体交配,不仅不会弥补缺点,反而有可能加重缺点的发展。

(5)不随便近交　近交只能在育种群使用,并控制一定代数,生产上一般要采用远交。因此,同一种公畜在一个种群中使用年限不能过长,应定期更换种公畜或导入外血。

(6)搞好品质选配　对于优秀公母畜,一般采用同质选配,在后代中巩固其优良品质。

(二)选配的准备工作

(1)收集资料,绘制系谱图。

(2)分析品种形成的历史、现状,找出其优缺点;通过配合力测定,分析过去交配效果,选出好的杂交模式使用;并且采用同胞母畜与几头公畜交配,观察其后代表现,从中选出优秀的组合。

(三)制订选配计划

选配计划又称选配方案。选配计划一般没有固定的格式,但一般都包括每头公畜与配母畜号(或母畜群别)、品质说明、选配目的、选配原则、亲缘关系、选配方法、预期效果等项目。

具体选配时,可分为个体选配和等级选配两种形式。个体选配是在逐头分析的基础上,选定与配公母畜,牛、马等大家畜以及各畜种的核心群母畜,一般都采取这种形式。等级选配是按等级所进行的选配,是群体选配的一种。由于各等级的家畜都有各自的相似特点,为了工作方便,以等级群为单位进行选配,实际也等于按个体特征选配。

选配计划执行后,在下次配种期来临之前,应具体分析上次选配效果,本着"好的维持,坏的重选"的原则,将上次选配计划做出全面修订。

▶▶ 第二节 近交及其应用 ◀◀

一、近交的遗传效应

近交的遗传效应主要表现在以下几个方面：

1. 近交使个体等位基因纯合、群体分化

近交可使后代群体中纯合基因型的频率增加，增加程度与近交程度成正比。根据遗传原理，纯合体零世代为0％，1世代为50％，2世代为75％，3世代为87.5％，依此类推。在基因纯合的同时，群体被分化成若干各具特点的纯系。一对基因的情况下，分化成AA系与aa系；两对基因情况下，分化成四个纯合子系，依此类推。在群体分化的基础上加强选择，达到统一与固定某种基因型的目的。如近交系数达到37.5％以上时，即成近交系。近交系可作为杂交亲本，产生强大的杂交优势，能大幅度提高畜牧业生产水平。但建立近交系淘汰率很大，建系成本较高。

2. 近交会降低群体均值

一个数量性状的基因型由两部分组成（加性效应值和非加性效应值）。非加性效应主要存在于杂合体中表现为杂种优势。近交能增高纯合体频率，降低杂合体频率。随着群体中杂合体频率的降低，群体均值也会降低，这是近交衰退的主要原因。

3. 近交可暴露有害基因

决定有害性状的基因大多数是隐性基因，近交既能使优良基因纯合，也能使有害基因纯合，从而使隐性有害基因得到暴露。

二、近交程度分析

相互有亲缘关系的个体，其系谱中必定有重复出现的祖先，称为共同祖先。分析近交程度则看共同祖先的个数多少和出现代数的远近。共同祖先个数越多、出现代数越近，则近交程度越大；反之则越小。

1. 近交系数的计算

近交系数是指个体的全部相对基因中，父母双方来自共同祖先的基因所占的比率。一个个体，从亲代得到某一基因的概率是1/2，从祖代得到某一基因的概率是1/4，即每多隔一代，从共同祖先得到同一基因的概率就减少1/2。所以共同祖先数量越多，出现代数越近，近交系数越大。如果共同祖先也是近交个体，还要再加上共同祖先本身对近交系数的影响。

计算公式：

$$F_X = \sum \left[\left(\frac{1}{2} \right)^{n_1+n_2+1} \times (1+F_A) \right]$$

式中，F_X为个体X的近交系数；n_1、n_2为两个亲本到共同祖先的世代数；F_A为共同祖先本身的近交系数；$\sum$为将双亲与共同祖先连接的各个通径链计算值求总和。

当共同祖先为非近交个体时，$F_A = 0$，公式可简化为：

$$F_X = \sum \left(\frac{1}{2}\right)^{n_1+n_2+1}$$

凡双亲至共同祖先的总代数$(n_1 + n_2)$不超过 6,近交系数大于 0.78％者为近交;小于 0.78％者,则称为远交或非亲缘交配。

2. 畜群近交程度的估算

需估算某一畜群的平均近交程度时,根据具体情况选用下列方法:

(1)当畜群规模较小时,可先求出每个个体的近交系数,再计算其平均值。

(2)当畜群规模很大时,随机抽取一定数量的家畜,逐个计算近交系数。然后用样本平均数来代表畜群平均近交系数。

(3)将畜群中的个体按近交程度分类,求出每类的近交系数,再以加权均数来代表。

(4)对于长期不引进种畜的闭锁畜群,平均近交系数可用下面的近似公式来进行估算:

$$\Delta F = \frac{1}{8}N_S + \frac{1}{8}N_D \qquad F_n = 1-(1-\Delta F)^n$$

式中,ΔF 为畜群平均近交系数每代增量;N_S 为每代参加配种的公畜数;N_D 为每代参加配种的母畜数;F_n 为该群体第 n 代的近交系数。n 为该群体所经历的世代数。畜群中的母畜数,一般数量较大,当母畜数在 12 头以上时,可略去 $1/8N_D$ 这部分不计。

【例 9-1】有一闭锁畜群连续 8 个世代没有引入外来公畜,并且群内公畜始终保持 3 头,而且实行随机留种,试问该畜群的近交系数是多少?

解:该畜群每个世代近交系数的增量为:

$$\Delta F = \frac{1}{8N_S} = \frac{1}{8 \times 3} = 0.041\ 67$$

经过 8 个世代后畜群的近交系数为:

$$F_S = 1-(1-0.041\ 67)^8 = 0.288\ 6 = 28.86\%$$

3. 亲缘系数的计算

亲缘系数又叫血缘系数,它是指两个亲缘个体 X 和 Y 间的遗传相关程度。

亲缘关系有两种:一种是直系亲属,即祖先和后代的关系;另一种是旁系亲属,即它们有共同祖先,但相互间不是祖先和后代的关系。这两种亲缘系数的计算方法是不同的。

(1)直系亲属间的亲缘系数 其计算公式为:

$$R_{XA} = \sum \left(\frac{1}{2}\right)^n \sqrt{\frac{1+F_A}{1+F_X}}$$

式中,R_{XA} 为个体 X 和祖先 A 之间的亲缘系数,F_A 为祖先 A 的近交系数,F_X 为个体 X 的近交系数,n 为由祖先 A 到个体 X 的世代数,$\sum$ 为将祖先 A 到个体 X 连接的各个通径链计算值求总和。

若祖先 A 与个体 X 都不是近交个体,上式可简化:

$$R_{XA} = \sum \left(\frac{1}{2}\right)^n$$

（2）旁系亲属间的亲缘系数　其计算公式为：

$$R_{SD} = \frac{\sum \left(\frac{1}{2}\right)^n (1+F_A)}{\sqrt{(1+F_S)(1+F_D)}}$$

式中，R_{SD} 为个体 S 和 D 的亲缘系数，n 为个体 S 和 D 分别到共同祖先的代数和；F_A 为共同祖先本身的近交系数，F_S、F_D 为个体 S、D 的近交系数。

若个体 S、D 和共同祖先 A 都不是近交个体，则上式可简化：

$$R_{SD} = \sum \left(\frac{1}{2}\right)^n$$

在育种工作中，计算个体的近交系数可以了解个体的近交程度，计算个体间的亲缘系数可以了解个体间的亲缘关系和程度，即遗传相关程度。计算和掌握个体近交系数和个体间亲缘系数，对畜群的选种、选配、防止近交衰退和品系繁育具有重要的指导意义。

三、近交的应用

近交会降低群体均值，暴露有害基因，从而会导致近交衰退。近交衰退是指由于近交，家畜的繁殖性能、生理活动以及与适应性有关的各性状，都较近交前有所削弱。主要表现为繁殖力减退、死胎和畸形增多、生活力下降、适应性变差、体质变弱、生长较慢、生产力降低等。

近交衰退的主要原因有：①由于基因纯合，基因的非加性效应减小，而隐性有害基因纯合则表现有害性状——基因学说。②由于某种生理上的不足，或由于内分泌系统的激素不平衡，或者是未能产生所需要的酶，或者是产生不正常的蛋白质及其他化合物——生理生化学说。

近交衰退并不是近交的必然结果，即使引起衰退，其结果也不是完全相同的。影响近交衰退的因素主要有家畜种类、群体的纯合程度、饲养条件、性状种类（遗传力低的性状近交时衰退较严重）等。

为了防止近交衰退的出现，除了正确运用近交，严格掌握近交程度和时间外，在近交过程中还应采取以下措施：①严格淘汰。及时将分化出来的不良隐性纯合个体从群体中淘汰掉，将未产生衰退的优良个体留作种用。只要实行严格淘汰，都能获得较好效果。有人曾经试验，如果实行严格选种，猪、鸡连续近交 10 代，兔连续近交 20 代，后代也不致发生衰退。②血缘更新。一个畜群自繁一定时期后，难免都有程度不同的亲缘关系，为防止不良影响的过多积累，可考虑从外地引进一些同品种同类型但无亲缘关系的种畜或冷冻精液进行血缘更新。对商品场和一般繁殖群来说，血缘更新尤为重要，"三年一换种""异地选公，本地选母"都是强调了这个意思。③加强饲养管理。近交个体生活力弱，对饲养管理条件要求较高。如加强饲养管理，就可以减轻或不出现退化现象。④做好选配工作。适当多留种公畜和细致做好选配工作，就可使近交系数的增量控制在较低水平。据称，每代近交系数的增量维持在 3%～4%，即使继续若干代，也不致出现显著有害后果。

实训十四　近交系数与亲缘系数的计算

一、实训目的

熟悉近交系数和亲缘系数的计算公式，掌握近交系数和亲缘系数的计算方法。

二、实训原理

个体近交系数的计算：
$$F_X = \sum \left[\left(\frac{1}{2} \right)^{n_1+n_2+1} \times (1+F_A) \right]$$

直系亲属亲缘系数计算：
$$R_{XA} = \sum \left(\frac{1}{2} \right)^n \sqrt{\frac{1+F_A}{1+F_X}}$$

旁系亲属亲缘系数计算：
$$R_{SD} = \frac{\sum \left[\left(\frac{1}{2} \right)^n (1+F_A) \right]}{\sqrt{(1+F_S)(1+F_D)}}$$

三、仪器及材料

根据个体 X 的系谱计算 F_X、R_{X2} 和 R_{SD}。

四、方法与步骤

$$X \begin{cases} S \begin{cases} 5 \begin{cases} 1 \\ 2 \end{cases} \\ 6 \begin{cases} 3 \\ 4 \end{cases} \end{cases} \\ D \begin{cases} 13 \begin{cases} 1 \\ 2 \end{cases} \\ 6 \begin{cases} 3 \\ 4 \end{cases} \end{cases} \end{cases}$$

1. 计算 F_X

第一步：将个体横式系谱改绘成通径图。

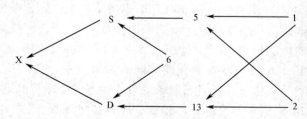

第二步：找出共同祖先，画出双亲与共同祖先连接的通径链。

① 双亲与共同祖先 6 相连接的通径链

$$S \leftarrow 6 \rightarrow D$$

② 双亲与共同祖先 1 相连接的通径链

$$S \leftarrow 5 \leftarrow 1 \rightarrow 13 \rightarrow D$$

③ 双亲与共同祖先 2 相连接的通径链

$$S \leftarrow 5 \leftarrow 2 \rightarrow 13 \rightarrow D$$

由于共同祖先 6、1 和 2 都为非近交个体,故

$$F_6 = 0; F_1 = 0; F_2 = 0$$

第三步:代入公式(1),结果如下:

$$F_X = \left(\frac{1}{2}\right)^3 + \left(\frac{1}{2}\right)^5 + \left(\frac{1}{2}\right)^5 = 0.187\,5$$

2. 计算 R_{X2}

第一步:将个体系谱改绘成通径图。

第二步:筛选连接 X 和祖先 2 的通径链。

① $X \leftarrow S \leftarrow 5 \leftarrow 2; N = 3$

② $X \leftarrow D \leftarrow 13 \leftarrow 2; N = 3$

个体 X 的近交系数 $F_X = 0.187\,5$,祖先 2 为非近交个体,故 $F_2 = 0$。

第三步:代入公式(2),结果如下:

$$R_{X2} = \left[\left(\frac{1}{2}\right)^3 + \left(\frac{1}{2}\right)^3\right]\sqrt{\frac{1+0}{1+0.187\,5}} = 0.229\,4$$

3. 计算 R_{SD}

第一步:将个体系谱改绘成通径图。

第二步:筛选连接 S 和 D 的通径链。

① $S \leftarrow 6 \rightarrow D$;共同祖先为 6,$N = 2$

② $S \leftarrow 5 \leftarrow 1 \rightarrow 13 \rightarrow D$;共同祖先为 1,$N = 4$

③ $S \leftarrow 5 \leftarrow 2 \rightarrow 13 \rightarrow D$;共同祖先为 2,$N = 4$

由于共同祖先 6、1 和 2 都为非近交个体,故 $F_6 = 0; F_1 = 0; F_2 = 0$。S 和 D 都为非近交个体,故 $F_S = 0; F_D = 0$。

第三步:代入公式(3),结果如下:

$$R_{SD} = \frac{\left(\frac{1}{2}\right)^2 + \left(\frac{1}{2}\right)^4 + \left(\frac{1}{2}\right)^4}{\sqrt{(1+0)(1+0)}} = 0.375$$

五、实训作业

1. 现有 301 号公猪的横式系谱如下,试计算 301 号与 9 号、61 号与 82 号之间的亲缘系数。

$$301 \begin{cases} 61 \begin{cases} 13 \\ 20 \begin{cases} 9 \end{cases} \end{cases} \\ 82 \begin{cases} 13 \\ 10 \begin{cases} 9 \end{cases} \end{cases} \end{cases}$$

2. 将下面 10 号家畜的系谱改成通径图,计算 F_{10}、$R_{1\cdot4}$ 和 $R_{10\cdot9}$。

```
                              6
                     1  {
                              7  {      2  {   9
       10  {                          12
                              3  {      9
                     4  {
                              5  {      2
```

3. 152 号公牛的横式系谱如下,试计算 152 号与 20 号之间的亲缘系数。

```
                          10  {   20
                 80  {
                          6   {   20
       152  {
                          10  {   20
                 90  {
                          30  {   20
```

知识链接

选配与种群遗传距离

选配是人们有意识、有计划地决定公母畜的配对,以达到优化后代遗传基础,培育和利用良种的目的。要想真正实现这一目标,就必须了解与配双方的遗传结构,即遗传资源评价。而传统的选配方式,无论是个体选配还是种群选配,无论是品质选配还是亲缘选配,无论是纯种繁育还是杂种繁育,都是基于家畜形态特征和表型性状的描述,无法获取有价值的遗传信息,势必导致传统选配方式的盲目性和选配结果的不可预测性。随着生物技术的发展,这种状况将会彻底改变,人们可以从细胞、蛋白质和分子水平上全面深入了解与配双方的遗传基础,获取有价值的遗传信息,为科学选配提供理论依据。

随着分子生物技术的发展,从分子水平上进行畜禽遗传资源的评价已成为研究热点。许多学者将分子生物技术的方法应用于遗传资源的评价,研究畜禽品种的遗传多样性、遗传结构及其系统发育关系,为畜禽遗传资源的选种选配提供理论依据。目前,采用的方法主要有:限制性酶切长度多态性(RFLP)分析、扩增片段长度多态性(AFLP)分析、随机扩增多态 DNA(RAPD)分析、微卫星分析、DNA 单链构象多态性(SSCP)分析、DNA 序列测定、单核苷酸多态性(SNP)分析及基因芯片分析技术。同时建立了畜禽资源多样性的评价指标,如平均数和变异系数、基因频率和基因型频率、遗传变异度量参数、遗传距离等。其中遗传距离是评价遗传多样性的一个重要参数。

遗传距离最初是用来估计不同种群之间遗传分化程度的一个指标。Nei(1987)在其经典著作《分子进化遗传学》中指出:"遗传距离是指不同的种群或种之间的基因差异的程度,并且以某种数值进行度量"。因此本质上,遗传差异的任何数值测度,只要是在序列水平或在基因频率水平上,由不同个体、种群或种的数据计算而来,皆可定义为遗传距离。

　　种群遗传距离是研究群体遗传多样性的基础,可用来描述群体的遗传结构和品种间的差异,根据选配双方的遗传距离信息,可以预测后代的遗传基础,从而选择适当的选配方式,达到优化后代遗传基础的目的,同时还可进行杂种优势预测和保种效果监测。所以,将遗传距离应用于选配,可进一步提高选配方式的科学性和选配结果的预见性。

▶▶ 复习思考题 ◀◀

1. 解释名词:品质选配、亲缘选配、近交、近交衰退。
2. 为什么在家畜育种中,不但要选种而且要选配?
3. 同质选配与异质选配在什么情况下应用?
4. 什么是共同祖先? 如何在系谱中找到共同祖先? 如何估计群体的近交程度?
5. 在生产实践中,怎样灵活运用近交?

第十章
品种与品系的培育方法

知识目标

- 了解本品种选育的意义、作用和基本方法。
- 掌握品系的类别和专门化品系的建系方法。
- 掌握引入杂交和改良杂交的原理和方法。

技能目标

- 根据当地现有的畜禽品种资源，制定科学合理的杂交改良方案。

二维码 10-1
畜禽的起源、
驯化和品种

第一节　本品种选育

一、本品种选育的意义和作用

本品种选育指在本品种内部通过选种选配、品系繁育、改善培育条件等措施，以提高品种性能的一种方法。一些古老品种，在特定的自然选择和人工选择的长期作用下，已经形成了稳定的遗传性，能够将其优良性状稳定地遗传给后代。本品种选育的目的，不仅要保持这些优良特性、特点及生产性能，而且还要在此基础上进一步发展和提高，使之更适合于国民经济和市场经济的需要。

本品种选育的基础在于品种内存在差异。品种内存在异质性，也可以说是遗传多样性，为本品种选育，即不断选优提纯，全面提高品种的质量提供了素材和可能性。本品种选育的目的就是为了保持和发展一个品种的优良特性，增加品种内优良个体的比例，克服该品种的缺点，提高整个品种的质量。

本品种选育一般包括地方良种的选育和培育品种（包括引进良种）的选育，广泛用于地方良种、新品种、育成品种的保纯和改良提高。一般在一个品种的生产性能基本上能满足国民经济需要，不必做重大方向性改变时使用。如国内地方优良品种秦川牛、小尾寒羊、太湖猪、湖羊等，都可采取本品种选育的方法。我国从国外引进的大量畜禽优良品种，以及通过杂交育种培育出的新品种，也需要进行本品种选育，以便保持和不断提高其生产性能和适应性。

二、本品种选育的基本措施

根据品种的选育程度,将本品种选育大体分为三类:第一类是选育程度较高,类型整齐,生产性能突出的良种;第二类是选育程度较低,群体类型不一,性状不纯,生产性能中等,但具有某些突出经济用途的地方品种;第三类是导入外血培育成的新品种,但其遗传性还不稳定,后代有分离现象,有待进一步选育。本品种选育的基本措施如下:

1. 建立选育机构,确定选育目标

畜禽品种的选育是集技术、组织、管理为一体的系统工程,具有长期性、综合性、群众性的特点,因此必须要加强领导,成立育种委员会或领导小组,组织科研院所、大中专院校、生产场站协作,共同做好本品种选育工作。选育机构成立后,相关专家首要先根据国民经济发展的需要,结合当地的自然条件和社会经济条件,以及原品种具有的优良特性和缺点综合确定选育目标后,制定科学合理的选育方案,指导和协调整个选育工作。

2. 划定选育基地,建立良种繁育体系

在地方良种的主产区,应划定良种选育基地,建立完善的良种繁育体系。良种繁育体系由专业育种场、良种繁殖场和一般繁殖饲养场三级场组成。专业育种场的主要任务是集中进行本品种选育工作,培育优良种畜装备各良种繁殖场。良种繁殖场的主要职责是扩大繁育良种数量,供应一般繁殖饲养场合格种畜。一般繁殖场主要供给商品幼畜,一般饲养场主要是饲养商品畜禽。

3. 健全生产性能测定,进行严格选种选配

在选育过程中,一项重要的技术措施就是定期进行生产性能测定。要拟定简易可行的良种鉴定标准和办法,实行专业选育与群众选育相结合,不断精选育种群和扩大繁殖群。育种场必须固定技术人员定期按全国统一的技术规定,及时、准确地做好性能测定,建立健全种畜档案,并实行良种登记制度。做好选种选配,加大公畜的选择强度,正确使用近交,严禁乱交乱配。

4. 科学饲养与合理培育

任何畜禽品种都是在特定的自然环境和社会经济条件下形成,适宜的饲养条件和科学的管理是充分发挥畜禽生产性能的前提。因此,在本品种选育过程中,各级育种场应创造适宜该品种生长发育的环境条件,科学管理,合理营养,这样才能使良种有好的表现。

5. 开展品系繁育

在本品种选育过程中,积极创造条件,开展品系繁育,有利于品种的全面提高。一般来说,地方良种由于地理和血缘上的隔离,往往形成了若干不同类型,这为品系繁育提供了有利条件。

6. 适当导入外血

如采用上述选育措施进展不大,还不能有效地克服一个品种的个别严重缺陷时,则可考虑采用引入杂交。引入杂交时引入的外血量应控制在$1/8 \sim 1/4$,这样基本上没有改变原有品种的性质,仍属于本品种选育的范畴。

▶▶ 第二节　品系繁育 ◀◀

品系是指一群具有突出优点，并能将这些突出优点相对稳定地遗传下去的种用畜群。品系作为家畜育种工作最基本的种群单位，在加快现有品种的改良，促进新品种的育成和充分利用杂种优势等育种工作中发挥了巨大的作用。

一、品系繁育的作用

品系繁育是家畜育种中最重要的育种方法。在品种内建立一系列各具特点的品系，丰富了品种结构，有意识地控制了品种的内部差异，使品种的异质性系统化。品系繁育的全过程不仅是为了建立品系，更重要的是利用品系。品系的作用有以下四个方面。

1. 加快种群的遗传进展

纯种繁育时可以采用品系繁育的手段，在杂交育种中也同样适用。由于品系具有优点突出、群体小、易纯化、畜群周转快等特点，因此，通过品系培育的方法有利于迅速固定优良性状，加快种群的遗传进展，并丰富和完善新品种的结构。一般来说，培育一个品系要比培育一个品种的周期短得多。

2. 加速现有品种的改良

利用品系繁育可使分散在个体中的优秀特点集中为畜群所共有，迅速增加群内优秀个体的数量，从而提高现有品种质量的目的。在品系繁育中，由于突出了重要经济性状，并在遗传上使其迅速稳定，从而使原有品种的性能水平不断提高。此外，在品种内建系可使品种具有丰富的遗传结构，从而使该品种保持强有力的生命力。

3. 促进新品种的育成

在培育新品种时，为了固定优良性状往往采用适度近交，而近交又容易引起生活力衰退。若采用品系繁育，则由于各系内的基因大部分是纯合的，而系间一般又没有很近的亲缘关系，从而在品系综合时既可以使品系特性获得较稳定的遗传，又可防止整个种群的近交衰退。众多品种的育成史表明，当市场需求和育种目标发生变化，若品种内原来就建有品系，即品种内具有丰富的遗传结构，则有利于在原有品种的基础上育成新的品种。

4. 充分利用杂种优势

品系经过闭锁群体下的若干代同质选配和近交繁育，许多座位的基因纯合度较高、遗传性稳定、系间遗传结构差异较大，由于品种繁育提高了畜群的纯度和性能水平，使畜群不仅具有较高的种用价值，还成为杂种优势利用的良好亲本。进行品系间杂交时会产生明显的杂种优势。现代畜牧业生产中，尤其是鸡、猪生产中，建立配套系，采用专门化品系杂交，比品种间杂交产生的杂种具有更明显的杂种优势。

二、品系的类型

品系繁育是培育、保存和发展品种或提高杂种优势的一项重要的育种措施。从家畜育种工作发展阶段来看，它的表现形式大体有下列 6 种：

1. 地方品系

同一畜禽品种,由于所处的自然条件、饲养管理条件和社会经济条件不同,人们对畜禽的要求也有所区别,因而对畜禽的选种标准亦有些不同,从而形成一些具有不同特点的地方类群。这种在同一品种内经长期选育而形成的具有不同特点的地方类群称为地方品系。例如广东的紫金猪,虽然都具有早熟易肥的特性和黑背白腹的特征,但具有明显的地方特点。分布在紫金县东南部的兰塘猪,由于地处丘陵,物产丰富,群众习惯于单传法,即父传子、母传女,血统集中,长期近交,使该地区的猪表现为体型小、早熟、生长快和杂种优势明显的特征。西部的龙窝猪,地处山区,交通不便,农产品不甚丰富,表现为体型大,耐粗饲的特点。于是,一个紫金猪形成了兰塘和龙窝两个地方品系。分布在太湖流域的太湖猪,有 60 余万头,按照体型外貌和性能上的差异,分为二花脸、梅山、枫泾、嘉兴、米猪、沙乌头等 6 个地方品系。

从国外引入的品种,通常按输入国分系。例如:荷斯坦奶牛有荷系、日系、美系、加系;大白猪有苏系、法系、英系、美系、加系、丹系;白洛克鸡有加系、日系等;安哥拉长毛兔有德系、法系、英系、日系等。这种分系不能与地方品系完全等同看待。因为一个畜种,由于所在国的环境、选育要求和方法不同,往往会形成差异明显的不同类型。例如,美系荷斯坦奶牛发展成乳用型,而荷系荷斯坦奶牛则已偏向乳肉兼用型。又如日系巴克夏猪保持原巴克夏偏脂肪类型,而澳系巴克夏猪则偏瘦肉类型。由此可见,不同输入国的类型,它们之间的差异有些已经超过了一般的地方品系。

2. 单系

这种品系的形成是先选出一头理想的优秀祖先,以它为标准选留后代,采用近交,巩固该祖先的优良性状,扩大具有理想型的个体数量,从而使原来仅为个体所特有的优良品质转变为群体所共有。这种由一头优秀祖先形成的具有突出优点的有亲缘关系的畜群,称为单系。在 19 世纪这种品系对品种改良起过重大作用。例如,短角牛的"公爵夫人"系,娟姗牛的"金童"系等对品种的形成曾起到奠基者的作用。

3. 近交系

连续进行同胞交配,群体平均近交系数在 37.5% 以上,这样形成的品系称为近交系。20 世纪四五十年代,西方鸡、猪的近交系发展较为盛行。由于高度近交,衰退严重,淘汰率又非常高,以至建系过程成本太高。

4. 群系

选择具有共同优秀性状的个体组群,通过闭锁繁育,迅速集中优秀基因,形成群体稳定的特性。这样形成的品系称为群系,也就是多系祖品系。与单系比较,群系不仅使建系过程大大缩短,品系规模扩大,而且有可能使原来分散的优秀基因在后代集中,从而使群体品质超出任何一个系祖。

5. 专门化品系

专门化品系是在 20 世纪 60 年代中期出现的。所谓专门化品系是指生产性能"专门化"的品系,是按照育种目标进行分化选择育成的,每个品系具有某方面的突出优点,不同的品系配置在繁育体系不同的位置,承担着专门任务。专门化品系一般分父系和母系,在培育专门化品系时,母系的主选性状为繁殖性状,辅以生长性状,而父系的主选性状为生长、胴体和肉质性状。例如在猪育种中既要建立繁殖性能高的母本品系,也要建立育肥和屠宰性能好的父本品系,二者杂交后,杂种优势比一般品种间杂交效果好得多。培育专门化父系和母系较之一般品系可以加大选择进展。此外，专门化品系用于杂交体系中可取得互补性，通过杂交可把父系与母系的优点结合于商品畜禽个体上。从理论和实践看，专门化品系间杂交的互补性明显，杂种优势显著。

6.合成系

20世纪70年代以后又出现了"合成系"，合成系育种体现了一种开放的育种思想。指两个或两个以上来源不同，具有所期望特点的系群杂交后形成的种群，经选育后成为一个具有一定特点的新品系。这种合成系往往生产性能较高，重点突出经济性状，不追求外形的一致，育成速度快。用于特定品系配套杂交，后代具有明显的杂种优势。如四系配套的荷兰海波尔猪，加拿大的星杂579鸡等，它们的父系和母系都是合成系。这些以专门化品系配套杂交产生的具有高产性能、品质整齐均匀的杂种称为"杂优畜禽"。

三、建立品系的方法

品系繁育首先要建立品系，目前在畜牧生产中，主要是建立配套系。建立配套系的目的是为了进行配套杂交，充分利用杂种优势，提高整个畜禽的生产水平。建立配套系的方法有许多种，不同的配套系其建系方法也不同，对于近交系，采用近交建系法；而专门化品系的建立方法主要有三种，即系祖建系法、群体继代选育法和正反交反复选择法。

(一)近交建系法

近交建系法是在选择了足够数量的公母畜以后，根据育种目标进行不同性状和不同个体间的交配组合，然后进行高度近交，如亲子、全同胞或半同胞交配若干世代，以使尽可能多的基因座位迅速达到纯合，通过选择和淘汰建立品系。近交建系方法的特点是通过高度近交，使优秀性状的基因迅速达到纯合，使近交系数达到37.5%以上。家禽要高一些，近交系数达到50%以上。培育小鼠和大鼠近交系，近交系数更高，要求全同胞交配20代以上。

在建立近交系的最初几个世代并不一定进行选择，因初期群体中杂合体频率高，选择时容易使杂合体被选留，反而不利于纯化。在根据表型值选留近交后代时，不应过分强调生活力。因为杂合体个体具有杂种优势，它们的生活力较强，生产性能较高，尤其是正向选择时更易错选。近交过程由于基因分离组合，需密切注意是否出现优良性状组合。一旦发现应立即选择并大量繁殖，以加速近交系的建成。

由于近交建系法会出现严重的近交衰退，建系代价高昂，因此在生产上较少使用。但在遗传学上，由于近交系是一种很好的素材，所以对近交系的研究工作并未停止。

(二)系祖建系法

系祖建系法适用于建立以低遗传力性状为主选性状的高产品系，特点是从品种或系群中选择出卓越的个体(种公畜)作为系祖，通过一定程度的近交，使其后代与这一卓越的系祖保持一定的亲缘关系，使该系祖的优秀品质为群体所共有。该建系法的成效主要取决于系祖的品质。首先，一个优秀的系祖要具有独特的稳定遗传的优点，其余特征特性在中等以上水平。其次，体质健壮，无损征与遗传病，测交证明不携带隐性有害基因。最后，有一定数量的优秀后代。

系祖建系法具有以下优点：第一，方法灵活，不拘一格，简单易行，可以在小规模畜群中进行；第二，易于固定某一个或几个个体的优良特性；第三，便于保持血缘。但也存在不足之处，以一头系祖为中心组群建系，遗传基础太窄，可能降低成功率；系祖继承者的选择需要较大的选择强度,且不易选中,后代一般很难接近更无法超过系祖;易于造成近交衰退,品系不易维持。

1. 选择优秀系祖

系祖可以寻找,也可以培养。如以繁殖力为主选性状的猪品系,选育指标应突出产仔数和仔猪断奶窝重,其他如体重、体尺、育肥性能等在中等水平以上。因为提高产仔数和断奶窝重,母猪的其余繁殖性能均能得到相应的提高,后备猪生长性状亦能得到改进。系祖的选择要严格,系祖多为公畜。

2. 组建基础母畜群

建立品系之初,对母猪群的质量也要有较高要求。尽量选择与系祖相似的优秀母猪组成基础群,以增加未来同质优良基因的频率。对于遗传力低的性状更应严格要求。其次,作为系祖的与配母畜,在血统上与系祖无亲缘关系,但必须是同质的。

对于多胎家畜如猪,可采用窝选法,即血统性能均为优秀的窝可全窝留种,以后个别淘汰。窝选比单传更能迅速扩大优秀畜群,有助于提高群体性状的整齐度。在实际工作中可以采用重复选配,即对好的选配组合,重复选定同一公母畜配种。重复选配的作用在于有更多的机会传播优良亲代的高产性能和遗传特点,提高畜群内优良基因型的频率。

3. 选择系祖的继承者

系祖的儿子、孙子、曾孙是系祖各代的继承者。继承者的选择以性能为主,严格按选育指标,并采用选择系祖的方法进行选择。血统关系一般为直系、旁系亦可。从系祖的儿子开始就应选出 3～4 个公畜为第一代继承者。第一代继承者间的亲缘关系为同父异母的半同胞。由于几个继承公畜各自发展成若干支系,它们的后代,即第二代、第三代……继承公畜间亲缘关系将逐渐疏远。

4. 纯繁和扩群

在此阶段,一定要按照品系的选育指标,坚持性能与亲缘相结合的原则,从大量的优秀个体中严格选择淘汰。用近交、重复选配等方法不断加强群内性状一致性的选育,保证形成具有突出优点的品系。要做好纯繁工作,应在品系内部划分为三个组别:第一,品系核心组——性能和体型外貌完全符合品系类型和选育指标。第二,一般繁殖组——符合品系品质的要求,但与该品系类型有某些偏离。第三,淘汰组——在很大程度上偏离品系类型,不能代表该品系的发展方向。

为扩大品系畜群,在品系基本形成以后,允许系内部分母畜与外部来源公畜进行同质交配,其后代参加该系的繁殖群,以丰富品系的遗传性能,避免形成闭合式的遗传狭窄群体。也可用系内种公畜与非本系的同质母畜配种,凡后代品系特征明显的,参与品系群内繁殖。通过系内核心组公母畜的大量繁殖,以及利用系内核心组公母畜与外部来源同质公母畜配种,以保证品系群内数量的扩大和品质的改善。

(三)群体继代选育法

群体继代选育法又叫闭锁群选育。该方法从 20 世纪 50 年代开始采用到现在,已有半个多世纪的历史。我国猪和鸡选育过程中广泛采用此种方法。群体继代选育法是从选建基础群开始,组群后开始闭锁,不再向群内引入其他任何优良基因。所以新品系的质量水平决定于基础群组建的好坏。下面介绍群体继代选育法的建系步骤。

1. 组建基础群

基础群是同质还是异质群体,既取决于素材群的状况,也取决于品系繁育预定的育种目标和目标性状的多少。当目标性状较多而且很少有方方面面都满足要求的个体时,基础群以异质为宜。例如选育一个猪的高产瘦肉系,应把具有背膘薄、眼肌面积大、瘦肉率高以及生长快的优良个体选入基础群内,使群内具备产瘦肉多的全部优良基因。如果品系繁育的目标性状数目不多,则基础群以同质群为好。选择基础群时,公畜间及公母畜间都应没有亲缘关系。

基础群要有一定数量的个体。例如:猪每世代应有 100 头母猪和 10 头公猪;鸡每世代应有 1 000 只母鸡和 200 只公鸡。若数量减少,遗传进展将受一定影响。为减缓群体近交程度的过快上升,建系时应保证公畜的数量,并采用各家系等量留种法。

2. 闭锁繁育

组群后将畜群封闭起来,不允许引入外来种畜。1 世代畜禽均来自 0 世代基础群,以后各世代的畜禽均来自上一世代。每一世代的组群数量始终保持基础群原畜禽数。

在闭锁繁育前期,采用避开全、半同胞交配的随机交配,避免高度近交。在闭锁繁育阶段的后期,由于畜群已逐步趋向同质,应实行不限制全、半同胞交配的完全随机交配,结合严格的淘汰,能加快优良性状基因的纯合。一般来说,基础群经过 5~6 代的闭锁繁殖,平均近交系数达 10%~15%,选择的性状符合建系的指标要求,群体遗传性能稳定,专门化品系即建成。

3. 杂交组合试验

进行杂交组合试验必须有多个品系进行正反杂交,才能选出配合力好、杂种优势强的杂交组合,这是一项工作量很大而又细致复杂的工作。对育成的新品系,通过与若干个品系的杂交组合试验,找出特殊配合力好的组合。

4. 选育与推广

品系育成后,对于配合力好的品系,为利于推广,应继续进行培育。如扩大品系个体数量,特别是增加公畜个数,扩大群体有效含量;扩大选留家系数,降低选择强度,减少因选择强度大而致的近交速度上升;延长世代间隔,减缓基因漏失率;采用各家系等量择优留种的方法等。

(四)正反交反复选择法

1949 年由 Comstock 等提出正反交反复选择法(reciprocal recurrent selection,RRS)。其原理为:在影响某个数量性状的许多基因位点上,如果在两个纯系间存在基因频率的差异,而且基因具有显性效应,那么这两个系杂交就可能产生较大的杂种优势,即这两系有高的配合力。通过配合力测定筛选优秀杂交组合,实际上是在被动地寻找这种基因频率的差异,具有较大的盲目性。如果能主动地用选择来扩大这种差异,就有可能定向提高非加性遗传效应,产生更大的杂种优势。下面以猪为例来简单介绍该方法的步骤和优点。

1. RRS 法

组成 A、B 两个基础群(基础群组建的要求与群体继代选育法基本相同),依性能特征特点不同,定为 A、B 两个系,每个系中着重选择的性状应不同,其中一个系应着重选择生长、胴体和肉质性状,另一个系则选择繁殖性状。第一,把 A、B 两系的公母猪,分为正、反两个杂交组,即 A♂×B♀ 和 A♀×B♂,进行杂交组合试验。第二,根据正反杂交 F₁ 的性能表现鉴定亲本,将其中最好的亲本个体选留下来,其余的和全部后代杂种都一起淘汰作肥育用。选留下来的亲本个体必须与其本系的成员交配,即分别进行纯繁,产生下一代亲本。第三,将第二步繁殖的优秀的 A、B 两系纯繁猪选出来,按第一步的正反两组进行杂交测验。第四,又重复第二步的纯繁工作,如此循环重复地进行下去,到一定时间后,即可形成两个新的专门化品系,而且彼此间具有很好的配合力,可正式用于杂交生产。

该方法包括了杂交、选择、纯繁三个部分,既是一种选种方法,又是一种杂交方式,能达到既有育种效果又兼顾经济效益的目的。

正反交反复选择法提出后,一度颇受欢迎,但也有人应用后提出不同意见,认为太费时间,不利于加速专门化品系的建成,于是提出了改良的正反交反复选择法。改良后的 RRS 法将正反杂交和纯繁同时进行,把原来 RRS 法的时间缩短一半。

2. 改良的 RRS 法

首先组成 A、B 两个基础群,依性能特征不同定为 A、B 系。第一,将 A 系母畜的一半与 B 系的公畜杂交,另一半与 A 系的公畜交配进行纯繁;同样地,B 系母畜的一半与 A 系的公畜杂交,另一半与 B 系的公畜交配进行纯繁,杂交后代进行肥育测定,从杂交效果好的亲本公畜的纯繁后代中选留种畜,组成 1 世代。第二,将选留纯繁后代再按第一步正反杂交组合和纯繁办法进行正反杂交和纯繁试验,如此正反交反复选择进行下去,即可育成具有高度杂种优势的两系配套的专门化品系。

▶ 第三节 杂交繁育 ◀

一、引入杂交

(一)概念

引入杂交又称导入杂交。是在保留原有品种基本特性的前提下,利用引入品种来改良其某些缺点的一种杂交方法。该方法一般在某一品种基本上能满足国民经济需求,各种特性不需要从根本上加以改变,只是纠正其个别缺点和不足时采用。

引入杂交在应用时,一般引入外血不超过 1/8 或 1/4,即只杂交一次,然后从杂种中选出理想的公畜与原有品种的母畜回交,理想的杂种母畜则与原品种优秀的公畜回交,产生含 25% 外血的杂种(即回交一代),再根据杂种的具体表现,主要视其缺点改进程度及原品种的基本品质保留情况,决定是否再回交。如果回交一代不理想,可以再回交一次,产生含 12.5% 外血的杂种(即回交二代),依此类推。如图 10-1 所示。最后用缺点改进很好,且保留原品种基本品质,符合理想型要求的回交杂种进行自群繁育。

(二)注意事项

为使引入杂交取得应有的效果,在实施过程中要注意以下几点:

1. 引入品种与个体的选择

引入品种的生产性能、体质类型要与原品种基本相似;要求具有针对原品种某些缺陷的显著优点,而且这一优点有较强的遗传能力。为了解引入品种的遗传稳定性,除了进行一些杂交对比试验外,应密切注意被选用种公畜的后裔表现。

引入杂交主要是用引入公畜来提高原来品种的某些性状,并且只杂交一次就基本解决问题。因此,公畜的选择必须严格,这样才能保证杂交取得明显效果。由于只杂交一次,外血成分不高,所以,引入品种对当地条件的适应性不必过多考虑。

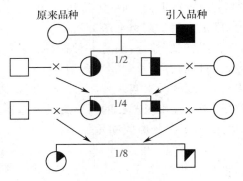

图 10-1　引入杂交示意图

2. 杂种的选择与培育

为使引入品种的优点能在各代杂种中得以充分表现,而不至于在回交中减弱或消失,应特别注意对杂种的选择和培育。如创造有利于引入性状得以表现的饲养管理条件,同时进行严格的选种和细致的选配,是引入杂交成功的重要保证。

3. 以本品种选育为主体

引入杂交是以原有品种为基础,杂交时要有相当数量的优良母畜,要求它们具有非常优良的特性和稳定的遗传性,所以,加强本品种选育也是保证引入杂交成功的关键。应该认识到,在整个工作中,本品种选育仍是主体,杂交只是局部工作或措施之一。

(三)应用

在实践中应特别强调,引入杂交只适宜在育种场内或育种中心地区小范围进行,切忌在良种产区大规模普遍地开展,以免造成原有品种的混杂。这种杂交方式无论在本品种选育、新品种培育及正在培育的品种中都可能用到。我国一些优良品种在进一步选育提高过程中,采用了引入杂交的方法,取得了显著效果。

例如东北细毛羊在选育过程中引入过斯达夫细毛羊血液,在改善毛长,提高净毛率上取得较好效果。据黑龙江省试验报告,含外血 25% 的杂种羊与同龄的东北细毛羊相比,毛长提高 1 cm(10%)以上,产毛量提高 0.37 kg。新疆细毛羊在 20 世纪 70 年代用澳洲美利奴细毛羊进行引入杂交。据 1976 年统计,含 1/4 澳血的后代在净毛率及毛长方面均有显著提高,其他羊毛品质和体型结构也有改进,而且保持了新疆细毛羊原有的个体大、适应性强等特点。

在鸡的育种方面,狼山鸡用与其毛色体型基本相似,经济类型较一致,并有狼山鸡血液的澳洲黑公鸡进行引入杂交,然后用含 25% 澳血的杂种进行横交,其后代在产蛋量、蛋重、体重、开产期等方面,均超过了亲本。这样就加快了新狼山鸡的选育进程。其提高指标对比如下:产蛋量由 172 个提高为 191 个,蛋重由 54.2 g 增加为 57.2 g,体重由 2.85 kg 提高为 3.01 kg,开产日龄由 234 d 天缩短为 206 d。

南阳黄牛是我国优秀的地方品种,属于役肉兼用品种。随着国民经济的发展和人民生活水平的不断提高,南阳黄牛的选育方向应向肉役兼用或肉用方向发展。在以本品种选育为主的总体安排下,怎样加快改进其存在的早熟性及产肉性能的缺陷是当务之急。自 20 世纪 80 年代以来,在河南南阳黄牛育种场开展了引入杂交试验。在引入利木赞牛进行杂交后,其杂种后代 1.5 岁体重比南阳黄牛提高 74.5 kg,屠宰率提高 6.2%,净肉率提高 5.5%。

二、改良杂交

(一)概念

改良杂交又称改造性杂交,是利用某一优良品种彻底改造另一品种生产性能的方向和水平的杂交方法。当某些品种不能满足国民经济发展及人们生活需要,必须尽快地从根本上彻底改变其原来固有的生产方向、产品性能及类型时,可采用改良杂交。例如粗毛羊转变为细毛羊,役用牛转变为肉役、肉用或乳用牛,脂用型猪转变为瘦肉型猪,本地鸡转变为蛋用鸡等,在上述情况下,采用改良杂交是最行之有效的方法。

改良杂交是用改良品种的公畜和被改良品种的母畜杂交,对其所产生的杂种母畜继续与改良品种的另一些公畜一代一代地杂交,直到杂种接近改良品种的生产力类型和水平时再进行自群繁育,稳定和发展这些优秀个体。简单地说,即以改良品种连续与被改良品种回交。如图10-2所示。

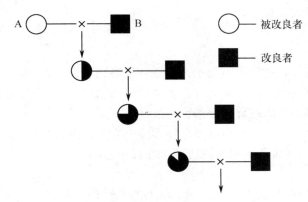

图 10-2　改良杂交示意图

(二)注意事项

使用改良杂交的方法,应考虑的条件和注意的事项如下:

1. 杂交前对改良品种的选择

对改良品种的选择,在改良杂交中显得更为突出和重要。因为未来的杂种要在相当大的程度上受改良品种的遗传影响。除了要求改良品种具有所要求的特性、特征以外,还应分析该品种对当地条件的适应能力,以及该品种本身的遗传稳定性。

2. 对杂种后代的培育

杂种的特点是遗传性不稳定,它的性状表现更易受环境条件的影响。因此,要分析它对环境条件的适应情况、生产性能提高的程度、生长发育的规律性等,为杂种创造适宜的培育条件,以保证其优良性状充分发挥,促进杂交育种工作的顺利进行。

3. 避免盲目追求杂交代数

改良杂交使用方法是有条件的,除需要有良好的选种选配和培育条件外,更应注意杂交的代数,切不可盲目追求高代杂种。究竟应杂交几代,需根据具体情况而定。一般来说,只要杂种已基本上接近改良品种,或已基本上达到预期指标即可。在两个品种差异不大、饲养管理条件又有可靠保障的情况下,杂交至二三代,最多四代便可达到预期目标。当两个品种差异较大时,杂交代数最多也不要超过五代。

(三)应用

改良杂交是较大程度地改变经济价值低的本地品种或畜群的快速而有效的方法。改良杂交已在全世界范围内广泛应用,在我国的畜禽育种实践中应用较早,也极为普遍。许多地区有计划地使粗毛羊变为细毛羊,使役用牛变为肉用、乳用牛,以及彻底改变一些体格小、生长慢、成熟晚的猪种等,大都采用过这种杂交方法,并获得了显著成效。

例如在养牛业中,为了迅速满足广大群众对鲜奶日益增长的需要,引入荷斯坦奶牛与黄牛进行杂交,使黄牛向乳用方向改良。当地黄牛经过杂交,杂种牛的产奶量逐代提高。若以荷斯坦奶牛 305 d 的产奶量为 100%,杂种一代母牛产奶量相当于同期荷斯坦奶牛的 54.6%,杂种二代提高到 59.51%,杂种三代为 95.96%,杂种四代为 96.26%。杂种四代以上的母牛产奶性能要比本地黄牛提高近 10 倍,基本上接近荷斯坦奶牛的生产水平。同时,杂种牛的生长发育和体型结构随杂交代数的增长也发生了明显变化,头清秀,颈细长,肋骨开张、圆弓,后躯较宽,外貌与荷斯坦奶牛大致相似。

三、杂交育种

畜禽品种或品系间的杂交,不但用于产生杂种优势,也用于培育新品种。杂交育种是从品种间杂交产生的杂交后代中,发现新的有益变异或新的基因组合,通过育种措施把这些有益变异和有益组合固定下来,从而培育出新的畜禽品种。

杂交育种的类型虽然众多,但不同类型在方法上有共同点,而且在步骤上有相似之处。以下按杂交育种过程叙述各阶段的主要内容和工作任务。

(一)杂交阶段

这一阶段的主要任务是利用两个或两个以上的不同品种的优良特征,通过杂交使基因重组,以改变原有畜禽类型,创造新的理想类型。为此,应切实做好如下工作。

(1)明确育种目标　对理想型要有一个明确、具体的要求。要制定杂交育种方案,明确育种方法、育种指标和理想型的具体要求等内容。

(2)选好杂交用亲本品种　品种的选择以育种目标为依据。若选定的亲本品种及个体合乎要求,创造理想型的时间就有可能缩短。需要强调的是,在所选品种中最好选一个当地品种作母本,因为当地品种对当地条件具有良好的适应性,同时当地品种作母本数量较多,杂交后代也多,有利于选优去劣,易得到较好的杂交效果。

(3)确定杂交组合和方式　当杂交用的品种选定以后,在开始杂交以前,要充分分析杂交用亲本的遗传结构、遗传的稳定性、生产性能等。从而确定以哪个品种作母本,哪个品种作父本,以及采用哪种杂交方式等。

(4)切实做好选种、选配及培育工作　这一阶段的工作,不应仅进行杂交,还应在选种、选配和培育上下功夫。只有这样,才能使工作处于主动地位。由于公畜影响面广,应特别注意对杂交用父本品种的个体选择,最好选用经过后裔测定的公畜。

(5)慎重确定杂交代数　杂交究竟进行几代?这是个重要问题。其基本原则是:代数要灵活掌握。因为杂交育种根本目标是追求理想型。不是追求代数多少,不能认为代数越多越好。有时杂交代数虽然不多,但已得到理想型就应立即停止,转入下一阶段。要珍惜本地畜禽的一些优点。如果代数过多,影响了适应性和耐粗饲特性的发挥,应予以纠正。

(二)横交固定阶段

本阶段的主要任务是:将理想型个体停止杂交,进行自群繁育,稳定其后代的遗传基础并对它们的后代进行培育,从而获得固定的理想型。这是一个以横交及自繁为手段,以稳定理想型为目的的阶段。在这一阶段应做好以下几项工作:

(1)采用同质选配　为巩固理想型,要进行同质选配,以期获得相似的后代。合乎理想型标准的个体并不一定都属于相同世代,更不可能完全相同,在选配时要注意灵活应用。

(2)有目的地采用近交　为更快地完成定型工作,可适当采用近交手段。关于近交程度的高低,要看理想型个体品质和健壮程度而定。个体品质好,体质健壮,近交程度可高一些。应当注意,一旦发现由于近交而引起生活力减退,就应停止近交,并进行血缘更新,但仍应坚持同质选配。

(3)建立品系　对已建立起的理想型群体,应进行自群繁育,可考虑建立品系,以丰富新品种的结构。

(三)扩群提高阶段

虽然在第二阶段已培育了理想型群体或建立了品系,但在数量上还不多,未达到品种应有的数量。数量少就不能大量淘汰,选择强度不能提高就不利于品种的保持和发展,数量不足也易造成近交。在扩群的同时,还要做好培育和选种选配工作。

(四)纯繁推广阶段

这是杂交育种最后的一个必要阶段。本阶段的主要任务是在大量繁殖的基础上,把培育出的新品种由育种场或中心区拿到生产中去推广。推广过程中要深入了解生产性能、繁殖性能、适应性能等各方面的表现,以便及时总结经验,并进一步加强品种培育工作。相反,若忽视了这些,就会使品种质量很快下降,最后由于不受群众欢迎、占领不了市场而被淘汰。

知识链接

畜禽育种新技术

一、MOET 育种技术

在家畜育种上,第一次重要技术革新是 20 世纪 50 年代用的精子冷冻、人工授精技术,最大限度地提高了优秀种公畜的利用率,使动物生产性能在较短时间内有快速提高;但在单胎动物中,母畜的繁殖力低成了限制遗传进展进一步提高的主要因素。第二次技术革新是 20 世纪 70 年代发展起来的超数排卵和胚胎移植(multiple ovulation and embryo transfer,MOET)技术,为进一步提高动物改良速度提供了契机。MOET 技术在奶牛业、养羊业中已进入商业化生产阶段,尤其奶牛方面,丹麦、法国、英国、美国和加拿大等国家已建立了奶牛 MOET 育种核心群。

在牛的育种上,这个育种方案最主要的特点就是在一个场站内集中一部分最优秀的母牛,形成一个相对闭锁的核心群,然后借助超数排卵技术以及胚胎移植和胚胎切割等技术进行繁殖,以不断培育出优秀种公牛。目前,胚胎移植在美国已成为一项专门的产业,每年对奶牛和肉牛都要进行数千次的移植。常规育种方案和 MOET 育种方案的遗传改良速度相比,MOET 技术可提高生长和胴体性状的选择反应达 30%～100%。值得注意的是,为了避免未来世代的近交积累,实施 MOET 技术时,应注意适当扩大供体母畜的数目。

国外应用 MOET 技术,使优秀母牛资源得到了充分利用。应用 MOET 技术生产了大量后裔测定公牛,加拿大已占 58%,美国、法国约占 50%。其他家畜胚胎移植数量相对较少,全世界绵羊和山羊主要进出口的胚胎数量为牛的 5%~10%。我国在应用 MOET 技术选育高产中国荷斯坦奶牛的研究和建立中国西门塔尔牛开放育种核心体系方面均取得了较大进展,MOET 技术在家畜育种工作中有着非常广阔的应用前景。

二、分子标记辅助选择技术

选择是育种中最重要环节之一,传统育种方法是通过表现型间接对基因型进行选择,这种选择方法存在周期长、效率低等许多缺点。最有效的选择方法应是直接依据个体基因型进行选择,分子标记的出现为这种直接选择提供了可能。标记辅助选择(marker assistant select,MAS)就是通过对遗传标记的选择,间接实现对某遗传力较低的性状、表型值在早期难以测定或限性遗传的性状的数量性状位点的选择,从而达到对该性状进行选择的目的,可提高选择的有效性及遗传进展,并可通过遗传标记来预测个体基因型值或育种值。

遗传标记是指与目标性状紧密连锁、易于识别、遵循孟德尔遗传模式、具有个体特异性或其分布规律具有种质特征的某一类表型特征或遗传物质。其在遗传学的发展过程中起着举足轻重的作用,同时也是家畜遗传育种过程中的重要工具。遗传标记经历了形态学、细胞学、蛋白质及分子标记等几个主要发展阶段,种类和数量在不断增加。目前,采用的较多是分子遗传标记(molecular genetic markers),其是在分子水平上以 DNA 多态性为标记进行遗传分析,以识别个体基因型差异。与以往的遗传标记相比,分子标记有许多不可替代的优点,如无表型效应、不受环境限制和影响、可以用于早期育种选择、有许多分子标记表现为共显性、能提供完整的遗传信息等。在家禽育种中,对羽速、胚长及裸颈性状的表型选择非常成功,且广泛应用于生产,以相应的快慢羽基因、性连锁矮小基因及裸颈基因作为分子标记进行标记辅助选择的技术,在育种和生产中也将逐步得到应用。

近年来,随着畜禽基因组研究计划相继开展,分子标记的研究与应用得到了迅速的发展,为准确地评价畜禽群体遗传结构、遗传多样性、经济性状功能的基因克隆和分子遗传标记辅助选择优良性状提供了新的机遇,具有极其良好的发展前景。

三、转基因技术

转基因动物是指用试验导入的方法将外源基因在染色体基因内稳定整合并能稳定表达的一类动物。1974 年,Jaenisch 应用显微注射法,在世界上首次成功地获得了 SV40 DNA 转基因小鼠。其后,Costantini 将兔 β 珠蛋白基因注入小鼠的受精卵,使受精卵发育成小鼠,表达出了兔 β 珠蛋白;Palmiter 等把大鼠的生长激素基因导入小鼠受精卵内,获得"超级"小鼠;Church 获得了首例转基因牛。人们已经成功地获得了转基因鼠、鸡、山羊、猪、绵羊、牛、蛙以及多种转基因鱼等。

1996 年,新西兰科学家关于转基因绵羊羊毛产量增加的报道吸引了不少同行的目光。Damak 等将小鼠超高硫角蛋白启动子与绵羊的 IGF—Ic DNA 融合基因显微注射到绵羊原核期胚胎,移植后生 5 只羔羊,其中两只(一公一母)为转基因阳性。用转基因羊与 43 只母羊交配,生出 85 只羔羊,其中 43 只(50.6%)为转基因阳性。羔羊在 14 月龄剪毛时,转基因羊净毛平均产量比其半同胞非转基因羊提高了 6.2%,公羔羊产毛量提高的幅度 9.2%,但毛纤维直径、髓质以及周岁体重方面无明显差别。

转基因技术可以用于动物抗病育种，通过克隆特定基因组中的某些编码片段，对之加以一定形式的修饰以后转入畜禽基因组，如果转基因在宿主基因组能得以表达，那么畜禽对该种病毒的感染应具有一定的抵抗能力，或者应能够减轻该种病毒侵染时对机体带来的危害。其用于遗传育种，不仅可以加速改良的进程，使选择的效率提高，改良的机会增多，并且不会受到有性繁殖的限制。例如：Berm 将抗流感基因 Mx 转入猪；Clements 等将 Visna 病毒（绵羊髓鞘脱落病毒）的表壳蛋白基因（Eve）转入绵羊，获得的转基因动物抗病力明显提高；丘才良把一种寒带比目鱼抗冻基因（AFP）成功地转移到大西洋鲑中，为提高某些鱼类的抗寒能力做了积极的尝试。目前，作为动物基因改良的候选基因还不是很多，相信随着基因组计划的完成和功能基因组学的进展，将会有越来越多可以作为动物基因改良的候选基因涌现出来。

当然，在转基因动物应用的同时，也应该注意其可能带来的负面效应。最主要的危险来自由外源基因整合、运用载体 DNA 和转基因表达所带来的副作用。这些副作用包括诱发基因组多个位置上的突变，转基因整合后造成某些染色体基因的失活、致癌基因的激活，如在应用反转录病毒作载体时以及转基因的非生理性表达等。尤其值得注意的是，在转基因动物体内的激素超常分泌作用，如人类的生长激素基因在鼠中的表达，可引起鼠的生长速度提高、乳腺发育提前、母鼠繁殖力降低甚至不育等副作用。

四、动物克隆技术

克隆（clone）是指无性繁殖，是不经两性细胞的结合，直接由正常二倍体细胞繁衍后代的方式。同一种克隆细胞或个体在遗传构成上完全相同。根据供体核的来源不同，可将其分为胚胎细胞克隆和体细胞克隆两种方法。

在自然界哺乳动物中存在天然的克隆动物，同卵双胞胎实际就是一种克隆，是两性细胞结合后形成二倍体细胞，在卵裂时由于某种原因而使两个子细胞发生分离，各自独立的发育成两个个体。目前，人工生产克隆动物的方法主要是胚胎分割和细胞核移植。由于胚胎分割技术很难将每一个胚胎细胞准确分离，能够用于克隆的细胞数目有限。而细胞核移植可以产生无限的遗传相同的个体，是克隆动物生产的更有效的方法，故人们往往把细胞核移植称为动物克隆技术。因此，动物克隆技术是指将二倍体细胞的细胞核利用显微外科手术的方法移入去核的卵母细胞中，构建成重组胚，通过体内或体外培养，胚胎移植，产生与供体细胞核基因型完全相同的后代个体。

五、基因编辑技术

基因编辑技术广泛运用于生命科学研究以及临床应用基因编辑技术是对生物体基因组 DNA 进行特异性修饰的技术，其对 DNA 的修饰有精确敲除、定点插入或诱导突变等，可以使被编辑的生物体性状发生定向改变，并且能够稳定遗传给后代，被广泛应用于生物医药、动物遗传育种、基因工程和植物分子育种等领域。锌指核酸酶（zinc finger nucleases，ZFNs）、转录激活因子样效应物核酸酶（transcription activator-like effector nucleases，TALENs）和成簇规律间隔短回文重复序列/相关蛋白 9（clustered regularly interspaced short palindromic repeats，CRISPR/Cas9）是 3 种不同的基因编辑工具。不同的基因编辑工具各有优缺点，选择特定系统更多地取决于研究人员的专业知识和需求。

在家畜遗传育种方面,利用基因编辑技术进行定点基因编辑可以大大缩短家畜选育时间,加快育种进程,还能对物种性状改良进而诱导突变理想性状,且安全性有一定保障。当前,已经产生了许多基因编辑的家畜,如抗 PRRS 的基因编辑猪、MSTN 基因编辑的猪和对结核病不敏感的转基因牛等。一些经过基因编辑的家畜在瘦肉率、抗病性和其他有利性能方面也得到显著提高。不过值得注意的是,当前的基因编辑技术(CRISPR/Cas9)还面临着脱靶问题,具有在基因组中诱导脱靶突变的潜力,这些突变也许不会对动物个体健康产生影响,但仍然不可忽视。可以预期,借助基因编辑工具,家畜育种将进入新的发展机遇,并为人类提供更高质量、更健康、更低成本的品种和更丰富的产品。

▶ 复习思考题 ◀

1. 解释名词:本品种选育、品系、地方品系、专门化品系、引入杂交、改良杂交、杂交育种、MOET 育种技术、分子标记辅助选择、转基因动物、动物克隆技术、基因编辑技术。

2. 应用本品种选育时,应采取哪些基本措施?

3. 品系培育在现代家畜育种中有何重要意义?

4. 简要说明建系的方法,比较几种建系方法的优缺点。

5. 引入杂交与改良杂交有何不同,它们在生产实践中有何应用?

6. 杂交育种分为几个阶段? 各阶段的主要工作是什么?

7. 谈谈你对 MOET 育种技术、分子标记辅助选择技术、转基因技术、动物克隆技术和基因编辑技术的认识。

第十一章
杂种优势的利用

知识目标

- 掌握杂交的概念、作用。
- 掌握杂种优势的概念、表现。
- 掌握杂种优势利用的方法。

技能目标

- 会估算杂种优势。
- 能根据当地畜种的具体情况选择适宜的杂交方式。

▶▶ 第一节　杂交的概念和利用 ◀◀

一、杂交的概念

在遗传学上,一般把两个基因型不同的纯合体之间的交配叫作杂交。在畜牧业生产中,杂交是指不同种群(种、品种、品系或品群)之间的公母畜的交配。杂交既可理解为位点基因型不同的两个体间交配,也可理解为位点基因频率不同的两群体间的交配。总之,杂交是交配双方有关位点的基因型或基因频率有着明显差异的群体间的行为。畜牧学上,杂交的后代叫杂种,不同属、种之间的杂交叫远缘杂交。由于不同种属间的遗传结构差异较大,所以远缘杂交能产生杂种优势很强的后代。因此,在畜牧生产中,可以用远缘杂交来培育畜禽新品种,但是同时远缘个体之间往往存在着不可(或不易)杂交性或杂种不育性,所以远缘杂交在实际生产中的应用受到很大限制。

二、杂交的作用

概括地说,杂交有以下几个方面的作用。

(一)综合双亲性状,培育新品种

杂交可以丰富后代的遗传基础,把亲本群的有利基因集于杂种一身,因而可以创造新的遗

传类型,或为创造新的遗传类型奠定基础。新的遗传类型一旦出现,即可通过选种选配,使其固定下来并扩大繁衍,进而培育成为新品系或品种。如高产品系与抗病品系杂交,可育成既高产又抗病的品系。

(二)改良家畜的生产方向

当某一地方品种的生产性能较差,不能满足经济发展需要,或生产类型需要根本改变时,可采用杂交方法。例如:用瘦肉型品种的种公猪与脂肪型品种的地方母猪杂交,可把脂肪型猪改良成瘦肉型猪,同样,也可用细毛羊品种与粗毛羊杂交以生产毛用或毛肉兼用羊;或将役用牛改为肉用、乳用或兼用牛等。

(三)产生杂种优势,提高生产力

根据畜牧业生产实践,在猪的杂交利用中,杂交可获得增产 $10\%\sim20\%$ 的效果,杂种猪在生长速度和饲料利用率方面比亲本品种要高 $5\%\sim10\%$,杂种猪在产仔数、哺乳率和断奶窝重等方面可分别比亲本纯种高 $8\%\sim10\%$、22% 和 25%。利用经济杂交产生的杂种优势进行肉羊生产是肉羊业发展中最成功的经验。波尔山羊改良羊的初生重比本地羊高 $30\%\sim40\%$,在同等饲养管理条件下,6 月龄波尔山羊杂交羊体重在 $17.5\sim20$ kg,日增重一般在 200 g 左右,与本地羊相比分别提高 40% 和 38.5%。同时,杂种一代对环境适应性强,生长发育快,有较强的抗病能力,因此特别适于商品生产。

三、杂交的遗传效应

杂交的遗传效应与近交的遗传效应相反。

(一)杂交使基因杂合化

杂交是指不同纯合体之间的异型交配,F_1 必然全部杂合。对群体来说,可以提高杂合基因型频率,降低纯合基因型频率。杂合体频率的增加同两个群体基因频率的差异成正比,即两个群体的基因频率差异越大,子一代杂合体频率增加得越多。

(二)杂交提高群体均值

数量性状的基因型值可剖分为加性效应值和非加性效应值。加性效应是基因累加作用引起的,而非加性效应则包括显性效应和互作效应两部分,全部的显性效应和大部分的互作效应都存在于杂合体中,因此非加性效应值也可以大致地看成杂合效应值。随着群体中杂合基因型频率的升高,群体的平均杂合效应值也升高。因此,群体的表型平均值也提高。

(三)杂交使群体生产性能一致性增强

杂交虽能使个体的基因型杂合化,同时却使群体生产性能趋向一致。因为杂交可使群体杂合基因型频率增加,也就是增加了相互之间没有差别的杂合体在群体中的比率,从而加大了群体的一致性。现代化的畜牧业,多采用纯系间杂交,得到完全一致的 F_1,个体间表现整齐,在生长发育和生产性能方面的差异小,因而可使商品畜禽规格一致,有利于畜牧业生产实现商品化和工厂化。

综上所述,杂交是获得高产畜禽的有效途径,是提高畜产品的产量和质量,提高畜牧业生产效率的重要方法,并在我国地方品种改良中发挥了巨大作用,为新品种培育工作开辟了广阔的前景。

▶▶ 第二节　杂种优势及其他利用 ◀◀

一、杂种优势的概念及表现

(一)杂种优势的概念

早在 2 000 多年前,我国劳动人民就利用驴、马杂交产生骡。这种种间杂交具有比驴、马都更优异的耐力和役用性能,即使它有不能繁殖的严重缺点,人们还是非常喜欢饲养。在 1 400 多年前,后魏贾思勰著的《齐民要术》一书中,已经对这一经验做出了正确的文字总结。我国地域广阔,品种资源丰富,品种间杂交在我国也开展得较早。汉唐时代,人们就从西域引进大宛马与本地马杂交,生产优美健壮的杂种马,并总结出"既杂胡种,马乃益壮"的宝贵经验。近代杂种优势利用发展更加迅速。1909 年沙尔(G. H. Shull)首先建议在生产上利用玉米自交系杂交。1914 年他又提出"杂种优势"这一术语。以后又经过许多人的努力,玉米杂种优势利用在理论上和生产上均取得了令人瞩目的成就。在玉米杂交的启示下,杂种优势利用在畜牧业中,尤其是在肉用家畜生产中也得到了广泛而深入的应用。

不同种群(品种、品系或品群)间杂交所产生的杂种,往往在生活力、生长势和生产性能等方面,表现在一定程度上优于其亲本纯繁群体,这就是所谓"杂种优势"现象。譬如,某一良种牛群体平均体重为 700 kg,本地牛群体平均体重为 300 kg,两者杂交产生的杂种群体平均体重为 600 kg,高于两亲本平均值 500 kg,这就表现了杂种优势。

近 20 多年来,有关杂种优势方面的研究和应用进展非常迅速。畜牧业发达的国家中,80% 以上的商品猪肉来自杂种猪;快大型商品肉仔鸡几乎全是杂种,约有 80% 的鸡蛋是由杂种鸡生产的。肉牛、肉羊、肉鸭等也都广泛利用了杂种优势,一些特种养殖也在探索杂种优势利用途径。

在畜牧业生产尤其是肉用动物生产中,利用不同的杂交方式生产商品代是提高经济效益的重要途径。杂种优势利用已成为现代工厂化畜牧业的一个不可或缺的环节,在方法上也日趋精确与高效,已由一般的种间或品种间杂交,发展为一整套"配套系"间杂交的现代化体系。

(二)杂种优势的表现

凡能进行有性生殖的生物,无论是低等还是高等,都可见到杂种优势现象。杂种优势是生物界的一种普遍现象,但并不是任何两个亲本杂交所产生的杂种或杂种的所有性状都有优势。杂种是否有优势,其表现程度如何,主要取决于杂交用的亲本群体的质量以及杂交组合等是否恰当,也受制于营养水平、饲养制度、环境温度、卫生防疫体系等环境因素,还受制于遗传与环境的互作。如果亲本群体缺少优良基因,或两亲本群体在主要经济性状上基因频率无大差异,或主要性状上两亲本群体所具有的基因非加性效应很小,或者不具备充分发挥杂种优势的饲养管理条件等,都不能产生理想的杂种优势。

杂交有时候也会出现不良的效应。由于某些非等位基因间存在负的效应,杂种的基因型值就会低于双亲的平均值,这种现象称为"杂种劣势"。但总体来说,杂种优势总是多于劣势。杂种优势的表现是群体特性的表现,不是某一两个性状单独的表现,而是许多性状的综合表现。杂种优势的大小,大多取决于双亲性状间的相对差异和相互补充。从各类性状来看,不同的性状在杂交时有不同的杂种优势效应，如繁殖力、生活力等低遗传力性状，在杂交时往往杂种优势水平较高；胴体性状、体质外貌等高遗传力性状，在杂交时往往杂种优势水平很低，甚至没有杂种优势；生长速度等遗传力中等的性状，其杂种优势水平往往也是中等。

（三）杂种优势利用的现状与展望

在猪、鸡、兔等畜禽中，杂种优势利用在生产中已经广泛使用。鸡的育种已形成"原种选育—配合力测定—单杂交或双杂交"这样一种完整的繁育体系；猪的育种也开始走向"专门化品系选育—配合力测定—两品系或三品系杂交"的繁育体系。我国在猪的育种方面，也已确定了"三化"的方针，即"母猪本地化，公猪良种化，肥猪一代杂种化"，进一步可能发展成"母猪一代杂种化，公猪高产品系化，肥猪三系杂种化"。该方针适合猪的生产特点，广泛利用了杂种优势，充分发挥了生产潜力。该方针的贯彻实施，必将使我国猪的育种工作和猪生产取得令人振奋的成就。

我国肉牛饲养业目前是以轮回杂交为主，方式上与猪、鸡不尽相同。牛是单胎家畜，繁殖力较低，因此要充分利用本地母牛资源。但我国大部分本地品种牛体型较小，与大型肉牛杂交，杂一代的生长速度较快，而本地牛的泌乳力较差，因而不能满足杂一代犊牛哺乳期的营养需要。所以，主张用乳肉兼用型牛，如西门塔尔牛作第一父本，这样有利于提高杂一代母牛的泌乳性能，并且杂一代母牛的体格也增大了。杂一代母牛再与肉用性能好的利木赞或夏洛来公牛杂交，三元杂交牛中公牛可作为商品牛，母牛可与第四品种公牛杂交。生产上也有直接采用国外优良品种改良本地品种的例子，如采用皮埃蒙特牛与南阳牛杂交，皮南杂与南阳牛相比，首先是生长发育的速度快，各年龄段的体重多 25.50%～90.00%，效果十分明显，而且其肉用性能也有较大提高，在保持了南阳牛优良性状的前提下，杂交后代的肉质、产肉率明显提高。

肉羊上，我国引进波尔山羊对改良本地山羊如槐山羊、贵州黑山羊，后代的生产性能有明显效果，杂交后代的日增重、体尺、生长速度及产肉指标均明显高于本地山羊品种，取得了良好的杂交改良效果。

绵羊上，畜牧工作者用萨福克公羊与甘肃省武威地区当地小尾寒羊杂交，观察杂交改良后的效果。结果表明：萨寒 F_1 的羔羊初生、2 月龄、4 月龄和 6 月龄体重分别为 3.93 kg、12.68 kg、23.15 kg 和 34.56 kg，较当地小尾寒羊提高 1.13 kg、3.11 kg、4.07 kg 和 6.37 kg。在相同的饲养管理条件下，体高、体长、胸围等均高于当地同龄小尾寒羊，其生长发育速度明显快于当地小尾寒羊。以萨福克羊为父本与当地小尾寒羊进行杂交改良，改良效果明显，经济效益显著。

我国南方各省、区的沼泽型水牛与外来的江河型水牛（摩拉水牛等）杂交，各方面都表现出很好的杂种优势。杂一代水牛无论在役用或乳用方面，都优于本地水牛，深受群众欢迎。短期看来走杂种优势利用的道路，很可能比走杂交育成新品种或级进杂交的道路更为有利。但不能因为杂一代好就不要本地水牛了，因为本地水牛绝种了，杂种优势也就无从谈起。

二维码 11-1
杂交优势的利用

二、杂种优势利用的主要环节

杂种优势利用是一整套综合措施，包括以下几个主要环节。

（一）杂交亲本种群的选优与提纯

杂种优势的获得首先取决于杂交亲本的基因优劣和纯度，所以杂交亲本种群的选优与提纯是杂种优势利用的一个最基本环节。杂种只有从亲本获得优良、高产、显性和上位效应大的基因，才能产生显著的杂种优势。

"选优"就是通过选择使亲本种群原有的优良、高产基因的频率尽可能增大。"提纯"就是通过选择和近交，使得亲本种群在主要性状上纯合体的基因型频率尽可能增加，个体间的差异尽可能减小。提纯的重要性并不亚于选优，因为亲本种群越纯，杂交双方基因频率之差才能越大，配合力测定的误差才能越小，杂种群体才能越整齐、越规格化，而这些都是杂种优势利用效果好坏的关键。选优与提纯，并不是两个截然分开的措施，选优就是要增加优良基因的频率，而只有优良基因的纯合体基因型频率提高了，其基因频率才能有较大的增加。所以"优"和"纯"虽然是两个不同的概念，但选优和提纯是相辅相成的，可以同时进行和同时完成。

选优提纯在杂种优势利用中的作用是一个"水涨船高"的关系，亲本选育提纯愈好，杂种性能也会愈高。选优提纯的较好办法是品系繁育。用品系繁育来选优提纯杂交亲本种群，其优点是品系比品种小，容易选优提纯，有利于缩短选育时间，有利于提高亲本群体的一致性，更适应现代化生产的要求。例如在玉米和鸡、猪生产中，由于事先选育出优良的近交系或纯系，然后进行科学的杂交，从而获得了强大的杂种优势，取得了显著的生产效果，因此，利用杂种优势绝不能只强调杂交而忽视杂交亲本的纯繁工作。

（二）杂交亲本的选择

杂交用的亲本种群是否合适，关系到杂种能否得到优良、高产及非加性效应大的基因，进而决定杂交能否取得最佳效果，因此意义非常重大。杂交用的亲本应按照父本和母本分别选择，两者的选择标准不同，要求也不同。

1. 母本的选择

（1）应选择在本地区数量多、适应性强的品种或品系作母本。因为母本需要的数量大，种畜来源问题很重要，适应性强的容易在本地区基层推广，特别是一些繁殖力低的畜种，如牛、羊等，更需要以当地品种作母本。

（2）应选择繁殖力高、母性好、泌乳能力强的品种或品系作母本。这关系着杂种后代在胚胎期和哺乳期的成活和发育，因而影响杂种优势的表现，同时与杂种生产成本的降低也有直接关系。例如生产瘦肉型三元杂交的杜长大猪和杜长太猪时，祖代母本大约克夏猪和太湖猪都具有上述特点。

（3）在不影响杂种生长速度的前提下，母本的体格不一定要求太大，体格太大浪费饲料。目前，有些国家选用小型鸡作为杂交母本，就是这个道理。我国在仙居鸡的选育工作中就发现，这种鸡体型小，产蛋多，是一个理想的杂交母本。

前面两条应根据实际情况灵活应用。譬如，在上海地区开展杂种优势利用工作，本地的枫泾猪既适应性强，又繁殖性能好，是一个理想的母本品种。但如果这项工作在哈尔滨地区开展，枫泾猪猪源不足，适应性也不强，直接用作母本就不一定合适。为了利用其繁殖性能好的特点，可利用它作父本与哈白猪杂交，以生产繁殖力和适应性都良好的杂种母猪，再与另一个理想的第二父本杂交，以生产肥育用三元杂交后代。

2. 父本的选择

（1）应选择生长速度快、饲料利用率高、胴体品质好的品种或品系作为父本。具有这些特性的一般都是经过精心培育的品种,如长白猪、大白猪、夏洛来牛、西门塔尔牛、科尼什鸡等,或者精心选育的专门化品系。这些性状的遗传力较高,种公畜的这些优良特性容易遗传给杂种后代。

(2)应选择与杂种所要求的类型相同的品种作父本。生产瘦肉型猪时,应选择瘦肉型品种如大约克夏猪或杜洛克猪做父本。生产乳用型杂种牛,应选择乳用型品种牛为父本,如荷斯坦奶牛。有时也可选择与母本相反的类型以生产中间型的杂种,如用长毛型品种绵羊与细毛羊杂交,以产生半细毛羊的杂种。

(3)父本的适应性和种畜来源问题可放在次要地位考虑。因为父本饲养数量较少,适当的特殊照顾费用不大。因而一般多用外来品种作为杂交父本。

(4)如果进行三元杂交,第一父本还要考虑繁殖性能与母本品种有良好的配合力。第二父本为终端父本,要考虑其能否在生产性能上符合杂种指标的要求。如长白猪和大约克夏猪都可作为第一父本。因为二者都具有较高的繁殖力,所以也可作为母本,但考虑到长白猪的适应性不及大约克夏猪,因此,常用长白猪作为第一父本;第二父本则选择适应性强、育肥性好、饲料效率高的杜洛克猪,而杜洛克猪的繁殖性能不及长白猪和大约克夏猪。

(三)杂交效果的估测

开展杂种优势利用应尽量做到有的放矢,周密安排。实践证明,不同品种或品系间的杂交效果差异很大,不同杂交方式其结果更是相去甚远。不同种群间的准确杂交效果,必须通过配合力测定才能最终确定。但配合力测定费钱费事,家畜的品种品系又很多,不可能两两之间都进行杂交试验。因此在进行配合力测定之前,应有个大致的估计,只有那些估计希望较大的杂交组合,才正式列入配合力测定。这样可以节省很多人力物力,有利于杂种优势利用工作的开展。

1. **影响杂交效果的因素**

(1)种群间的遗传差异　一般来说,分布地区距离较远、来源差别较大、类型、特长不同的种群间杂交,可以获得较大的杂种优势。因为这样的种群在主要性状上,往往基因频率差异较大,因而杂种优势也较大。引进品种与本地品种的杂种优势比国内品种之间杂交的要大。长期与外界隔绝的种群间杂交,一般可获得较大的杂种优势。与外界隔绝的主要原因有两种:一种是地理交通上的隔绝,我国某些山区或小岛,那里的畜群长期与外界不相交流,如广东紫金县的蓝塘猪;另一种是繁育方法上的隔绝,有的是有意识的封锁群繁育,有的是无意识的习惯(当然也有一定经济上的原因),如湖羊往往都是本家系留种交配。这些血统与外界长期隔绝的种群,基因型往往较纯,杂交效果也较显著。

(2)性状的遗传力　遗传力较低、在近交时衰退比较严重的性状,杂种优势也较大。因为控制这一性状的基因,其非加性效应(包括显性效应和上位效应)较大,杂交后随着杂合体频率的加大,群体均值也就有较大的提高。如受胎率、繁殖率、成活率、断奶体重、产仔数、产蛋率等经济性状的遗传力,它们主要受非加性基因控制,杂交后随着杂合体频率的加大,群体均值也就有较大的提高,因而杂种优势明显。而遗传力高的性状则主要受基因的加性效应影响,非加性效应程度降低,因此即使杂交使得杂合体比例提高,也不会带来多大的杂种优势。

(3)种群的整齐度　主要经济性状变异系数小的种群,一般说来,杂交效果较好。因为群体的整齐度在一定程度上可以反映其成员基因的纯合型,除纯系的一代杂种以外,群体的变异系数一般是与杂种优势的大小成反比的。

(4)母体效应　杂种后代除受遗传影响之外,还受环境影响。而就环境影响而言,一大部分乃是来自母体在产前产后对后代提供的生活条件,即母体效应。不同种群作为母本,母体效应不同,因而最终的经济效益也不同。

2. 杂交效果预测

杂种的生产性能可以根据上述影响因素进行初步推断,但是推断是很笼统的、不准确的,不可能区分差异不大的杂交组合的效果,有时甚至也会估计错误。目前,主要使用的预测方法有两种:一是利用分子、生化或者数量性状的遗传距离;二是配合力测定。如通过研究肉牛生长发育性状杂种优势与亲本遗传距离的关系,探索出了肉牛杂种优势的预测方法,已被逐渐应用到实际生产中。微卫星和SNP分子标记技术在家畜杂种优势利用中的研究也开始在生产中使用,也有根据杂种在某些早期的生理生化指标上的特点来预测杂交效果。

最近在作物育种方面报道了一种所谓"线粒体混合试验法"。这种方法就是通过测定两个亲本的混合线粒体的呼吸强度和氧化磷酸化的效率,用以预测杂种优势。据研究,凡是表现有杂种优势的杂种个体,其细胞线粒体的呼吸强度(耗氧率)和氧化磷酸化效率(P/O值),都高于亲本细胞的线粒体,而且将两个亲本的细胞线粒体取出来混合在一起,这种混合线粒体的呼吸强度和氧化磷酸化效率,也都高于各个亲本单独的线粒体。因此,用实验室方法做成的亲本混合线粒体,就可以代替通过杂交得到的杂种线粒体来进行呼吸强度和氧化磷酸化效率的测定,从而预测杂种优势。这种预测杂种优势的方法还不够完善,更不能直接应用于家畜杂种优势利用。生物有机体是很复杂的,各个性状的杂种优势程度也是不一样的,个别能够在一定程度上反映代谢强度的生理生化指标,未必能够精确地反映每个性状的杂种优势程度。但是无论如何,这种方法已经在用实验室方法替代传统的杂交试验方面,走出了有意义的一步,这预示着在此方面的研究领域和前景还是非常广阔的。

(四)配合力的测定

配合力就是种群通过杂交能够获得的杂种优势程度,即杂交效果的好坏和大小。由于各种群间的配合力是很不一样的,在人们还没有找到可以精确预测杂种优势的捷径以前,通过杂交试验进行配合力测定,仍是选择理想杂交组合的必要方法。

1. 配合力的种类及概念

配合力有两种:一般配合力和特殊配合力。一般配合力是指一个种群与其他各种群杂交所能获得的平均效果,如果一个品种与其他各品种杂交都能得到较好的效果,如引进品种大约克夏猪与世界上许多品种猪杂交效果都很好,就说明它的一般配合力好。一般配合力的基础是基因的加性效应,因为显性偏差和上位偏差在各杂交组合中有正有负,在平均值中已相互抵消。特殊配合力是指两个特定种群之间杂交所能获得的超过一般配合力的杂种优势。它的基础是基因的非加性效应,即显性效应与上位效应。这两种配合力可用图11-1加以说明。

$F_{1(A)}$ 为 A 种群的一般配合力,$F_{1(B)}$ 为 B 种群的一般配合力,$F_{1(AB)} - \dfrac{1}{2}(F_{1(A)} + F_{1(B)})$ 为 A、B 两种群的特殊配合力。

实际上,一般配合力所反映的是杂交亲本群体平均育种值的高低,所以一般配合力主要依靠纯繁选育来提高。遗传力高的性状,一般配合力的提高比较容易;反之,遗传力低的性状,一般配合力较不易提高。特殊配合力所反映的是杂种群体平均基因型值与亲本平均育种值之差,其提高主要应依靠杂交组合的选择。遗传力高的性状,各组合的特殊配合力不会有很大差异;反之,遗传力低的性状,特殊配合力可以有很大差异,因而有很大的选择余地。

2. 配合力的测定方法

通常通过杂交试验进行配合力测定,主要是测定特殊配合力。特殊配合力一般以杂种优

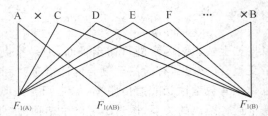

$F_{1(A)}$——A种群与B、C、C、E、F…各种群杂交产生的一代杂种的平均值。
$F_{1(B)}$——B种群与A、C、D、E、F…各种群杂交产生的一代杂种的平均值。
$F_{1(AB)}$——A、B两种群的一代杂种的平均值。

图 11-1　两种配合力概念示意图

势率表示：

$$H = \frac{\overline{F}_1 - \overline{P}}{\overline{P}} \times 100\%$$

式中，H 为杂种优势率；$\overline{F}_1$ 为杂种一代的平均值（即杂交试验中杂种组的平均值）；$\overline{P}$ 为亲本种群的平均值（即杂交试验中各亲本种群纯繁组的平均值）。

在进行配合力测定时，为了节省人力、物力，应尽量压缩测定任务，可以不必测定的杂交组合尽量不测。例如三元杂交用的一代杂种母猪的亲本要进行繁殖性能的配合力测定。直接生产肥猪用的亲本要进行肥育性能的配合力测定。肥育性能的遗传力较高，不可能产生多大的非加性效应，因此双方都是肥育性能很差的亲本，就不必列为肥育性能配合力测定的组合。

（五）杂种的培育

这是杂种优势利用的一个重要环节，因为杂种优势的有无和大小，与杂种所处的生活条件有着密切的关系。应该给予杂种以相应的饲养管理条件，以保证杂种优势能充分表现。虽然杂种的饲料利用能力有所提高，在同样条件下，杂种能比纯种表现更好，但是高的生产性能需要一定的物质基础，在基本条件也不能满足的情况下，杂种优势不可能表现，有时甚至反而不如低产的纯种。

三、利用杂种优势的方法

杂交的目的是使各亲本群体的基因组合在一起，形成新的更为有利的基因型。因具体情况不同，可采用的主要杂交方式有：

（一）简单杂交（二元杂交）

即两个种群杂交一次，一代杂种无论公母畜，都不作为种用继续配种繁殖，而是全部作为商品家畜利用（图 11-2）。

这种杂交方式最简单，只需做一次配合力测定。但在杂交组织工作上却并不太简单，因为始终需要有纯种家畜来补充。为此，一个从事这种工作的牧场，除了进行杂交以外，同时还要做纯繁工作，以补充杂交用的母本。如果父本也由本场繁殖，还需要有一个父本种群的纯繁群，否则就得经常从外场采购公畜或利用配种站的公畜。母本种群的纯繁，并不一定需要另搞一个群，可以利用杂交用的母畜群进行纯繁，只要配备一些同种群的种公畜就行了。选择杂交效果好的母畜，可能对提高配合力还有一定好处。

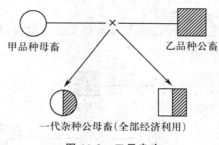

图 11-2　二元杂交

二元杂交方式简单易行,并有良好的实际效果,可在杂交生产的起始阶段广泛使用,如新淮猪育种初期就采用了单杂交方式。简单杂交的缺点是不能充分利用繁殖性能方面的杂种优势,因为用以繁殖的母畜都是纯种,而繁殖性能一般遗传力较低,杂种优势比较明显,不利用这方面杂种优势是很可惜的,所以有条件的地方可开展三元杂交。

以肉畜为例,二元杂交的杂种优势在重要经济性状方面的表现如下:

1. 繁殖性状的杂种优势比较明显

猪产仔数的优势率为 3%,母本对产仔数的影响起主导作用,有母体效应优势。其他繁殖性状如初生重、断奶重、泌乳力等性状杂种明显高于纯种,表现出杂种优势。

2. 生长和肥育性状有杂种优势

猪平均日增重优势率约 6%,饲料利用率的杂种优势率约为 3%,肉牛的生长性状杂种优势率在 5% 左右(表 11-1)。

表 11-1　肉牛杂种优势率

杂交组合	头数	200 d 断奶重优势率/%
海福特×安格斯	126	5.2
海福特×短角	140	5.7
安格斯×短角	127	3

据国内资料分析,以国内猪种为母本,国外瘦肉型猪为父本的二元杂交,生长的杂种优势率十分明显,一般在 10% 左右,但各组合间差异较大(表 11-2)。

表 11-2　二元杂交杂种优势率

杂交组合	试验头数	平均日增重/g	胴体瘦肉率/%
杜洛克×湖北白猪	21	19.09	4.21
杜洛克×沂蒙黑猪	55	−1.56	−2.98
杜洛克×崂山猪	28	−1.27	3.54
汉普夏×湖北白猪	24	16.10	3.82
汉普夏×沂蒙黑猪	47	8.44	−1.58
大约克×沂蒙黑猪	53	2.04	−3.90
长白×湖北白猪	12	7.49	0.00
长白×崂山猪	40	4.48	−0.51

(二)三元杂交

即先用两个种群杂交,产生在繁殖性能方面具有显著杂种优势的母畜,再用第三种群作父本与之杂交,以生产经济用畜群(图11-3)。

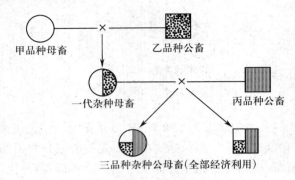

甲品种母畜 × 乙品种公畜

一代杂种母畜 × 丙品种公畜

三品种杂种公母畜(全部经济利用)

图 11-3 三元杂交

这种杂交方式主要用于肥猪生产。世界许多国家都采用杜洛克猪、长白猪和大约克夏猪进行三元杂交生产商品猪。一般来说,三元杂交的总杂种优势要超过简单杂交,因为杂种母猪产仔多,哺乳能力强,这些优势直接影响仔猪的生长发育,因而仔猪初生窝重和断乳窝重都大,加上第二次杂交使仔猪本身又获得生活力与生长势方面的杂种优势,两者叠加在一起,总的杂种优势当然要比仅仅商品猪为杂种的二元杂交更为显著。而且来自杂种母猪的优势,一般比直接来自杂种仔猪的更大,因为繁殖性能的遗传力比生长势的遗传力低,而前者的杂种优势一般比后者大。三元杂交在组织工作上,要比单杂交更为复杂,因为它需要有三个种群的纯种猪源,而且需要两次配合力测定:一次是杂种母猪的两亲本间的以繁殖性能为重点的配合力测定,另一次是第三个种群与杂种母猪间以肥育性能为重点的配合力测定。

(三)轮回杂交

用两个、三个或更多个品群轮流杂交,杂种母畜继续参加繁殖,杂种公畜供经济利用(图11-4、图11-5)。

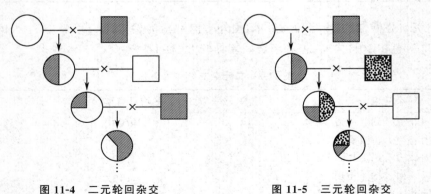

图 11-4 二元轮回杂交   图 11-5 三元轮回杂交

这种杂交方式的优点是:

① 除第一次杂交外,母畜始终是杂种,有利于利用繁殖性能的杂种优势。

② 对于单胎家畜,繁殖用母畜需要较多,杂种母畜也需用于繁殖,采用这种杂交方式最合适。因为简单杂交不利用杂种母畜繁殖,三元杂交也需要经常用纯种杂交以产生新的杂种母

畜,对于繁殖力低的家畜,特别是大家畜都不适宜。

③ 这种杂交方式只要每代引入少量纯种公畜,或利用配种站的种公畜,不需要本场自己维持几个纯繁群,在组织工作上方便得多。

④ 由于每代交配双方都有相当大的差异,因此始终能产生一定的杂种优势。只要杂交用的纯种较纯,种群选择合适,这种方式产生的杂种优势不一定比其他方式差。

但是这种杂交方式也存在几个缺点:

① 代代要变换公畜,即使发现杂交效果好的公畜也不能继续使用。而且每次购入的公畜,使用一个配种期后,或者淘汰,或者闲置几年,要等下次再轮到这个品种或品系杂交时才能再使用,这样就造成很大浪费。解决的办法是几个畜牧场联合使用公畜,每个种群的公畜在一个畜牧场使用以后,转移到另一个畜牧场,这样几个畜牧场循环使用,可提高公畜的利用率。

② 配合力测定较困难,特别是在第一轮回杂交期间,相应的配合力测定必须做到每代杂交之前,但是这时相应的杂种母畜还没有产生。为了进行配合力测定,又必须在一种类型的杂种母畜大量产生以前,先生产少数供测定用的该类型杂种母畜,这就比较麻烦。但完成第一轮回杂交以后,只要方案不变,以后各轮回杂交就不一定都作配合力测定。

(四)双杂交

这种杂交方式最初用于生产杂交玉米,先用高度近交建立近交系,再用轻度近交保存近交系,同时进行各近交系间的配合力测定。后来在鸡的配套杂交系中也曾采用,具体过程如图11-6所示。目前,畜牧生产中一般采用的双杂交,不再强调用高度近交的方法建系。

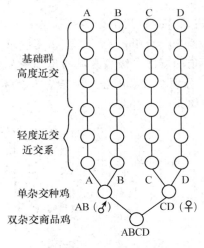

图 11-6　双杂交

双杂交涉及四个种群,组织工作就更为复杂一些。目前,许多国家在肉蛋鸡生产中基本上应用四元杂交进行生产。如我国饲养数量较多的 AA 肉鸡、艾维茵肉鸡、海兰蛋鸡、罗曼褐蛋鸡商品代都是通过双杂交生产的;肉猪多数是长白、大约克、杜洛克三元杂交或用汉普夏、杜洛克、长白、大约克培育配套系进行配套系杂交(父母代为汉杜二元公猪和长大二元母猪)。

(五)顶交

近交系公畜与无亲缘关系的非近交系母畜交配。这种杂交方式用于近交系杂交的情况,由于近交系母畜一般生活力和繁殖性能都差,不适宜做母本,所以改用非近交系母畜。

但是母畜群不是近交系,因此一般都不纯,后代往往容易发生分化,难以得到规格一致的产品。补救的办法是父本要高度提纯,使得公畜在主要性状上基本都是优良的显性纯合体,这样母本群的纯度稍差一些,影响可能不大。另一个补救办法是改用三系杂交,先用两个近交系杂交生产杂种母畜,再与另一近交系公畜杂交。一些研究证明,顶交在养猪生产中是可行的,江苏省农业科学院畜牧研究所采用顶交选育提高新淮猪的研究表明,窝产仔数、仔猪断奶窝重等性状,顶交高于近交和非近交;断奶后平均日增重、饲料消耗顶交组好于非近交组,分别提高 16％ 和降低 14.1％;胴体性状顶交组与非近交组差异不大。因此,顶交不仅是一种生产商品畜禽的杂交方式,而且也可用于纯种繁殖,保持纯繁家畜的繁殖性能,提高生长速度和降低饲料消耗。

　　上述 5 种主要杂交方式都各有优缺点,也都有其各自的适用场合,应根据具体情况选择最节省人力、物力,而效果又最好的杂交方式。

(六)配套系杂交

　　杂交是一项系统工程。它涉及多个种群、多个层次。这些种群、层次只有充分发挥相互间的协同作用,才能使得杂交取得最佳效果。为此,杂交已逐渐发展到配套系的配套杂交水平,尤其是在鸡、猪方面。鸡的配套系杂交起步较早,发展较快。今天,无论蛋鸡还是肉鸡,无论国外还是国内基本上都是用配套系杂交生产商品鸡。猪的配套系杂交起步略迟,但是近些年发展极为迅速。国外有迪卡猪配套系、PIC 猪配套系等;国内近些年也陆续育成了一些猪的配套系,如深圳光明猪配套系。在此我们仅对配套系杂交的组织与实施中的一些基本方法做一介绍。

　　配套系杂交可以是二系、三系、四系,甚至更多的系配套。不同的配套模式涉及的种群数目不同,生产过程不同。此外,整个杂交中,涉及选育、扩繁以及生产商品等多种任务。这些问题要求在配套杂交体系中有一定的层次分级。常见的是二级杂交繁育体系和三级杂交繁育体系。图 11-7、图 11-8 及图 11-9 分别是二系配套二级杂交繁育体系、三系配套三级杂交繁育体系以及四系配套三级杂交繁育体系的示意图。

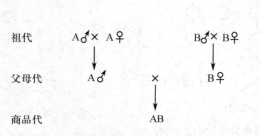

图 11-7　二系配套二级杂交繁育体系

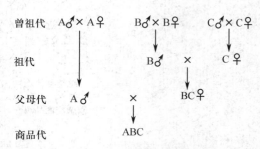

图 11-8　三系配套三级杂交繁育体系

　　对体系内的各级种群的要求是不同的。例如在肉鸡的四系配套中,父本品系总的要求是体重大、早期生长发育快,其中对 A 系的体重和早期生长速度要求更高,而对 B 系则要求有更强的生活力。母本品系总的特点是生活力强、产蛋量高,其中对 C 系要求蛋大和早期生长速度较快,而对 D 系则要求生活力更强和产蛋量更高。

　　体系内各级种群的任务也是不同的。例如在三级体系内,曾祖代主要是根据育种任务和目标进行选优提纯,同时为其他层次提供优秀的后备种畜;祖代主要是将曾祖代所培育的纯种扩大繁殖和为父母代提供足够数量的纯种或杂种后备种畜;父母代的主要任务是繁殖商品用家畜。

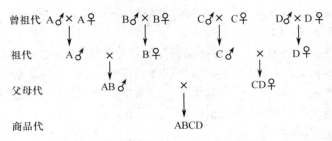

图 11-9　四系配套三级杂交繁育体系

配套杂交体系除了具有层次性,还有一个结构问题。这是因为不同层次和不同群体在杂交体系中的角色和任务不同,从而使其所需要的数量也不同,而在每一群体内也存在一个由性别、年龄、生长阶段所决定的结构问题,各层次的各群体及各群体内各类个体的数量的确定需考虑繁殖率、成活率、性别比等一系列因素。

四、提高杂种优势的措施

由于杂种优势利用在畜牧业生产上的巨大经济效益,它在育种工作中已被置于非常重要的地位。然而,杂种优势的表现和利用,却受许多因素的制约。因此,欲提高杂种优势的利用效果,必须从多方面着手和努力。

(一)认真做好组织工作

1. 制订计划积极推广

开展杂种优势利用是一项比较复杂、需要多方面配套、又有连续性的工作。各地区应根据本地区的畜种资源、育种力量和饲料条件,以及过去的杂交经验和配合力测定结果等,制定出一整套方案,有组织、有计划、有步骤地开展这项工作。否则盲目杂交,不仅不能有效而稳定地坐享杂种优势之利,反而会把纯种搞绝,杂种搞乱,破坏畜种资源,迷失育种方向,给今后工作带来很大困难。

杂种优势的利用计划制定完善后要积极推广。因为它不仅是一项技术性很强的工作,而且涉及的面广,各部门都应充分认识其重要性。只有大力普及有关技术,才能为群众所接受,才能取得良好的效果。

2. 建立健全繁育体系

杂种优势利用不仅是一项技术性很强的工作,还需要周密组织工作的保证,特别是要有一套健全的繁育体系。所谓繁育体系,就是为了开展整个地区的杂种优势利用工作,而建立的一整套合理组织机构,包括建立各种性质的牧场,确定它们之间的相互关系,在规模、经营、互助协作等各方面的密切配合,从而达到整体的经营工作高效、产品高产优质。

例如在某一地区要开展猪的三元杂交,可以在省级建立若干个原种场,选育杂交亲本。同时可建立一个或几个配合力测定站,经常进行各原种场选育的各亲本种群的配合力测定。原种场除选育新系以外,还要负责繁殖经过配合力测定认为优良的纯种。繁殖第一母本的原种场规模应该大一些,因为它同时还要负责繁殖杂种母猪。这种原种场可以用同一基础母猪群的不同胎次,既繁殖纯种,又繁殖杂种。同时在县或镇一级建立一般繁殖场,利用原种场供应的杂种母猪和另一种群的纯种公猪杂交,生产育肥用仔猪,供应各养猪户。当然还可在各级建立育肥猪场,包括大型养猪工厂在内。育肥猪场可由繁殖场供应仔猪,但规模稍大一些的则应自己建立仔猪繁殖场,直接从原种场取得杂种母猪和纯种公猪。

(二)大力开展品系间杂交

杂种优势不少是在品种间甚至种间杂交得到的。但是,随着畜牧业生产的现代化,以品种为单位的杂交已经日益显得粗糙、笨重和进展缓慢。因此,大力开展品系间杂交已势在必行。鸡在国外畜牧业生产先进的国家,已经基本上实现系间杂交,猪也开始盛行培育专门化品系,使猪的杂种优势利用工作更精确、更灵活。

(三)合理利用现有杂种

随着畜牧业的发展,许多地区曾引进过不少外来品种。由于缺乏全面的、长期的育种计划,以致使本地纯种越来越少,留下大量血统混杂、来源不清的杂种。如何利用现有杂种家畜,提高它们的生产性能,把它们纳入有计划的繁育方案,以适应畜牧业大发展的要求,已成为许多地区当前亟待解决的课题。

首先,要对这些杂种资源很好地加以整顿。现有的杂种资源中有不少是遗传基础优良的类型,目前由于乱交乱配,没能显示出其优越性。应该通过调查研究,把优秀的类型和个体挑选出来,然后进行同型交配选优提纯,并在此基础上建立各种专门化品系。最后通过配合力测定,选留好的,淘汰不够理想的。

其次,对于现有的大量杂种母猪还可以有计划地引进一些本地区过去没有引进过的品种,通过试验,确定轮回杂交方案。只要选择的父本品种合适,利用一些现有杂种猪做母本,进一步进行轮回杂交,同样可以取得较好的杂交效果。据报道,山西利用太原杂种猪(普遍含有约克夏、巴克夏、苏白、新金、哈白等品种血缘成分)做母本,与我国南方地方良种(内江、大围子等)公猪杂交,取得了较好的效果。而这一类含有较多培育品种血统成分的杂种猪,再与那些曾经用过的培育品种杂交,效果就不够好。

总之,对现有杂种的利用,既要有一个现实可行的措施,还要有一个长远的规划。当前应该利用现有杂种作母本,有计划、有步骤地继续进行轮回杂交;长远之计是在现有杂种类型中,择优选育,培育大量专门化品系,为将来普遍开展杂种优势利用工作,准备大量理想的杂交亲本。只要加强选育工作,一些现有杂种的价值将会被重新挖掘出来,并在今后的杂种优势利用工作中发挥有益作用。

实训十五　杂种优势的估算

一、实训目的

了解杂种优势估算的原理,学会根据杂交试验结果估算杂种优势。

二、实训原理

性状的杂种优势率是指杂种群体平均值超过双亲平均值的部分占双亲平均值的百分率,杂种优势率的公式为:

$$H = \frac{\overline{F}_1 - \overline{P}}{\overline{P}} \times 100\%$$

三、仪器及材料

1. 浙江省农业科学院畜牧兽医研究所报道的一次杂交试验结果如表 11-3 所示,计算断奶窝重的杂种优势率。

表 11-3 约克夏猪和金华猪杂交试验结果

组别	窝数	平均每窝产仔数/头	平均断奶窝重/kg
约克夏猪×金华猪	12	10.00	129.00
约克夏猪×约克夏猪	17	8.20	122.50
金华猪×金华猪	17	10.41	106.75

2. 某三品种杂交试验结果如表 11-4 所示,计算平均日增重的杂种优势率。

表 11-4 三品种杂交试验结果

组别	数量/头	始重/kg	末重/kg	平均日增重/(g/d)
A×A	6	5.10	75.45	180.54
B×B	4	9.62	77.15	258.85
C×C	4	5.69	75.85	225.10
C×AB	4	9.81	76.63	278.41

四、方法与步骤

1. 断奶窝重的杂种优势率

$$H = \frac{129 - \frac{1}{2}(122.5 + 106.75)}{\frac{1}{2}(122.5 + 106.75)} \times 100\% = \frac{129 - 114.63}{114.63} \times 100\% = 12.54\%$$

2. 平均日增重的杂种优势率

在三品种杂交中,亲本 C 占 1/2 血缘成分,亲本 A、B 各占 1/4,所以:

$$\overline{P} = \frac{1}{4}(A + B) + \frac{1}{2}C$$

$$= \frac{1}{4}(180.54 + 258.85) + \frac{1}{2} \times 225.10 = 222.40$$

则平均日增重的杂种优势率:

$$H = \frac{278.41 - 222.40}{222.40} \times 100\% = 25.18\%$$

五、实训作业

试根据表 11-5 中三品种杂交试验结果,计算平均日增重的杂种优势率。

表 11-5 三品种杂交试验结果

组别	数量/头	始重/kg	末重/kg	平均日增重/(g/d)
太谷本地猪×太谷本地猪	6	8.10	80.50	185.64
内江猪×内江猪	4	12.60	82.20	232.00
巴克夏猪×巴克夏猪	4	8.60	80.80	265.44
内江猪×(巴×本杂种猪)	4	12.80	81.60	286.67

知识链接

远缘杂交

1. 概念

不同物种间杂交属于远缘杂交。马和驴是不同种的家畜,它们杂交后产生骡。我国早在秦朝就有关于骡的记载。人们把马生的骡叫马骡,古时候叫"赢";把驴生的骡叫驴骡,古时候叫"駃騠"。

2. 远缘杂交的实例

(1)猪属 家猪与欧洲野猪或亚洲野猪都能杂交,并产生有繁殖力的后代。这种杂种猪体质结实,耐粗饲能力强,肉质鲜美,肉中蛋白质和不饱和脂肪酸含量高,胆固醇和脂肪含量低,因此是一种有益人类健康的肉类食物。

现代特种野猪生产,从理论上讲,有正交和反交两种,即纯种野猪的公猪×杜洛克猪的母猪(正交)、杜洛克猪的公猪×野猪的母猪(反交)。但在特种野猪的实际生产中,一般选用纯种野猪的公猪与瘦肉率高的母猪杂交,所产的杂种野猪或用于商品猪生产,或继续与纯种野猪的公猪杂交,使杂种后代野猪血统达到75%。以上述方法生产的杂种猪,统称为特种野猪。

(2)牛属 黄牛与牦牛杂交产生的后代称为犏牛。犏牛体型大,驮运能力强,适应高原气候。公犏牛没有繁殖能力,母犏牛能正常发情,母犏牛无论与公黄牛还是与公牦牛交配都能产生后代。犏牛无论公母牛其生长发育、体尺、体重以及生产性能均比亲代有较大的提高,但犏牛与牦牛的外貌特征、生活习性等基本相似。

黄牛与水牛杂交也有成功的实例。杂种牛外貌似水牛,但也有黄牛的某些特征(角短、尾圆、出生犊牛的毛尖黄红色)。杂种牛具有拉力大、持久性强、耐热、抗病力强、生长快等特点。据报道,杂种母牛有繁殖力。在牛属动物中,远缘杂交成功的例子还有黄牛与美洲野牛、黄牛与爪哇牛、黄牛与瘤牛等。

(3)马属 马与驴杂交,杂种不育;马与野驴杂交,杂种不育;斑马与驴杂交,杂种也不育。

(4)骆驼属 单峰驼与双峰驼杂交,杂种公母都可育。

(5)绵羊属 绵羊与山羊杂交是不同属间杂交。这类试验有过不少报道,但是受精后常在怀孕初期发生流产。母绵羊与公山羊杂交的杂种叫"绵山羊",母羊有繁殖力。母山羊与公绵羊杂交的杂种叫"山绵羊",杂种的繁殖力还不肯定。

(6)原鸡属 鸡与火鸡杂交,杂种无繁殖力。鸡与鹌鹑杂交,杂种无繁殖力,其孵化期为19 d,介于鸡(21 d)和鹌鹑(17 d)之间。鸡与其他属间杂交成功的还有:鸡与野鸡、鸡与珠鸡、鸡与孔雀等。

（7）鸭属　家鸭与番鸭属于不同的属，家鸭与番鸭杂交，杂种叫半番鸭，其中雄性有繁殖力。半番鸭也叫骡鸭，是公番鸭与母家鸭杂交生产出的一种商品型肉鸭，表现出非常强的杂交优势，具有生长速度快、抗病力强、饲料报酬高、瘦肉率高、肉质细嫩等特点。

其他动物如狮与老虎的杂交后代在动物园中可以看到。

3. 远缘杂交的意义

远缘杂交可以丰富现有畜禽品种的基因库，为人类育种提供更多途径。一些培育程度高的品种适应性在下降，可以考虑用野生物种远缘杂交，以提高其适应性，例如家猪和野猪的杂交。人工授精、体外受精等胚胎生物技术的应用，使过去许多在自然情况下不能杂交的物种有了交配的可能。现代生物技术的成果为远缘杂交开辟了广阔天地，不仅种、属、科间可以杂交，就连目、纲、门、界间也有可能杂交。我们相信，随着生物育种技术的进一步发展和完善，按照人类需求，能动地创造畜禽品种的新类型不再是梦想。

▶▶ 复习思考题 ◀◀

1. 解释名词：杂交、杂种优势、杂种优势率、一般配合力、特殊配合力。
2. 如何进行配合力测定？
3. 杂交的方法有哪些？目前在畜牧生产中有何作用？其在不同畜种中的应用有何区别？
4. 杂种优势的理论有哪些？试述提高杂种优势的途径和措施。

参考文献

[1]吴仲贤.动物遗传学.北京:农业出版社,1981.

[2]吴常信.动物遗传学.2版.北京:高等教育出版社,2015.

[3]刘震乙.家畜育种学.北京:农业出版社,1983.

[4]张沅.家畜育种学.北京:中国农业出版社,2001.

[5]王金玉.动物育种原理与方法.南京:东南大学出版社,1994.

[6]冯斌,谢先芝.基因工程技术.北京:化学工业出版社,2000.

[7]卢良峰.遗传学.北京:中国农业出版社,2001.

[8]李宁.动物遗传学.3版.北京:中国农业出版社,2011.

[9]朱军.遗传学.3版.北京:中国农业出版社,2002.

[9]欧阳叙向.家畜遗传育种.北京:中国农业出版社,2001.

[10]赵寿元,乔守怡.现代遗传学.2版.北京:高等教育出版社,2001.

[11]欧阳叙向.家畜遗传育种.3版.北京:中国农业出版社,2019.

[12]王金玉.动物遗传育种学.南京:东南大学出版社,2002.

[13]张劳.动物遗传育种学.北京:中央广播电视大学出版社,2003.

[14]王金玉,陈国宏.数量遗传与动物育种.南京:东南大学出版社,2004.

[15]吴常信.畜禽遗传育种技术的回顾与展望.中国农业科技导报,2004,6(3):3-7.

[16]胡建宏,李青旺,王立强,等.转基因动物研究进展.家畜生态,2004,25(2):51-54.

[17]耿明杰.畜禽繁殖与改良.北京:中国农业出版社,2006.

[18]卢龙斗,常重杰.遗传学实验技术.北京:科学出版社,2007.

[19]丁威.家畜遗传繁育.北京:中国农业出版社,2010.

[20]李婉涛,张京和.动物遗传育种.3版.北京:中国农业大学出版社,2016.

[21]国家畜禽遗传资源委员会.中国畜禽遗传资源志·猪志.北京:中国农业出版社,2011.

[22]国家畜禽遗传资源委员会.中国畜禽遗传资源志·牛志.北京:中国农业出版社,2011.

[23]国家畜禽遗传资源委员会.中国畜禽遗传资源志·羊志.北京:中国农业出版社,2011.

[24]国家畜禽遗传资源委员会.中国畜禽遗传资源志·家禽志.北京:中国农业出版社,2011.

[25]国家畜禽遗传资源委员会.中国畜禽遗传资源志·特种畜禽志.北京:中国农业出版社,2011.